JN149165

# 富士山

## 信仰と表象の文化史

Mount Fuji: Icon of Japan

H・バイロン・エアハート
H. Byron Earhart

宮家 準 監訳

井上卓哉 訳

慶應義塾大学出版会

Mount Fuji: Icon of Japan by H. Byron Earhart

Copyright ©2011 University of South Carolina
Published by arrangement with
the University of South Carolina Press, Columbia, South Carolina,
www.sc.edu/uscpress, through Japan UNI Agency, Inc.
All rights reserved.

本書はサウスカロライナ大学出版局（サウスカロライナ州コロンビア）との取り決めに
基づき刊行されたものである。無断複写・転載を禁じる。

# 監訳者序文

本書は一九八八年から八九年に国際交流基金の助成で来日され、「日本人のアイデンティティとしての富士山」との題で私と共同研究したウェスタンミシガン大学のB・エアハート教授（同期間慶應義塾大学訪問教授）の研究成果である。当時富士山を世界自然遺産として登録する運動が始まっていたが、結果として申請を断念することとなり、改めて文化遺産としての申請を目指すこととなった。そのこともあって同教授は、本書がその一助になればという気持ちで執筆された。それゆえ本書では、遺跡、歴史、民俗、文学、芸術、ポスター、種々のロゴなど多様な面から富士山の文化を総合的に捉えられている。特に、米国をはじめ外国人が富士山、さらに日本人をどう見ているかという点を細かく検討している。周知のように現在富士山には海外から数多くの研究者や観光客が訪れている。本書を通して彼らが富士山をどう見ているかを知ることによって、それに応じるための指針を得ることができる。

著者は本書が翻訳されることによって世界文化遺産となった富士山の啓蒙活動に役立つことを希望されていた。幸いにして、富士市立博物館（富士山かぐや姫ミュージアム）で長く富士山研究に携わってこられた井上卓哉氏が本書に関心を持たれて、すでに翻訳を完成されていた。そこで私が著者の希望に応えるために、これを監訳のうえで刊行することにした。その際、著者と翻訳者の相談のうえで、日本の読者向けに内容に若干の修正をくわえた。またその後の研究で明らかになっている点については追加した。

なお、著者が本書で特に強調した、日本人が富士山を自己の心のよすがとし、外国人が日本人を理解するようすがとしている富士山の局面に焦点をおいた簡単な解題を収録した。本書を理解する一助となれば幸いである。また、本書が世界文化遺産としての富士山のより一層の発展に資することを意向されたものであることから、末尾に付録として、富士山研究の権威であり、今般の世界文化遺産登録にも関わられた富士山世界遺産センター准教授の大高康正氏による「世界文化遺産富士山登録前後の動向」を掲載した。

# 目次

# 謝辞

エベレストのような世界最高峰に登る人は、ガイドや関係者の名前を記し、彼らがいなければ目的を達成できなかったと謝辞を捧げる。本書は富士山への旅だが、ヒマラヤの半分以下の高さである富士山への旅では、登山の専門家や特別な装備は必要なかった。とはいえ、この山の、概念上のイメージの領域を横断することは非常に困難で、ここに感謝して記す人びとや機関があったからこそ可能になったものである。

ウェスタンミシガン大学は一九八八年から八九年の間、私に特別研究休暇（サバティカル）を認め、日本に滞在し本書のための研究を行う時間を与えてくれた。本書の一部は、同大学の学部研究資金による助成をいただいている。ジョージ・デニソン副学長（当時）は、未編集の映像素材からドキュメンタリー作品『Fuji: Sacred Mountain of Japan』を制作するにあたり助成金を提供してくださった。ウェスタンミシガン大学、慶應義塾大学、およびカルフォルニア大学サンディエゴ校の図書館資料とスタッフは、本書の研究を背後からサポートしてくれた。国際交流基金による一九八八―八九年の助成は、金銭的な支えとなった。立正佼成会は親切にも東京での住居を提供してくださったおかげで、妻と私は都内の各大学に近くに住むことができ、また富士山へも気軽へ行くことができた。

宮家準教授は、慶應義塾大学の訪問教授としての私の身分とともに、慶應義塾図書館へのアクセスと研究室を保証してくださった。宮家教授はまた本書のプロジェクトに有益な助言をくださり、研究計画を支えてくれた。教授はまたゼミの大学院生と一緒に富士山に登ってくれたうえ、別の機会には奥様が車で富士山まで連れて行ってくださった。宮田登、平野栄次、村上重良の各氏をはじめ日本を代表する多くの研究者は、私のフィールドワークや研究に知識や助言、面会の労を惜しむことなく提供してくださった。

宮元講、丸山教、十七夜講の三つの団体の指導者とメンバーは私を心から歓迎し、私を富士登拝に同行させ、会合を観察させてくださった。また、アンケートの配布を認め、情報や説明を求める多くの要求に答えてくださった。

本書の研究を支えてくださった方はあまりに多く全員に言及することはできないが、そのうちのいくつかは本文中に記している。ここでまとめて謝辞を述べたいのは、本書の目的である「富士山のイメージ」というモザイク構造を構成する一つひとつを、モノグラフや論文として提供してくれたすべての研究者に対してである。本書の注で簡単に言及しているが、そこではその貴重な貢献をほとんど説明できていない。

本書の執筆にあたり、他の先行研究の恩恵に浴することができたのはマイク・シロタのおかげである。彼の協力に感謝する。また本書を含むシリーズ全体の編者フレデリック・M・デニー、サウスカロライナ大学出版局のジム・デントンおよびカレン・バイデルの各氏にも甚大なご協力をたまわった。ブランディ・ラリスキー・アヴァン氏はデザインを担当され、パット・コーテ氏は注意深く校正してくれた。アンドリュー・バーンスタイン氏および匿名の査読者は、誤りを指摘し、原稿を改善するための忌憚ない助言をくださった。ハリー・H・ヴァンダースタッペン氏は草稿を読み、"Icon of Fuji" という書名のきっかけをくれた。息子のデイヴィッド・C・エアハートは、修正原稿をたびたび読んでくれただけでなく、特に後半の章について多くの助言や画像を提供してくれた。デイヴィッドと妻ヴァージニアは、図版の準備・手配に尽力してくれた。絶えず変わり続ける「富士山のイメージ」をめぐるこの旅における、誤りの一切は著者に帰するものである。

# まえがき

## 富士山への招待

優美な勾配と均整のとれたシルエットを持つ富士山を見ると、世界中の人びとは、すぐにそれが日本という国の象徴であると認識することができる。富士山と日本は密接に関連しており、分けることはできない。私が子どもの頃から現代に至るまで親しんでいる扇子や本の挿絵に登場する雪をかぶった山のイラストは、幼少時に抱いた日本のイメージであり、それはまた富士山に対するイメージでもあった。

日本の人びととの会話は、より生き生きとした記憶を思い出させる。ある画家は、小学生の先生がクラスの生徒に、富士山の写真や実際の富士山を見ることなく、富士山の姿を描かせたことをはっきりと覚えていた。年配の日本人は、富士山の比類なき頂のことを讃えた童謡「ふじの山」のメロディをハミングするだけで、その歌を学校で歌っていたことを思い出した。

ピラミッド、エッフェル塔、自由の女神といった、人間が作った多数のモニュメントは、国の象徴としての役割を担う。一方、自然物が国内外問わず世界中にその国の特徴として受け入れられる事例はとても珍しい。本書は、日本と日本人のシンボルとしての富士山に対する探究である。役に立つ話はどれもそうであるように、この本は、富士山には目に見える以上のものがはるかにたくさんある、ということを述べている。ここでは、頂上へ至るための準備として、あまり気づかれていない富士山の三つの特徴を取り上げたい。

一つ目は、富士山は活火山であることからもわかるように、自然の営みによって生まれたという点である。ただし、その歴史のなかでは、自然的な側面よりも、文化的・芸術的な理想として、また宗教的で神聖な場所として有名であり続けた。二つ目は、富士山が日本で最も高い山であり、最も重要な目印という点である。しかし、このような卓越性への注目は比較的最近生じたもので、ここ二〇〇年ほどの間の現象である。三つ目は、日本文化のなかで、富士山のイメージは多様な分野で取り上げられてきたという点である。

富士山の多様性は真に注目に値する。一二〇〇年以上前から、この山は人びとの想像力を刺激してきた。そして、時代ごとに異なる趣向と情勢に対応し、途方もないほど多くの文学作品・芸術作品・宗教的表現を生み出した。そして、それらはお互いに共存し、重なり合っているのである。その組み合わせは、常に変化する万華鏡になぞらえることができるかもしれない。

野心的過ぎるかもしれないが、この本の主張は上代から現在にかけての富士山の象徴性を跡付けすることにある。富士山について古くから語られている言葉に、「一度も登らぬ馬鹿、二度登る馬鹿」というものがある。私は後者のほうの馬鹿で、富士山には二度以上登っている。この無謀さについて告白することが、あまりにも多くのことをあまりに少ない頁数でおこなおうとしていることへのお詫びとして、日本の読者や日本文化の研究者に受け入れられることを願う。

この本は富士山を主に宗教的な信仰や実践のシンボルとして見るという、独特の視点で取り上げている。宗教的なシンボルとしての富士山を文学的や芸術的、社会的、さらに政治的、経済的な要素から分析を試みたい。実際、このようなかたちで通史的に見ていくことには限界がある。なぜなら、日本における「宗教」は、制度の一部に区分することができず、また、シンボルとしての富士山の歴史は宗教によって理解できるが、宗教のみによって包含できるものではないからである。この本では、宗教的な側面とともに、世俗的な側面も取り上げて、富士山の歴史を辿りたい。

一九六九年、私は幸運にも、富士信仰をルーツに持つ教派である扶桑教に招かれて、初めて富士山に登った。この最初の経験のなかで、富士山は美しく、神社や儀式は魅力的で、登拝者は私の興味をそそるものであった。初めての登山で、私は山を単に見るだけでなく、何世紀にもわたって遠くから、またそこに登って富士山を崇拝してきた人びとにとって、この頂上がいかに精神的に重要であるかに直接立ち会って、鮮烈な印象を抱いた。そして、いつかこのことを研究の題材にしようと誓ったのである。

このテーマに立ち戻るまで、二〇年の月日が過ぎてしまった。富士山を研究する目的を持って私は一九八八年から八九年までの一六ヶ月間日本に滞在し、一九八八年の夏に三回の富士登山をおこなった。また、富士山周辺をたびたび訪れ、富士山に関する日本の書物を読み、この山の宗教的な意味について日本の研究者たちとさまざまな視点から議論をおこなった。そのなかでも、最も楽しい経験は、三つの宗教グループのそれぞれの富士山への登拝の旅に一緒に行ったことである（もっとも、現在ではツアーバスに乗って中腹まで行き、そこから山頂まで登山するのであるが）。

極めて都合がいいことに、この一六ヶ月の滞在中、たまたま私は東京都中野区の富士見町の近くに住んでいた。富士見町とは文字どおり、富士山が見える場所という意味であり、富士山から離れた東京周辺にたくさんある地名の一つであった。都内に出かけるときはいつも、私は「富士見パチンコ」を通り過ぎ、「富士見橋」を渡って、「中野富士見町駅」から地下鉄に乗るのであった。私の東京の家から一、二分の範囲には、他にも富士山の名前を冠した店や会社がたくさんあった。たとえば、「富士フイルム」（アメリカでは飛行船によって一躍有名になった）、「喫茶店 富士」、「富士衣料品店」などである。さらに、今は名称が変わったが、私は富士銀行にお金を預けていた。私は、近所の方々と同様に、山としての富士山を意識することなく、日常的な生活の一部として、富士や富士見、富士見町といった言葉を口にしていたのである。

天気の良い早朝にはいつも、時には夕方にも、私のマンションの一〇階のバルコニーから富士山を見ることができた。夏のむき出しの姿であっても、冬の雪をかぶった姿であっても、富士山はいつも素晴らしい眺めであった。富士山の資料を読み疲れてうんざりしてくると、私はバルコニーに行って、富士山の姿から新鮮なインスピレーションを得ていた。霧や雲で富士山が隠れているときであっても、そのイメージは、家のなかに飾った浮世絵や、現代の油絵、ゴッホの「タンギー爺さんの肖像画」の複製といったさまざまな絵画のなかに現れていた。

この本の内容は、三つの異なる道から富士山へ登拝するようなものである。第一に、地質学的な道である。第二に、さまざまな時代における富士山をめぐる数々の画期的な事件を通して、過去へ遡る道である。そして、三番目に、通時的な変化のなかで、富士山とその重要性を特徴付けてきた一連の図像を通じて、物理的および象徴的の両面から富士山の概念を探究する道である。私の第一の興味は、富士山を聖なる山として見てみることであるが、富士山のイメージの複雑性は、私を宗教的な信仰や儀式から文学作品や絵画作品へ、そして商業的なロゴマーク、愛国的な賛歌へと導いていった。

富士山のイメージは時代によって大きく異なり、時には相反しながら探究の対象となってきた。一つひとつの旅は、これから展開されるドラマに別々の広がりを描き出す。それぞれの章では、多様な歴史を持つ富士山の特徴的なエピソードに注目している。旅は、日本の先史時代以来の自然史、文化史、精神史における富士山の概念や位置付けを考え、霊山における初期の足跡を取り戻すことから始まる。富士山の「古典的」なイメージは、日本の最古の書物や図像表現のなかに存在するが、それらは今日でも共鳴しあう観念や描写である。中世期は、富士山の宗教性が発展し、花開いた時代である。近代初期からは政治と経済が日本を支配するようになり、富士山はより顕著な国家のシンボル、そして商業的な商品へと変わっていった。また、欧米の人びとは、特に富士山を描いた版画（浮世絵）から、富士山を日本の国土、人びと、国家のアイデンティティの象徴として考えるという視点を共有するようになっていった。より最近では、富士山はその聖的・美的な外装から脱し、再包装されたうえ、非常に世俗化されて、時折パロディ化され、その名前や形はひどく食い物にされている。ただそれでも、驚くべきことに富士山は、それぞれの時代の精神の頂点として現れている。つまり、富士山は永続性、順応性、多様性を持つ日本の象徴なのである。

私のフィールドワークの成果の一つに、「Fuji: Sacred Mountain of Japan（富士：日本の神聖な山）」と題する二八分のビデオがある〔YouTube上で視聴可能〕。資料を集めている間、特に三つの宗教団体に同行した富士山への登拝の間、私は、富士山への登拝を視聴覚的に理解できるようにすべく、ビデオカメラを使って彼らの旅を記録した。読者の皆さんは、この本を読むことによって、まず私と一緒に富士山への知的な旅を楽しんでいただき、その後、ビデオに描かれた富士山の独特な音と色とりどりの風景を見ることによって、富士山への視覚的な旅を楽しんでいただきたい。

凡例

一．本書はH. Byron Earhart, *Mount Fuji: Icon of Japan (Studies in Comparative Religion)*. Columbia: The University of South Carolina Press, 2011の全訳である。

一．本文中の丸括弧は原文の丸括弧に対応している。また訳者が補った部分については〔　〕で括っている。

一．原文中の明らかな誤記については修正した。

一．原文中、日本の読者にとって自明と思われる説明、注記については適宜割愛した。

一．引用文について、邦訳があるものは概ねそれらを参照した。

一．掲載図版について、出典の記述がないものは国立国会図書館デジタルコレクションの所蔵である。

一．原文中に引用されているウェブサイトについて、移転しているものは移転後のＵＲＬに変更するとともに、閲覧日も更新している。

# 第一部　富士山の自然と文化

日の本の大和の国の鎮めとも、
います神かも、宝ともなれる山かも、
駿河なる不尽の高嶺は見れど飽かぬかも
高橋虫麻呂（『万葉集』巻三・三一九）

# 第一章　荒ぶる山

## 富士山の成り立ち

先史時代から現在に至るまで、富士山は雄大な霊山として崇められてきた。多くの美的・宗教的なシンボルの背後には実際の地理学的な実体があり、それをただありのままに記述したのではその文化的な系譜を正当に評価することはほとんどできない。富士山は、日本の本州のなかの、北緯三五度から三六度の間、東経一三八度から一三九度の場所に位置していて、東京から南西に約一〇〇㎞離れた山梨県と静岡県の県境にある。遠く離れた場所からでも、その見慣れた三角形の姿を見ることができる。ジグザグの登山道を実際に登ったことがある人は、登山靴によって起こされるザクザクとする音に気付いたであろう。富士山は、その壮観な精神性や壮麗な美しさを持ちながらも、実際には、火山灰や溶岩の塊、岩からできた山なのである。

よく知られているように、富士山は実際には活火山であり、日本のなかで最も高い山である[1]。富士山は、専門用語で「strato-volcano（成層火山）」と呼ばれる、世界中のどこでも見ることのできる火山の一種で、溶岩や火山灰の数多くの層から形成された、高い円錐形の山である。日本の地勢は、富士山型と呼ばれるこのような左右対称の山が数多くみられるという特徴があり、人びとは身近にある三角形の頂を持つ山に、「local-fuji（郷土富士）」として、地方名の後ろに「富士」という言葉を付けて呼び習わしている。[2] 近代には、この「Fujifying（富士の名を付ける）」という習わしは、アメリカにさえも広がっており、日系アメリカ人が住んでいるワシントン州では、形の整った成層火山であるレイニア山を、タコマというアメリカン・インディアンの言葉を借りて「タコマ富士」と呼んでいる。

先史時代からの長いスパンで見てみると、富士山は三つの火山が一つになったものであり、小御岳《こみたけ》、古富士という最初の二つの火山の大部分は、新富士という三番目の最新の火山によって覆われている。この三番目の火山は約一万年前に形づくられており、富士山の独特な姿をもたらし、現在に至っている。その後の火山活動や噴火は、部分的に富士山の姿を変えたけれども、先史時代の三回の変化ほどではなかった。富士山の噴火に関する古い記録によると、天応元年（七八一）から永保三年（一〇八三）の間に、九回の噴火があり、そのなかでも貞観六年（八六四）の噴火が大規模なものであった。最後の噴火は、江戸時代の宝永四年（一七〇七）に起こったもので、富士山の南東斜面に噴火口と、宝永山と呼ばれる小さな山が生まれた。それ以降、富士山は三世紀以上にわたって、蒸気を発するようなことはあっても、溶岩が流れ出るような活動はしていない。そのため、普段は危険な火山というよりも、温和な山として考えられてきた。しかし、実際には休止状態の火山で、いつ眠りから覚めて噴火してもおかしくないのである。

火山と山岳が豊富にある日本のなかで、富士山の自然には顕著な二つの特徴がある。一つ目は、その三七七六ｍという日本一の高さを持っているということ。二つ目として、富士山は、なだらかな稜線を持つ完璧な円錐形であるとともに、近くに山がない平坦な場所に位置していることから、その均整のとれた形をはるかかなたからも眺められるという、形と場所における特徴が挙げられる。中腹の森林限界から上の、溶岩が凝固したむき出しの岩は、夏の間、日光と空の色の変化により、暖かい赤色から青色、紫色、そして黒色といった、さまざまな色相を見せる。山が雪に覆われると、光の加減と空の色の影響により、濃い青の空により際立たされて、目もくらむほどの白色となることがある。あるいは、雪の灰色がかった白色が、空の色と混ざり合い、一体化することもある。[3]

富士山は、一〇〇〇年以上にわたる日本の文化的認識、そして一世紀にわたる西洋の文化的認識にすっぽり覆われており、ありのままの火山として観察し、記述することは困難であるといえよう。その壮大さを観賞することが、ロマンチックな考えや、ドラマチックな象徴化へとつながっており、富士山が日本を代表する山となり、霊山として信仰され、国の象徴として役割を与えられたという理想化のプロセスが理解できる。こういった情緒や考えは、日本人の「自然愛」の起源に関する主張へもつながる。日本の禅文化を西洋に広く伝えたことで有名な鈴木大拙は、「日本人の自然愛は、本州の真ん中に富士山が存在しているおかげではないだろうか」と述べている。また、和辻哲郎は、日本人の自然への親近感の特異性は、島国独特の気候によって育まれてきたものであると主張している。このような無垢で単純に見える主張は、時に疑わしい結果をもたらすが、日本人と日本文化の優位性と独特さの強調や、帝国主義や第二次世界大戦中の侵略行為の正当化を理解するのに役立つともされている（Asquith and Kalland 1997, 26）。このような富士山への愛国的な賛歌は、現代でも、日本人の自然主義や超国家主義に関する本質論的な考え方の後ろ盾として利用されているといえよう。

日本人の自然に対する調和、感謝、愛、視点に対する固定観念は、日本人、非日本人の両方から指摘されてきた。しかしながら、「自然に関する日本人の理解は、西洋における自然観と同じくらいさまざまである」（Asquith and Kalland 1997, 8）。それゆえに、日本人による自然への調和に関する固定観念を、西洋の自然に対する反感との対比で捉えると誤解を招くおそれがある。同様に、富士山への宗教的な尊敬の念や美意識を単に、唯一の自然に由来するものであると説明したり、価値付けることは、的外れであるかもしれない。実際に、地理学者は我々に、山という観念こそがまさに文化的に生み出されたものであることを思い起こさせる（Price 1981, 2）。このことは、日本人（もしくは西洋人）が自然について述べたことは、ありのままの自然条件を記述するだけではなく、地理的な環境について後天的に認識されたものであることを意味する。実際に、富士山についての概念、もしくは理想化された自然は、しばしば経験された現象よりも重要視される。なぜなら、日本においては「実際の自然よりも、自然を描写したものがより重要視される」[4]ことがあるからである。事実、描かれた富士山のほうが実際の富士山の存在よりもリアリティがある。実際にその目で富士山を見ることなく、多くの歌人が富士山の歌を詠み、多くの画家が富士山の絵を描いているのである。

富士山に関するイメージについて書かれたものを精読すると、私たちは、山を描写し、探究するときの想像力には際限がないことを発見するだろう。本書は、富士山とその文化的な認識との間の相互関係について議論するものである。そして、その文化的認識には、ある特定のイメージや観念にとらわれることなく、また、宗教的あるいは美的な象徴化だけに注目することなく、情緒的な面や愛国的な面、エキゾチックかつエロチックな面も含まれている。このような富士山のイメージや概念はすべて、相互に関連しているが、別々に議論を進めていきたい。宗教的な信仰の出現については、この章で取り上げ、初期の富士山に対する美的まなざしについては次の章で取り上げる。それ以降の章では、富士山の概念化や視覚化に関する諸相やエピソードを取り上げていく。

## 火の山から聖なる山へ

富士山が自然から文化へ、火山の山から聖なる頂へと変化した時期や詳細については知られていない。考古学的な証拠から、富士山の山麓には先史時代から人びとが生活していたことが証明されている。ただし、先史時代から有史時代初期の富士山と、宗教的な信仰や実践との関係はまだ明確ではない。『古事記』や『日本書紀』の神話的な記述に登場する、荒々しい、または野性的な神が、火山のような危険で破壊的な自然の力を象徴したものだと考える人もいる（Aramaki 1983, 194）。歴史的な文献は、富士山の古代の信仰は、噴火と力強い火の神とが密接に関連していたことを示唆している。富士山の信仰は、特に富士山と浅間山の噴火に対する畏怖によって出現したもので、浅間信仰の現れと関係がある（「あさま」と「せんげん」はともに漢字で「浅間」と表記する）[5]。あさま（浅間）という言葉は、火山を意味するとされている。浅間山は、現在の長野県と群馬県の県境にある火山である。「あさま」と「せんげん」という言葉は、富士山の山の神を祀った神社である浅間神社に用いられている[6]。

九世紀、富士山の特に大きな噴火の一つである貞観六年（八六四）の噴火の後、朝廷は鎮火への祈禱を命じ、また大災害を避けるために、仏教の経典を唱えさせた。そして、翌年には富士山の北にある甲斐国八代郡の浅間明神の祠を官社とした。「あさま」という言葉が富士山と結びつき、朝廷は荒々しい神霊を鎮める「浅間大神」をまつりあげたのである。一〇世紀の朝廷の記録である『延喜式』では、富士山の近辺にある、浅間神社と富知神社を含む三つの神社について言及している（Bock 1972, 134）。延喜式の富知神社は、おそらく、浅間神社と関係を持っており、下位の神社である可能性がある。後に「せんげん」という異なる発音でのみ知られる神社となったけれども、結局は、「ふじ」と「あさま」は不可分の関係であった。

しばしば激しく噴火し、特に降灰によって広範囲の破壊をもたらす日本の火山は、鎮めなければならない悪意のある神の姿として捉えられた（Aramaki 1983, 194）。しかしながら、問題は、単なる山の持つ慈悲の心や、火山の持つ悪意の心といったものより複雑であり、地理学者はあらゆる山が持つ二重性や両極性を我々に気付かせてくれる。[(7)] 聖なる山々の名声は、それが伝説的であると同時に普遍的であり、富士山は、世界中に見られる神聖視された山の事例の一つであるといえる（Bernbaum 1990）。

富士山では、日本のあらゆる宗教がそうであるように、力（ときには破壊的な力でさえ）は崇拝されると同時に畏れられ、敬われると同時に鎮められたのである。興味深い事例の一つに、ナマズに関する日本の伝承がある。ナマズは地震を引き起こすとされて畏れられ、また、神の守りをもたらすものとして敬われている（Ouwehand 1964）。日本の宗教では、世界の秩序は、「カオスからコスモスへの宗教的変容」に基づいている。一八世紀の国学者である本居宣長は、「無秩序、そしてカオスの野性的、原始的、そして自然的な側面」や「人類の秩序を映したような静かで、平和で、慈悲深い側面は、カオスにつけ込まれている」とし、それは全体論として見られなければならないとしている。[(8)]

日本人の信心深さのなかにあるこの二重性もしくは両極性についてより広く理解することは、我々が日本における自然と文化との相互関係を正しく認識するのに役立つ。つまり、「日本人は自然に向けて相反する態度を取る」そして、「自然は二つの極の間を揺れ動いている」ということである。それは、「野生のなかの自然（ときに日本人によって忌み嫌われる）と、文化と同一で趣があり人間の手が入った自然（一般的に愛される）である」（Asquith and Kalland 1997, 29-30）。端的に言えば、富士山は力の象徴として崇拝されたのである。[9] この力は、時には噴火や爆発の火に見えるように破壊的で、貞観六年（八六四）の記録によると、多くの命や家、植生や樹木、そして水が沸点まで熱せられることにより、池沼のなかの動物さえもが失われた。しかしながら、富士山にはもう一つの潜在的な力がある。それは水で、水が溶岩の流れを止めたのである。富士山の南、静岡県の富士宮市にある、最も大きく重要な富士山本宮浅間大社の山宮は、まさに溶岩の流れが止まった場所に建てられており、浅間大社の湧玉池には大量の伏流水が湧き出ている。かつてこの地域に住んでいた人びとは、この水源は富士山から地下を直接流れていて、それ自体を神聖なものであると信じ、肥沃さの源泉と見なしていた。古来からこの水は、富士山の登拝者が自らの体を清めるために用いられてきた。

　読者のなかで、北斎の浮世絵を通じて富士山を知っている人は、なぜここで富士山の概要や、富士山のかつての信仰の起源を説明する際に、現在富士山の祭神とされている木花開耶姫《コノハナノサクヤビメ》（図1）を取り上げていないのかということを不思議に思うかもしれない。たしかに、この女神は、江戸時代の後期に出版された北斎の『富嶽百景』というモノクロの版画集の初版に登場することで有名で、そのときからこの女神は富士山の神として見られるようになった。[10]

『古事記』のなかにみられる神話的な記述によれば、天照大神の孫である瓊瓊杵命《ニニギノミコト》は大山祇命《オオヤマツミ》の娘で、非常に美しい木花開耶姫と出会い、結婚をする。一夜をともに過ごしただけで彼女は身ごもり、瓊瓊杵命はその子どもの父親が自分であるかどうかを疑う。そのことで、木花開耶姫は怒り、産小屋にこもって火をつけそのなかで子どもを出産することで、自らの純白を証明すると誓ったのである。結果、彼女と三人の子は無事であった。[11] 日本の山と山の神は、女性と見られてきた。そして、木花開耶姫は富士山と結びつけられた。つまり、彼女は山の支配者である大山祇命の娘であり、美しい姫であったことから、山の女神

**図１　絵葉書　木花開耶姫命**
（平川義浩氏蔵）

にふさわしいとされたのである。彼女が産小屋で無傷で子どもを産んだという神話は、火山である富士山と同様に、彼女は火によって滅ぼされなかったことを示している。そして、富士山も彼女も、火を通じて創造した。富士山は稲作のための水をもたらし、女神は子孫を生み出したのである。

富士山の神聖な性質は、先史時代に確立していたが、それについての表現は、前述の木花開耶姫に先んじるいくつかの神聖な存在を通じて時代ごとに変化してきた。何世紀もの間、特に仏教の影響下では、富士山における信仰の対象は、神道の神と仏教の菩薩、男性と女性などといった形で明確に区別されていたわけではなかった[12]。この曖昧さや、時代によって富士山の神聖性へのアイデンティティが変化するということは、日本宗教のなかでは例外というよりも、一般的なことであった。神社や寺だけではなく、山々についても、崇拝、信仰、修行のさまざまな対象となってきた長い歴史がある。そしてそれは、信仰のなかにおける変化によってだけではなく、政治的・経済的な状況によっても補われたり、置き換えられたりしたのである[13]。

古代日本における宗教的シンボルとしての富士山は、捉えにくいけれども、火＝火山と水＝肥沃さと浄化の力と結びついていた。これこそが「火と水の力」であり、後世において、富士山の宗教的象徴性を入念に作り上げていく際のよりどころとなったのである。

## 注

（1）Aramaki（1983, 193）、Teikoku-Shoin（1989, 2-3, 9）、Kokudo Chiriin（1990）、Shiki（1983）、Takai et al.（1963）、Tsuya（1968）。
（2）*We Love Fuji*（1988）および Morita（2001）を参照。
（3）赤黒い色合いの富士山の例として、口絵1を参照。
（4）ここでいう「実際の自然」とは、物質的な世界と関係している。Asquith and Kalland（1997, 25）。
（5）仙元大菩薩のように、「せんげん」としか読まない漢字については後述する。
（6）遠藤（1987, 19）は、南太平洋の地域で「火山」を意味する「アソ」という言葉や、アイヌ語で「火山の岩」を意味する同じような言葉を取り上げ、「あさま」という言葉は火山や温泉と関連していると指摘している。しかし、遠藤は、アイヌ語で「火山」を意味する「フチ」という言葉が「富士」の語源であるという説については言及していない。井野辺（1928a, 124-25）および Batchelor（1905, 133）も参照。
（7）Fickeler（1962, 95）、Deffontaines（1948, 100-101）。
（8）本居宣長の著作を訳した Plutschow（1990, 26-32）は、より静かで情深い要素を「niki」、より野性的で粗暴な要素を「ara」と分類している。
（9）Kelsey（1981, 218）と Palmer（2001, 218）はそれぞれ古代に記された『風土記』に登場する「荒ぶる神」を取り上げているが、Kelsey は "raging deity"（暴れる神）と訳し、Palmer は "malevolent deities"（悪意に満ちた神々）と訳している。
（10）「北斎の視点では、コノハナノサクヤヒメは一般的な神道の神である」（Smith 1988, 195, plate 1/1）。
（11）Chamberlain（1882, 115-19）、Philippi（1968, 144-47, 500）。
（12）Endō（1987, 12-14）、Collcutt（1988, 251-52）、Tyler（1993, 265）。
（13）Thal（2005）、Ambros（2008, 175-205）。

# 第二章　美しき山

## 詠まれた富士山

日本における最古の歌や文章、絵画表現は、日本の創生期の象徴として富士山を描いている。その図像は、後世のあらゆる世代に評価され、インスピレーションとなり続ける詩的および芸術的伝統にしっかりと根を下ろしている。富士山は、文学や芸術の世界を支配したことはないが、その象徴はさまざまな幅広いジャンルにおいて目立ったものとなっている。初期の富士山の画像のいくつかを見ると、その「古典的」な姿が際立っている。

神社で賛美される富士山の神性は、和歌においても褒め讃えられた。そして、霊山の力や神聖性が、和歌における美へと継ぎ目なく移行されたのである。日本における自然、宗教、芸術の三者の密接な相互関係はおそらく、一〇世紀初頭の勅撰和歌集である『古今和歌集』を編纂した紀貫之がその序文で初めて言葉で表現した。「力をも入れずして天地を動かし　目に見えぬ鬼神をもあはれと思はせ　男女のなかをもやはらげ　猛きもののふの心をもなぐさむるは歌なり」(Keene 1955, 23)。そして、伝統的な日本の歌の鍵として広く引き合いに出される叙情性は、いくつかの特権的なトピック、主として自然界の美や人間の心の執着などを用いた(1)。

富士山についての叙情的な描写は、八世紀の歌集である『万葉集』に見ることができる。この歌集は、その生き生きとした、ありのままの歌風により高く評価されている。特に、山々を含む自然を詠んだものは、後世の日本の歌人にとって、重要な前例とされている。富士山を詠んだ『万葉集』の歌は、富士山を風景として、宗教的な崇拝の対象として、そして、美的観賞の対象として同時に表現している。そのような『万葉集』の歌は、そびえ立つ頂を賞賛し、目の前の絶景（時には想像上の風景）を記しながらその神性を示している。

天地の分れし時ゆ　神さびて　高く貴き駿河なる不尽の高嶺を
田子の浦ゆ　うち出でてみれば　真白にそ　不尽の高嶺に　雪は降りける(2)

この歌は、『万葉集』から引用したもので、富士山の神性に触れているが、その視点は、まだ自然の美的な雄大さへの驚きに向けられている。これらの歌が、たとえ富士山が火山として活動しているときに詠まれたものだとしても、詠み人は、鎮めなければならない火の神への畏れを明らかにしてはいない。おそらく、直接見るというよりも、想像のなかでのものであろうが、富士山に対する詩的描写は心地よく、それは敬意を表すものであるとともに、心のなかのイメージに満足し、活気付けられることで、友好的な雰囲気をもたらしている。『万葉集』信仰や自然災害に触れず、美に対する特別な好みや、自然を観賞することへの喜びを詠んだのは、『万葉集』が編まれた時代の宮廷や宮廷の歌人にとって、富士山は遠く離れたものであったということによるのかもしれない。その後続く歌集では、この景色や四季の移ろい、愛を好むような傾向は幾分抑制されるようになるかもしれない（Sakamoto 1991, 25, 24）。後の時代、特に仏教の影響下では、明白に宗教的な歌が見られるようになる。

『万葉集』のなかに見られる山の歌は、さまざまな遠近感で詠まれているほか、山に対する認識もさまざまなかたちで説明されている。例えば、『万葉集』においては富士山と筑波山の間に興味深い比較を見ることができる。つまり、高い富士山はふつう下から見上げるか、遠くから見るのに対して、富士山ほど高くはなく、簡単にアクセスできる筑波山（標高八七六ｍ）が登山の対象となり、富士山よりも周囲の景色を見るには優れた場所となっていた（Manyoshu 1940, 93, 220）。筑波山はまた、温泉や秋祭りで有名であり、祭りの際には人びとが集まって、歌い踊っていた（Manyoshu 1940, lx, 22）。八世紀の『常陸国風土記』[3]において、富士山をおざなりにして筑波山に対して賞賛を送っているところは、上代における地域的・文化的権力者間の白熱した競争の歴史を思わせる。神々の祖である神祖尊《ミオヤノミコト》が富士山で一夜を過ごそうとした際、富士山の神は秋の新嘗祭の最中であることからその願いを断った。神祖尊はそれを恨んで、「汝が居める山は、生涯の極み、冬も夏も雪ふり霜おきて、冷寒重襲り、人民登らず、飲食な奠りそ」という呪いの言葉を遺した。対照的に、神祖尊が筑波山に登った際には、やはり新嘗祭の最中であったが、筑波山の神は、喜んでもてなした。これに喜んだ神祖尊は、「愛しきかも我が胤　巍きかも神宮　天地と竝齊　日月と共同に人民集ひ賀ぎ　飲食富豊に　代々に絶ゆることなく　日に日に弥栄え　千秋万歳に遊楽窮らじ」と歌ったという（Akashi et al. 1976, 21-32）。この寓話は、霊山として、富士山より筑波山の方が価値があるという、常陸の宗教的プライドを反映したものであるとともに、山自体の異なる特徴を強調しているのである。つまり、富士山は一年の大部分が雪に覆われていて近付きにくい山であり、夏の間筑波山の登山はそれほど困難ではないが、富士山の四分の一の高さしかない筑波山を登るよりも、より多くの時間とエネルギーを使うということを示している。[4]

筑波山だけでなく、『万葉集』や『古事記』、『日本書紀』に登場する他の山には、天皇や地域の領主が「国見」を目的に登山している。それは、儀式としておこなわれるとともに、この登山と視察という行為が政治的な意思を示しているのである。この「みる」とか「み」という動詞は、儀式的な行為として見なすことができる。『万葉集』のなかで、「み」という言葉は、美しいものや見知らぬものを凝視するというだけではなく、人間にとって象徴的に力強いものや意味深いもの、断続的に生まれ変わる決意にとってふさわしいものなどをじっと見るという用いられ方をしている（Plutschow 1990, 106）。「み」という言葉は、花見や月見も含めて、儀式的であったり、魅惑的であったり、神秘的であるといえよう。国見の政治的な動機は、国を鎮め、統治するということにある。[5]『万葉集』や他の古代の書物に、富士山に関連した国見の明白な言及は見られない。しかし、「富士山を見ることは、領土の秩序を、富士山のような強く安定した永続的なものと対照させることによって、更新する手段だったのかもしれない。山々を見上げることは儀式的な行為で、歌はこの行為の言葉や表現であった」（Plutschow 1990, 115）。

『万葉集』のなかの富士山の描写は、永続的であるというこの山の特徴をすでに強調しているとともに、後世に現れる富士山の多様で豊富なイメージへの重要な手がかりを与えてくれている。「上代の歌のなかで、山部赤人の山への賛歌に顕著にみられるように、富士山はしばしば、神と明確にかつ強固に関連したシンボルとして取り扱われていた。そしてその場所は、いつも雪をかぶっていて、そしてそれが長期間にわたっている。この取り扱いは、江戸時代まで続いていたが、ときおり山頂から立ち上る煙に注目した歌によって、人間の情熱の不確実さと気まぐれを象徴するものとして補われていた」（Carter 1991, 480-81）。

ここで、興味深い質問が浮かびあがる。火山による破壊と、もたらされる水により神聖視された「富士山の力」と、雄大さと自然の神秘により美学的に賞賛された「富士山の美」の間の対比と相互関係は、なぜこのように分かれて発達してきたのかというものである。この二つの概念の対立はおそらく、富士山が認知されるなかでのさまざまな文脈に起因するものであろう。少なくとも、以下の四つの要因が、富士山のイメージが確立される過程で影響を与えてきた。一つ目は、それが述べられた時代と、その時代に優勢であった考え。二つ目は富士山を見たり、考えたりする際の距離や場所。三つ目は富士山のイメージを創造したり、評価する人びとの社会的地位。四つ目は図像の文化的側面および、特定の宗教体制もしくは美術的ジャンルである。

古代の史料において、これらの四つの要素が「富士山の力」と「富士山の美」を特色付けている。最初の要素である「その時代と当時の優勢な考え」は、一般的に富士山の美と力のどちらのイメージにも同じように影響を与えてきた。時代とは八世紀から九世紀にかけての時期であり、当時の自然や山に対する姿勢はすでに広く知られていた。しかしながら、他の三つの要素は異なっている。

二番目の要素についてであるが、富士山を見たり考えたりする「場所」によって、富士山の見方は大きく異なっている。「富士山の力」は、火山の麓とその周辺の地域において直接観察され、破壊の恐ろしい報告として記されたものが、奈良の都に送られた。そして、この力は都において、報告を通じてまた聞きの形で広まっていったが、身近な危機としてではなく、その地方全体の安定性への危機として扱われた。しかしながら、「富士山の美」は、『万葉集』の歌の表題の一つが指し示すように、「遠くから仰ぎ見る富士」というように表現されていた。ここでの場所の効果は、単純に物理的距離ではなく、宮廷や都からの装った、いわば気取った孤立により測られるのである。宮廷や都は、日常のありふれたものごとと比べて、関心に値すると思われるすべてのもののなかにある美や洗練を信奉していた。この特権的な視点から富士山を認識することで、差し迫った脅威や不吉な力を避けながらも、富士山の美的な魅力を取り入れた。後代においても、富士山についてどのような見方が優勢であったかは、富士山が観察された場所によって異なっていたのである。

三番目の要素である「社会的地位」は、富士山の力に畏敬の念を抱くようなシーンに立ち会ったことのある人と、遠く離れていて、（実際に見ることなしに）富士山の美に対する賞賛の念を抱く人との間で、はっきりと区分されることをさしている。富士山の噴火と降灰は、破壊的な力の被害を受ける危険性があり、また、その有益な力を手に入れることのできた人びとの住んでいた広範囲に影響を与えた。いうまでもなく、最も確実に影響を受けるのは山の近辺に住んでいる人で、それは農家や地方役人といった、比較的社会的地位の低い人たちであった。『万葉集』のような歌集を編纂する、朝廷からやってきた人びとの詩的な好みには、富士山の噴火について書くという選択はなかったのである。

四番目の要素である「宗教的体制もしくは文化的ジャンル」は、複雑な様相を示している。一般的に、富士山の力は、さまざまな概念や慣習の精密な組み合わせとともに、明らかに宗教的特性を通じて把握されていた。つまり、これらの概念や慣習が、破壊を避け、神の恩恵を祈るための儀式や供物を通して鎮め賛美しなければならない自然のアンビバレントな力を強調したのであった。そして、その組織化や履行を経て、神社や神主といったものが成立し、彼らが支持されるようになっていった。一方で、富士山の美については、（神としての富士山とも関係しているが）主に、賛美という詩的な特性を通じて取り扱われた。つまり、感情と言語を通して、富士山とその自然の喜びを賞賛し表現したのである。歌は、宗教的な心情や考えこそ共有していたが、聖職者や宗教的な制度に関するものとは一線を画していた。上代の神主や神社は、このような宗教と文化が入り混じった富士山の力に祈願するために、また、火を用いて火と戦うために、そして、悪意のある力を防ぐために儀式を挙行していた。一方、宮廷の歌人たちは、自然界において現れた美について講釈する引き立て役であった。

国見を「儀礼的な観察」として理解するとき、富士山の力と美は、一つのシンボリックな複合体のなかで相互に関係し合うそれぞれ別の側面として捉えることができる。一方で、これらの四つの要素も、より大きなプロセスのなかで相互に連結し合っている。そのパターンは絶え間なく変化するけれども、これらの四つの要素の間の相互作用により、富士山は数多くのさまざまな方法で、理解され、表現されることとなった。このシナリオにおいて注目すべき点は、これほどまでに長い間、富士山が文化的な創造性の中心にあったということである。「〔『万葉集』において確立した詩歌の特徴として、〕いわゆる『枕詞』の使用がある。枕詞とは、写象主義的な固定された形容辞で、〔富士山は不動性や威厳の象徴（枕詞）であり、〕富士山の雪をかぶった姿は「時知らぬ」という枕詞として採用されてきた」（Carter 1991, 4, 480-81）。このことは、八世紀から九世紀の富士山の噴火の状況を考慮すると、かなり驚くべきことである。詩的な評価に値するシンボルとして、富士山に関する『万葉集』の歌人による形容は、依然として現在に至るまで繰り返し用いられているのである。

『万葉集』の後の時代は、都のなかにおいても、詩歌の分野においても大きな変化があった。つまり、「詩歌は内省的な傾向となり、もはや、日本または富士山はインスピレーションではなくなった」（Carter 1991, 5）。具体的には、「富士山を誉め讃えていた長歌という形式は、奈良時代後期の前から廃れつつあるジャンルであった」（Carter 1991, 4）。背景として、その時期には、中国に倣った詩や仏教的な精神性が入って来ていた。[6]

「『万葉集』の後、歌人はより主観的になっていった」(Miner Odagiri, and Morrell 1985, 5)。一〇世紀の歌集である『古今和歌集』のなかでは、主に愛のシンボルとして、富士山の名声は続いている。富士山は、霊山や自然美の例としてではなく、人間の情愛を思い起こさせるものとして用いられているようにみえる。

人しれぬ思ひをつねにするがなる富士の山こそわが身なりけれ（『古今和歌集』五三四）

これは読み人知らずの歌で、富士山の火の神に対する畏敬の念や畏れを感じさせるものは何もない。また、雲を突き刺すような富士山の姿を賞賛してもいない。それどころか、この歌は、自らを山になぞらえて、富士山の火山の火のイメージを、愛し合う二人の間の情熱的な炎と比べているのである。また、藤原忠行による別の歌では、燃え上がる愛情をより力強くはっきりと表現している。

君といへば見まれ見ずまれ富士の嶺のめづらしげなく燃ゆるわが恋（『古今和歌集』六八〇）

都が京へと移り宮廷の文化が発展し、美的感性や恋愛遍歴を明文化することがより重要視されるようになった。日本語[7]における「ふじ」という言葉は、同じ読みでも、「不二」や「不死」、「不尽」といった、異なる漢字で表記されることがあり、歌人はこれらの言葉やその他のニュアンスを最大限に活用した。一般的に使用される漢字で書かれたときでさえも、富士という言葉は、「不死」とか「不尽」といった同音字と結びついており、特に、燃えるような情熱や、消えることがない煙を想起させるものであった。このような言葉の使い方のもと、『万葉集』以降の古典的な歌のなかで「富士」を取り上げることは、燃え上がる情熱や、抑えきれない願望を思い起こすものとなった(8)。

一〇世紀に藤原道綱母（九三六?—九九五?）によって記された『蜻蛉日記』において、作者は富士山の自然的な特徴にてらして、彼女の不幸な結婚や気まぐれな夫への憎悪を表現しており、富士山の煙は、彼女の嫉妬の炎から立ち上がっている。そして男性の歌人たちもまた、恋い焦がれる心を表現するものとして富士山を使用している。例えば、一〇世紀の物語集における幸せな恋人たちの間のやり取りにおいて、男性は想いを恋人に伝えている。

ふじのねの絶えぬおもひもある物をくゆるはつらき心なりけり（大和物語一七九段）

また、一三世紀の勅撰和歌集である『新古今和歌集』の富士山の歌では、再び富士山の煙に関するイメージが変化する。この時期には、仏教的な影響が強くなっており、山は悟りを開くための修行の場所にふさわしい霊地と信じる人たちもいた。したがって、山は現世から分離された場所、そして、苦行と瞑想にとって必要不可欠な、自然のなかで隔離された場所の象徴となった。加えて、「『新古今和歌集』の多くの歌に見られる、陰鬱で瞑想的な作風は、日本の廷臣が唐詩に大きな影響を受けたことに由来している」ことや、「『古今和歌集』の時代の快活さ」は置き去りにされてしまったことが指摘されている（Carter 1991, 9, 8）。さらに、一二世紀における卓越した歌人で、日本史上の大歌人の一人とされている西行（一一一八—九〇）は、宮廷での任務を放棄し、「俗世」から去って、僧侶となった。西行は、人生の大部分を旅と山のなかでの瞑想に捧げた。西行にとって山は、俗世から隔絶した場所でなくてはならないものであった。

いづくにか身を隠さまし厭ひても憂き世に深き山なかりせば（山家集・聞書集・残集九〇九）

西行は吉野の山に庵を結んだほか、高野山や他の旅先でも時間を過ごした。西行の富士山との出会いは、つかの間のものであったが、かなり実り多いものであったことが、以下からうかがえる。

あづまの方へ修行し侍りけるに、富士の山をよめる
風になびく富士の煙の空にきえて行方も知らぬ我が思ひかな

西行は、「富士山と自分自身との間の類似点を描き出し」、そして、「彼の人生の一部であった情熱について」触れている（LaFleur 2003, 59）。富士山に対する西行の詩的体験、いわゆる「富士見西行」は、後世の詩、文学、そしてグラフィックアートだけでなく、刀装具や根付、印籠といったさまざまな装飾品にも表現されている。[9]

ここで、『新古今和歌集』の他の歌に目を向けてみれば、富士山は自然の美や恵みを象徴するものとしてだけではなく、現世の一時性を象徴するものとして捉えられている。そして、富士山の煙は、感情や愛情の熱よりも、人の命の消滅を想起させている。[10] このような歌は、平明にした散文よりもその機微が非常に効いているので、解釈が難しい。西行が、『古今和歌集』に見られるような愛情あふれる宮廷風の視点に回帰して、今では陳腐な富士山の隠喩を使って「いつまでも消えない感情」といったお決まりの見方で、富士山が架空の物であると捉えていたことはありうるだろうか。西行が現実に富士山へ旅をしていて、実際にその目で富士山を見ている点は特筆すべきである。これにより、西行は、理想的とされた「名所」を

実際に見ることなしに詠んだ『古今和歌集』や『万葉集』の歌人と異なる立場にある。西行は、実際の山を観察する以上のことをおこなった。富士山を「観た」のである。彼は富士山を心に描き、富士山と人間の情熱の両方の特徴を見抜いた。そして、西行の富士山に対する感覚は、文学や芸術において富士山を見る視点に対して影響を与え続けている。

ここで取り上げた上代の文学における富士山の描写は、数多く集められたものの一端に過ぎない。しかしそれらは今なお富士山のイメージの多様性を饒舌に物語っている。つまり、富士山は理想化された山であるが、その理想は、自然美から燃え上がる情熱へ、そして宗教的な瞑想あるいは沈思へと変化してきたのである。同じ富士山が、それぞれ異なる詩的なレンズを通して見られてきたともいえる。そして、そのイメージは劇的に変化している。『万葉集』から『古今和歌集』、そして後世に詠まれたものにおいて、美しさの理想型は異なるものの、富士山は創作活動にとって価値ある題材であった。

## 描かれた富士山

信仰の対象となった富士山の力と、歌によって賞賛された富士山の美は、絵画においても取り上げられてきた。絵画を実際に見ることによって、多くの人びとが、他人の経験を自分のことのように感じることができたり、それによってその力や雄大さに近づくことが可能になる。まさに、「国見」が儀式的な権力強化の活動であったように、富士山を描くということは、実際の山と芸術的な想像力との間の活発な相互作用を象徴している。「富士山は、永続的に日本のシンボルであるかもしれない。宝永四年（一七〇七）の最後の噴火から今日まで根本的に形は変わっていないが、芸術家は根気強く富士山を題材に新しい何かを作り続けてきた」（Clark 2001, 8）[11]。たしかに、富士山の自然の形は、最古の記録から宝永四年の噴火までは基本的には同じであった。しかし、その美的認識は劇的に変化してきた。現存する最古のもの以降の、いくつかの主要な絵画を簡単に振り返っても、富士山の美を図像として描き直そう（再解釈しよう）とする可能性の広さを示すいくつかの兆候がみられる。

富士山の名声は、八世紀の歌集である『万葉集』において賞賛された時期よりも先行しており、研究者のなかには、富士山の絵画は、少なくとも富士山の歌よりも昔に遡れるとする意見もある。たしかに、絹や紙に富士山を描いたものは、失われてしまったと想像することもできる。しかし、石や土器、埴輪、金属といった、より丈夫な素材に富士山の姿を描いた物が見られないという事実から、それはあまり考えられない。一方中国では、古代における景観の図像表現の具体的な証拠が明確に残っている。漢王朝においては「丘や樹木が、石碑や銅の象嵌細工、織物、焼物といったさまざまなものに描かれている」（Sullivan 1962, 37-38）。

奈良時代や平安時代の絵画は仏教の影響を受け、富士山の自然の姿を描写するということは、ほとんど考えられなかった。当時の芸術は、仏教的や宗教的な主題に注目しており、澤田章によれば、風景画は絵巻物にさえもほとんど存在しない（澤田章 1928, 4-5）。もちろん、美しい自然がある場所が必然的に芸術作品を呼び起こし、それ自身を再現するのだという前提は自明ではない[12]。むしろその反対が真実かもしれない。「佐成謙太郎が能楽『富士山』の前書きに書いたように、富士山を取り上げた漢詩や和歌、そして絵画に不思議なくらい素晴らしい作品が少ないのは、素晴らし過ぎる題材であるからだ」（Tyler 1981, 140）。日本と西洋における古代では、ともに絵画は崇拝の対象に対して捧げられたため、風景は描かれなかった。「有史時代の日本と西洋の絵画はいずれも、信仰心の熱い人びとの意に従っていたと考えられる」

（澤田章 1928, 4-5）。日本において、宗教と、自然を描写することとは一見対立関係にはなかった（西洋ではしばしば対立していた〈Nicolson 1963〉）が、自然を描写するためには、高邁な宗教的目的が芸術家の資質として求められた。富士山を描いたものが遅れて登場した背景には、いわば進化論的アプローチがあった。つまり、「文学的表現と絵画的表現の間での並行的な発展においては、風景について、文学的表現が絵画的表現に先行していて、富士山についても例外ではなかった。富士山への言語での言及は、現存するもので八世紀まで遡ることができるが、絵画については一一世紀までしか遡ることができない[13]」。

富士山の絵画で現存する最も古いものは、延久元年（一〇六九）に秦致貞《はたのちてい》が描いた『聖徳太子絵伝[14]』とされ、そこには聖徳太子が馬に乗って富士山を越える様子が描かれている。この絵や、後世の聖徳太子の絵では、富士山の美しさや形ではなく、聖徳太子の威信や威光が重要視されている。聖徳太子[15]は、日本で最も崇められている人物の一人であり、最初の憲法（十七条憲法）を定めた偉大な政治家であるとともに、仏教を厚く信仰し、その興隆に努めた人物として尊敬されている。聖徳太子について言葉や絵で説明したものは、彼の人生や偉業の名声を記録し、普及させるものであり、そのような絵は、寺院の扉や、寺院で用いられる掛軸、絵巻などに描かれるだけでなく、各地を行脚する僧侶によって、文字の読めない人びとを教育するために用いられた。このような僧侶は「絵解き」と呼ばれ、国文学の発展に重要な役割を果たした（Ruch 1977, 269）。

聖徳太子と富士山とのつながりは、太子が全国に良馬を求めた話から始まり、最後に甲斐の黒駒を選択した。そして、ある日、聖徳太子は、その馬に乗り、付き従う調子麿という従者とともに、富士山の頂上を飛び越えて行き、三日後に戻って来たという。この話を描く絵伝は、物語の大部分が省略されている。秦致貞の『聖徳太子絵伝』の保存状態はあまり良くないが、馬に乗った聖徳太子が、富士山の上に配され、見たところ富士山を飛び越えているように見える。[16] 後世の類本では、富士山へ登る場面だけではなく、黒駒を曳く調子麿の姿が特徴的である。つまり、太子のそばに付き従う調子麿と馬が、小さな富士山の上に描かれているのである。これらの描写では、明らかに太子と馬は通常の乗り方をしておらず、馬の足が富士山の方を向いていない。つまり、馬と乗り手は魔法のような飛び方で山を越えている。このことを、太子の物語は絵画という視覚的形態によって、明白に表現しているのである。端的に言うと、超人的もしくは神聖な力を持つ聖徳太子であるからこそ富士山を飛び越えることができるのであり、この場面は富士山と聖徳太子を描いたすべての絵画のなかでも傑出している（成瀬 2005, 6）。

このような富士山の特定のイメージを抱かせるような伝説の背景について、いくつかの解釈ができる。魔法のような飛び方という聖徳太子の偉業は、雪をかぶった山を一日にして登ったという、ブッダについての類似の話がモデルであるようにもみえる。[17] また、聖徳太子が空を飛ぶのは、伝説的な山岳修行者であり、修験道の開祖とされる役行者が伊豆へ配流されていたときに毎夜富士山に飛んでいったという話とも類似している。[18]

この絵や他の聖徳太子の絵に見られる富士山の形や特徴は、中国的な主題を明らかにする手がかりとなる。複数（しばしば三つ）の層によって頂上が表現される険しい傾斜と、雪をかぶっていない青々とした植生は、中国の想像上の山、特に蓬萊山の影響を反映したものであり、古代の日本の仏教徒は、蓬萊山と富士山を同等のものと見なしていた（竹谷 2002, 21）。そして、かつて富士山は不死の世界とみなされており、この考えは富士山と蓬萊山との相同関係より生まれたものである[19]（竹谷 2002, 21）。つまり、現存する最古の富士山の絵画は実際の日本の山を描くというよりも、想像上の中国の山として描いている。その点で、中国の前例が持つ威厳を認めざるを得ない。[20]『聖徳太子絵伝』のいくつかの作例に見られる富士山の三層のイメージは、中国の想像上の山である崑崙《クンルン》を描いた中国絵画において、三層に表現されている形を踏襲したものと考えられる。宇宙の山である崑崙の三層を越えていくということは、現世を越え、天に到達するという人間離れした偉業であることを意味している[21]。

『聖徳太子絵伝』に見られるような、富士山についての最も古い絵画表現から、後に続く芸術作品を概観すると、その描写の変遷は驚くべきものである。古代から現代に至る富士山の視覚的形態に対する、日本の美術研究者による以下の五つの類型化は、富士山の「図像学」を包括的に把握するために大いに役立つ。

（一）平安時代……険しい傾斜と三つ（あるいはそれ以上）の層
（二）鎌倉時代……険しい傾斜と三つの峰
（三）室町時代〜江戸時代初期……緩やかな傾斜と三つの峰（もしくは三つの山の表現もしくは三つのつながった山の表現）
（四）江戸時代中期……三つの峰は稀になり、奇抜な描写となる（そして、室町時代からの三つの峯の表現とは明確に区別できるようになる）。
（五）近現代……新しいギザギザの形[22]もふくめて、さまざまな形が用いられる。

古代における富士山イメージの創造では、道教、特に登仙の思想が重要な要素をもたらしたとされており、「道教にとって、崑崙は天へつながる通り道であり、精神的なヒエラルキーのなかで認められるために、登らなければならないステージを象徴するようないくつかの説話がつくられた」（Baldrian 1987, 292）。

しかしながら、富士山のイメージのなかにある道教の考え方は、神話に対する日本人の認識によって少し変化しており、中国における道教の山や彼らの風習を観察したものではない[23]。崑崙や蓬萊は「世界の中心」(Eliade and Sullivan 1987, 167) を象徴化した例として見られているのである。

聖徳太子についての絵や物語の主なテーマは、彼の偉大な人格と偉業を描写することにある。このテーマは、聖徳太子が小型の富士山を「越えている」という事実により際立っている。つまり、富士山は聖徳太子より高く聳えていないのである。言い換えれば、富士山への人智を超えた登山は、聖徳太子の名声を上げるイベントであった。本書の関心は人物よりも富士山そのものにあるが、両者の関係は、二つのイメージが相互に高め合っていることを示唆している。聖徳太子の力と名声は、その美しさと神秘さがすでに伝説的であった高い山を越えていくことにより、さらに高まることとなる。同様に、霊山としての富士山の威信は、皇室の血統のなかにいる聖徳太子との関係を通して上昇する。それ以前の富士山は、力強い火山で、宮廷にも知られていたが、どちらかというと地方にとって重要な霊山であった。そのような伝統的な富士山の地位は、聖徳太子の偉業を讃えて、美化することにより、地方における重要性から、中央における重要性を持つように変化した。五つの類型化は、平安時代に三つの層として描かれた富士山が、鎌倉時代に三つの峰としての富士山に取って代わられたことを示している[24]。

聖徳太子の一代記の物語と、それを描いた絵画が登場する頃までに、富士山は概して視覚的・美学的な次元の観念だけではなく、霊山や宗教的な修行のための場所といった精神的な次元の観念に強く覆われていくようになる。それは、「自然主義者」が景観を表現するにあたっての本来の理想からは想像もつかないものである。富士山のような名所絵は、「実在する場所とは何の関係もない——むしろ、その絵は、単純な知覚的・視覚的魅力を大きく超えた、歴史的、文学的、そして感情的な結びつきを読み取らせようとしている」。当時、富士山や他の「名所」を描写するために、実際に足を運ぶ歌人や画家はほとんどいなかった。「初期の名所絵を理解したり、評価したりする際、実際の場所での体験は何の役にも立たない。なぜなら歌人や芸術家は、その場所についての適切なイメージを伝える画集を持っていたからである」。「風景への写実的、このような大和絵の伝統は、富士山を描く画法として決定的なものであり、そして、説明的というよりも、連想的、感情的なアプローチの素地を作った。（…）それゆえに、『純粋な』風景を描いた物は存在せず、特定の場所についていつもそれぞれ特定の歴史、物語、宗教、文学の文脈のなかで描写されたのである[25]」。

もし、名所の絵が「経験による真実性」とまったく関係なく制作されたのであれば、それは多分、歌人や画家が富士山への叙情的、美学的、精神的な旅をするうえで、実際に山へ行く必要がなかったからであろう。おそらく、彼らは聖徳太子の奇想天外な旅を模倣するように言われていたのかもしれない。日本画の手法である大和絵は、古代の芸術家たちが自分たちの見た世界を、生き生きと、エネルギーに満ちたものとして描く斬新で直接的な試みで、詳細に描かれた人間や動物の姿であふれている。大和絵の手法による富士山の絵画は、富士山の絵画表現では最も初期のものの一つで、一一世紀から一八世紀にかけて、二種類の主要なジャンルの内の一つを構成していた（竹内 1984, 41）。この、三つの頂または三つの峰の形状の影響は、たしかに現在まで残っている。つまり、現代の日本人は、この形状を見れば、「単なる山」ではなく、「富士山」と認識するのである。

前述した五類型のうち、三番目の類型は、鎌倉時代の急峻な傾斜の富士山から室町時代の緩やかな傾斜の富士山への移行である。室町時代以前、富士山は絵画において、ほとんどの場合背景として描かれていたが、以降の時代になると、富士山は主題の中心となってくる。富士山の傾斜の描写が急峻なものから緩やかなものへと変化したことは、鎌倉へ旅する途中で富士山を見たという人の数がより多くなったという事実からもたらされている。つまり、より「現実的」で「経験的」な頂上のイメージが好感を得られるような雰囲気が作り出されていたことによると考えられる。中世からつい最近まで、富士山の主なイメージは、雪をかぶっている三つの頂の姿であった（成瀬 2005, 21）。日本の風景、特に山の風景は、複雑なシンボリズムと図像学によって支えられてきた。つまり、修験道を介した仏教の〔三宝、三学など〕聖なる三つのものの組み合わせが、三つの頂を概念化し、表象するうえで役割を果たしたのである。

第四章と第七章で取り上げる富士参詣曼荼羅が室町時代（一三三六―一五七三）に登場したとき、三つの頂という表現はすでに標準化されており、修験道のなかに、またそれを通じて表現されている仏教の影響は、深く根付き、広がっていた。多くの修験道の山は、熊野三山や出羽三山などのように、「三つの山（三山）」のまとまりであると理解されるようになっていた。「三つの山」の例は、仏と二体の脇侍が配置されているような仏教図像にもみられる。「流行していた密教の教え」が、「三つの峰のイメージ」につながっているとの指摘もある。(26) その起源が何であれ、三つの頂という富士山の概念は、後の時代における認識にも影響を与えていた。近世において、宣教師ジョアン・ロドリゲス（一五六一？―一六三三）や、富士山を実際に訪れ、その目で見ていた朝鮮通信使は、三つの峰があったと記している。

大和絵はのちに、水墨画や、中国の宋の絵画を原型とした単色画の伝統と交わっていく。いわゆる水墨画は、限られた数の風景の特徴を洗練された手法で配置するという中国の伝統から現れたもので、余白や霧の描写が絵画の大部分を占める場合もある。この新しい絵画の伝統は、宮廷のみならず、鎌倉時代（一一八五―一三三三）の武士にも楽しまれ、「印象的な出来事の写実的な表現」(27) に関心を持つ武士の要求に応じたものである。

**図２　伝雪舟筆「富士三保清見寺図」**（公益財団法人永青文庫蔵）

富士山と清見寺を描いたこの水墨画は、かつて雪舟等揚の作と考えられていたが、おそらく彼の作品を模写したものだとされる。霧深い神秘的な構図のなかに三つの峰を持つ富士山が描かれており、中国絵画の影響を見ることができる。

一二世紀から一四世紀にかけての芸術や文学は、単なる文章や絵画から、物語的な表現へと推移した。その結果、「日本の最初の『国文学』が生まれた。もはや宮廷中心ではない新たな物語が、戦場や霊山、神社や寺院から生まれ、メディアの発達ともあいまって、新たに興隆した浄土宗と従来の神道との融合から生じたエネルギーを反映した」（Rush 1977, 289-290）。鎌倉時代における民衆による新たな宗教運動は、一般の人びとを主題に据えるという芸術形式の発展を促した。これらの新しい形式は、実際の社会生活を記述したものであるため、必然的に、その背景にある自然の風景をも取り込んでいった（澤田章 1928, 5）。

図2に示す伝雪舟（一四二〇―一五〇六）とされる絵画のスタイルは、古い大和絵と新しい水墨画の影響を受けている。このなかで富士山は、大和絵特有の急峻な傾斜とともに雪をかぶった三つの峰を持つ姿で描かれており、「名所」とし

ての富士山が大きなスケールで表現されている。また、伝統的な日本の絵画手法に立ち戻って、明るい色と、人間や動物を詳細に描く手法が使われている。この絵画にはまた、大陸の水墨画の伝統の影響もある。つまり、絵画の大部分が空白、雲、霧に使われているのである。空白が意図的に設けられ、屋根や木に覆われた丘から霧が立ち上る様子は、中国絵画と同じスタイルである。

後世の絵画においては、大和絵と水墨画との対比は、より明らかとなってくるが、風景の描き方については、同じようなアプローチを取っているように見える。残念なことに、「水墨画の伝統において現存する最古の作品は、能阿弥（一三九七―一四七一）が描いた三保の松原の絵であるが、そこでは富士山は見られなくなっている」。しかし、この絵の主要なイメージは、「明らかに中国絵画に基づいておらず、前から存在していた大和絵の名所の描き方の影響を受けている」（Takeuchi 1984, 45-46）。

長く、輝かしい水墨画の伝統のなかで、多くの画家が多くの富士山の絵画を生み出してきた。そして、その大部分は、古い大和絵のスタイルと新しい大陸のスタイルを組み合わせたものであった。そのような絵画作品のなかでも、雪舟や彼の後継者[28]による作品である「富士山と清見寺」は、多くを中国画の様式に依っており、尖った頂から水や霧があふれ出す様子が、「硬い」筆遣いで表現されている。それにもかかわらず、もともとの日本的な影響も残されており、富士山は、伝統的な三つの峰で描かれている。山の傾斜は、大和絵に見られるほどきつくないが、同じ場面を精密に比較すると、実際に目で見る緩やかな傾斜よりも、雪舟の絵ではやや傾斜がきつい。伝承によれば、雪舟は、富士山を描く以前に、富士山を見たことがなく、中国にいる間に作品を仕上げていたのかもしれないとされている。この作品は、大幅に修正されているが、大和絵に見る富士山の様子が残されている興味深い作例である（Takeuchi 1984, 47-48）。

水墨画のスタイルで描かれた富士山の絵画は大量にあり、そのすべてを特徴付けることは困難であるが、一般的に、それらの作品には以前の大和絵の雰囲気との対比がみられる。大和絵の作品は、かなり「にぎやかな」絵画であり、自然界の非常な素朴さ、あるいは「原始的な」生々しさ、そして無垢のなかで生きている人間の姿があふれている。水墨画の絵画は、構図においてより洗練され、よく考え抜かれており、空間のなかで慎重に配置された構成要素が強調されている。そして、人間の姿はその場に描かれないことにより際立たされている。実際には、人間は構図の外に置かれ、自然の神秘を見つめ、瞑想する姿として描かれている。富士山を描いた水墨画の有名な作品の一つで、人物の姿を描いたものとして、西行が富士山を見ている「富士見西行図」がある（狩野探幽〈一六〇二—七四〉作）[29]。

この作品の上三分の一には、雲が描かれ、真ん中の三分の一には、雲と霧の間に富士山の薄い輪郭が表されている。そして、下の三分の一には、杖を持って岬の先に立ち、背中を見せる西行の姿が描かれている。西行は絵の右下に配され、真ん中三分の一のやや左側に描かれた富士山を見つめている。この絵画を見た人は、富士山がまさに消えようとする瞬間をじっと見つめる西行の視線に引き込まれていく。この絵画は、神秘的な山としての富士山における西行の瞑想の姿のように見える。言い換えれば、現世から富士山という他界、ひょっとしたらあの世へ見る人を導く視覚的な救いの手のようにも見える。この絵画における宗教的な内容を、正確にあてはめることはできないが、大和絵から水墨画への変遷のなかで、富士山は、聖徳太子の神秘的な飛行というシンボルから、生まれながらの神秘的な山のシンボルへと明らかにシフトしていったのである。さまざまなジャンルを横断する文学や芸術表現だけではなく、信仰と修行の対照的な形態における宗教的な概念においてもみられるこのような富士山のイメージの多様性は、富士山の文化的・宗教的な歴史にとって重要な特徴であるといえる。

## 注

（1）Miner at al.（1985）、Levy（1981, 23）、Carter（1991, 2）から引用。

（2）山部赤人が田子ノ浦から富士山を眺めて歌を詠む様子を描いた一九世紀の浮世絵の複製についてはUhlenbeck and Molenaar（2000, 6, plate 1）を参照のこと。

（3）『風土記』とは、八世紀における日本各地の自然状況や口頭伝承などを記した文献である。

（4）日本の多くの霊山では、それぞれに独自の開山や開基の伝承を有している。Ambros（2008, 25-26）は大山の優位性を取り上げた天文元年（一五三二）の「大山寺縁起」を取り上げ、「大山はまさに日本一偉大な山ではないだろうか」と述べている。

（5）Plutschow（1990, 106-17, 108）、Levy（1981, 25）。

（6）平安時代の『竹取物語』については、後述する富士山のイメージ形成における中国神話の影響に関する議論のなかで取り上げる。

（7）Morris（1964）。宮廷生活については紫式部の『源氏物語』のなかに記載されている。

（8）富士山を取り上げた他作品については、以下を参照のこと。McCullough（1968）、Kominz（1995）、Cogan（1987）、Tyler（1981）、および Bell（2001）。

（9）Clark（2001, 97, plate 32）では、一七七〇年頃に描かれた浮世絵である「富士見西行」（磯田湖龍斎）を掲載している。

（10）一九世紀初頭の作品である十辺舎一九の『東海道中膝栗毛』では、道中の飛脚が富士山の煙を性的興奮に見立てて詠んだ猥褻な歌を記している（Jippensha 1960, 51）。

（11）Clark の著作は、英語の文献のなかでは、最も多様に富士山の図像描写を取り上げている。また、富士山の浮世絵については、Uhlenbeck and Molenaar（2000）を参照のこと。日本語の基礎的な著作としては、成瀬（2005）が挙げられる。

(12) 成瀬による、富士山の三峰の絵画的表現は経験的な調査に基づくものであるという議論については後述する。

(13) Takeuchi (1984, 40)。中国においても、文学作品が画家にインスピレーションを与えたということが以下の文献において指摘されている (Soper 1962, 166; Frodsham 1967, 205)。

(14)『聖徳太子絵伝』は、平安時代前期の歌人である藤原兼輔によって編纂された聖徳太子の伝記である『聖徳太子伝暦』に基づいて描かれている (成瀬 2005, 5, 7, 8, 図1)。

(15) Ito (1998) によれば、聖徳太子のイメージは時代によって異なっている。

(16) Tyler (1993, 283) は、「基本的な聖徳太子の伝記では、どのように太子が甲斐の黒駒に乗って富士山を越えたのかということについて記しているが、『御大行の巻』のような別のバージョンでは、太子ではなく、富士山を主題にしており、太子は富士山に留まっている」と記している。(Tyler 1993, 292)。

(17) Klein (1987)。『御大行の巻』では、釈迦 (仏陀) は二四年の修行を続け、山 (富士山) の上で経典を手に入れ、無数の経典を説き、仏法の内なる意味を認識し、世界の偉大な聖者となったと主張している。

(18) Snellen (1934, 178-79)、Rotermund (1965)、H. B. Earhart (1965b, 1970, 16-19)、Nakamura (1973, 140-42)。

(19) 竹谷は都良香 (八三四〜八七九) の『富士山記』や平安時代の『竹取物語』を取り上げ、富士山の山頂は、不死の薬と天への超越性と結びついているとしている。

(20) Ambros (2008, 26) は、大山も中国の霊山である蓬莱山や崑崙山と結びついているとする。

(21) 成瀬 (2005, 7-25) は、聖徳太子が甲斐の黒駒に乗って富士山の頂上を越える様子を描いた数多くの絵画を取り上げ、富士山の描写の多様性を示している。また、彼はこれらのイメージに対する中国の影響を指摘している。ほんのわずかな初期の表現を除けば、富士山は三峰の表現が基本となる。

（22）この類型論は竹谷（2002）による。『聖徳太子絵伝』の富士山の表現方法については、Takeuchi（1984, 41-43）、および成瀬（2005, 14-24）を参照。

（23）「一般的な道教の山」については、Hahn（1988）を参照のこと。また、崑崙山についてはStein（1990, 223-46）を参照。Stein（1990, 226）は、富士山の表現は、「崑崙の世界観が三層で構成されている」という基本的な考えを踏襲したものだとしている。また、Grotenhuis（1999, 27）も参照。

（24）中国の三峰の表現の先例については、Soper（1962, 28, 50）を参照。また、朝鮮半島の先例については、Soper（1962, 100）を参照。

（25）Takeuchi（1984, 44-45）。Takeuchi（1992）、およびIenaga（1973）も参照。

（26）Uhlenbeck and Molenaar（2000, 15）。日本人の風景認識における仏教の影響については、Grapard（1986）を参照。成瀬（1982, 2005, 25-29）は「イメージ」は「シンボル」に先行すると主張し、三峰の表現はいくつかの視覚的体験に基づいていると議論している。そして、いくつかの写真を示しながら、三つの峰を持つ富士山の視覚的経験が仏教（天台）の「三尊」の考えに重ねられたとしている。

（27）Klein（1984, 18）、Clark（2001, 11-12）。

（28）Clark（2001, 11）は、富士山のイコン的な地位が確立した結果、特に狩野派に見られるように、しばしば後の画家たちによってコピーされていったと記している。

（29）西行が富士山を眺めるという構図は、浮世絵から根付に至るまでさまざまな形のレプリカに用いられた。その例として、Clark（2001, 97, plate 32）に掲載されている磯田湖龍斎の「富士見西行図」を参照。

# 第三章　修行の山

## 富士山の開山——役行者と末代上人

富士修験は、古代から霊的な主題を伝えており、それは富士山の力と美を混合させ、強固にしてきた。この主題の特徴は、富士山を、理想的な美的モデルを創造するための天然の引き立て役、地域社会や季節ごとの宗教儀礼をおこなう遠方の目的地以上のものとして認識しているというところにある。つまり、富士修験は富士山を、個人的な修行の場所、後には集団的な修行の場所として開いたのである。

富士山が修行の場へと変化したのは、その時代の宗教状況を反映している。他の山々、そして日本全国において、「土着の信仰、道教の修行、仏教の教義に起源を持つ、神話や伝説的な人物やシンボルの層」が「『領域』についての日本的な考え方」を表現するために結合したものである（Grapard 1986, 22）。その一つの例が霊山である。ちょうど多くの山々が『万葉集』の歌人によって賞賛され、絵画のなかで描写されているとき、日本固有の宗教的な考え方と、大陸から持ち込まれた宗教的な伝統との相互作用に、先史時代の伝統とが組み合わさり、富士山もまた劇的な変化を経験していた（H.B.Earhart 1970, 7-16）。

日本の霊山にとっての新しいエトスは、六世紀頃に中国の文化が正式に伝来したこととともに、多くの宗教的影響が累積的に増加することによって発展することになる。中国からの宗教的影響において、最も主要なものは仏教であったが、もちろん道教や儒教、そして中国の多くの大衆的な信仰や実践も中国からもたらされた。

奈良時代（七一〇―七八四）に中国から入ってきた文化的伝統の大部分は、宮廷にもたらされ、尊重された。そして、仏教の信仰や儀礼の多くはだんだんと一般の人びとの生活のなかに、彼らなりの方法で取り込まれていった。朝廷では、延暦二三年（八〇四）に空海（弘法大師：七七四―八三五）と最澄（伝教大師：七六七―八二二）を中国に送り、彼らは「正統な」仏教を持ち帰ってきた。彼らはそれぞれ、仏教の伝統の異なる側面を受け取ってきた。そしてまた、それぞれが日本において本山を開いている。弘法大師は高野山で真言密教を掲げ、一方の伝教大師は、より包括的な仏教の拠点を比叡山で発展させた[1]。

空海と最澄という「山岳仏教」の開山は、宮廷や貴族社会から離れた場所を意識して選んでいる。そして、その場所はそれぞれの地主神と関係した場所となっている。弘法大師は、その拠点を山に置いた理由を明確に述べている。「経典によれば、瞑想は山深い平坦な場所でおこなうことが望ましいとされ、その場所は、国の利益や自らの修練を望む人びとのために用いられた」（Hakeda 1972, 47, 48-52）。

弘法大師は、日本の霊山の変容について複数の特徴を取り上げている。まず第一に、霊山は、本来備わっている力（富士山の場合、火と水の力）で評価されるというよりも、むしろ社会と世界から隔絶した、修行の場所としてふさわしいかどうかによって評価される。第二に、霊山は、下から（遠方から、麓から、低い山腹から）崇拝されるのではなく、宗教的な修行として登られるものであり、宗教的施設や儀式をおこなう場所は、山腹、そして頂上にさえ設けられる。三番目に、このような儀礼や修行の目的は、季節的な、あるいは地域的な共同体のお祝いというよりも、個人的な修行や、国家的／宇宙的な悟りに重きが置かれる。後代におけるこれらの発展は、数多くの伝統との共存や混合をもたらしている。例えば、弘法大師は、高野山の水源として丹生都比売神《ニウツヒメノカミ》を祀っている。高野山以外でも、霊山に仏教の寺と密教の修行の場を設けるときに、その山の神を崇める神社を建立している。

高野山のような山々は、神道や仏教の要素、また仏教におけるさまざまな宗派の要素だけではなく、陰陽道をはじめとする中国の影響などのさまざまな要素が互いに作用し合っていることに特徴がある。日本の霊山に広く見られる、道教に結びついた民間信仰では、仙人が霊山のなかで自然と共存しながら住み、仙薬を使って不死の域に到達しているとされている（H. B. Earhart 2003, 52-53, 56-62）。日本人は、霊山は特別な力を持つ仙人の神秘的な住処だという考えを抱いていた。

日本の霊山と、中国の信仰や道教の要素との関わりを証明するものの一つに、平安時代の『竹取物語』がある。富士山はこの物語の中心ではなく、結末に登場するのみであるため、富士山の位置付けを理解するためには物語の筋が必要だ。この物語は、竹取の翁が竹の幹のなかからかぐや姫を発見することから始まる。彼女の不思議な力により翁は豊かになり、彼女の美しさは、帝《みかど》をはじめとする国中の求婚者を虜にした。しかし、彼女は求婚者に対して、無理な難題を与えた。ついには、すべての求めを拒絶し、彼女の本当の家である月の宮殿へ帰っていくのである。彼女は、羽衣を身につけてこの「汚れた」世界を去っていくが、帝には歌と不死の薬を残していった。帝は、姫を失ったことにたいそう失望するあまり、不死の薬を飲むことを拒み、天に最も近い山はどこにあるのかと家来たちに尋ねた。家来たちは駿河（富士）の山であると答えた。この作品の最後の節は、以下のように富士山に直接言及している。「〔帝は〕使いの者に、不死の薬を入れた壺と歌を与え、これらのものを駿河の山の頂上に持っていくように命じた。そして、手紙と壷を並べて置き、それに火をつけて燃やしてしまうように指図した。使いの者はその命を受けて、多くの兵士とともに、山へと登った。彼らはその山に富士という名前をつけた。今でもその煙は雲に立ち上っているという」(Keene 1956, 355)。

ここで、「『富士』という名前」は、「民間語源の例であり、『不死』を意味し、不死の薬を表している富士という言葉が、山の名前の起源として与えられている」(Keene 1956, 355)。『竹取物語』の重要性は中世から知られており、『源氏物語』のなかで、『竹取物語』は「物語の出で来はじめの祖」とされている(Mills 1983, 326)。歌に「くすぶる情熱」を、絵画に「神秘的な山」を与えた富士山は、これらの中世の作品に対して、「不死の」煙を出している山という、最も重要なメタファーを供給したのである。最も高く、天に最も近い山としての富士山の「自然の」力と象徴性は、超越をさし示し、超越とつながり、超越に加わるという霊山の普遍的なテーマとなった(2)。ここで、実体としての富士山は、もともとあった文化的名声とともに、不死という中国からの要素、そして道教や儒教の要素によって強められたのである。そして、それらのすべての要素が、常に変化し続ける富士山のイメージの展開と不可分に絡み合っているのである。

不死の仙人のニュアンスは、富士山に関連した浅間神社の名前にも影響を及ぼしている。かつては、「せんげん」には、「あさま」と読むこともできる「浅間」という漢字が用いられていた。しかし、後に「せんげん」の「せん」に、「不死」を意味する「仙」の漢字が用いられるようになる。そして、この「仙」という漢字は、富士山の神の名前である「浅間大菩薩」においても、「浅」に代わって用いられることもあった。中国の文化的伝統の影響は普通、暦や宇宙論を通して伝えられたり、儀礼の実践の一部として伝えられ、独立した文化を構成していたわけではなかった。孝行と君主への忠誠を強調した儒教もまた、中国からの影響の一部を占めていた。

　富士山のイメージをめぐるこのような文化的な相互作用は、偉大な為政者の生涯を理想化する方法においてもみられる。日本における初期の指導者であり、宮廷を中心とした国作りをおこなった人物として歴史的に重要である聖徳太子は、たとえ空を飛ぶ馬に乗っていたとしても、富士山に初めて「登った」とされる。馬に乗ってはいないが、同じような神秘的な飛行により富士山の頂に至ったとされる二人目の人物として、役小角《えんのおづぬ》、後に役行者として知られる人物が挙げられる。この人物は、修験道の伝説的な開祖であり、霊山において神秘的な力を手に入れたとされる。(3) 彼の経歴は、富士山への飛行と、富士山の修行が確立するうえでの先駆者としての重要性において際立っている。

　役小角は、『続日本紀』の文武天皇三年（六九九）の項において、神秘的な力の悪用により追放された葛城山の呪術者として初めて登場する。役小角は古代から伝説的な存在として位置付けられており、それは聖徳太子に先んじてすらいる。役小角が「しばしば、彼のために水を引き寄せる精霊（後鬼）と、薪を集める精霊（前鬼）を率いていた」（Snellen 1934, 178-79）という事実は、おそらく法華経の影響を示している（村上俊雄 1943, 48-49）。彼はその後、九世紀の『日本霊異記』までの間に、理想的な山岳修行者として、多くの説話に取り上げられてきた。この話のなかで、役小角は仏教的修行や道教の神秘主義の理想を例証する奇跡的な人物として扱われている。彼は、山の洞穴に引きこもり、孔雀明王の呪法を修得し、それによって、空を飛ぶことができるような神秘的な力を手に入れたとされる。この話は、彼を役優婆塞《えんのうばそく》と表記し、仏教的な修行をした行者としての力を強調している。この優婆塞という言葉は、在家の仏教信者のことを意味している。しかしながら、彼は道教の特徴をも示している。〔呪術者の韓国広足《からくにのひろたり》が嫉妬して中傷したことにより〕伊豆に配流された後、彼は神秘的な力で空を飛ぶことができる道教式の術者となった。

者の影響力により高められたのである。逆に、富士山の名声は、偉大な修行者である役小角は、普通の人間の枠に収めることができないことを示しており、国のなかで最も高い山である富士山へと飛んでいくという驚くべき力を発揮した。卓越した修行者である役小角は、普通の人間の枠に収めることができないことを示しており、国のなかで最聖徳太子と同様に、役小角の姿は富士山を讃え、また富士山への神秘的な飛行により讃えられている。彼の配流の話は、禁欲的な生活を実践するためにどのように毎夜富士山へ飛んでいったかを示している。

修験道では、役小角は役行者《えんのぎょうじゃ》と呼ばれて崇められている。後代に伝わる役行者の姿は、『日本霊異記』の「修験道化」バージョンであり、そこでは密教儀礼と宗教的な禁欲生活を実践するために、多くの霊山をどのように「開いた」かが示されている。結果的に、役行者は山岳修行の開祖と見られるようになり、彼の名声は多くの霊山に広がっていくこととなる。後世の役行者の像は、長いひげを持ち、巡礼者の衣服をまとい、杖をつかんでいて、年老いた修行者の姿で表現されている。この姿は、山の隠遁者、あるいは中国の不死の人と同じように見える。(4)

役行者にまつわる数多くの特筆すべき偉業は、彼自身の人柄によるものと考えられる。彼は古来の霊山とその神を崇拝し、仏教の苦行を実践し、道教の力を得るとともに儒教の美徳を示すなかで、多くの宗教的な伝承を崇め、つないだ。そして、彼は修験道を創唱した人物として尊敬されているのである。彼の富士山への飛行は、富士山が修行の山、そして巡拝の山へと変化するうえでの重要な前例といえる。

特に、平安時代には、隠棲した修行者の多くが、驚くべき宗教的な力を手に入れるために霊山へ入り、修行し、密教儀礼をおこなった。そこでは、理知的な理解というよりもむしろ、法華経の暗唱や神秘的な呪文が重要視された。修行者たちは、特別な食事をとり、山の滝の下に立って経を唱えるなどの苦行を実践した。彼らのなかには、聖や菩薩などと呼ばれる者もいた。(5) さらには、他の修行者が山から山へ巡礼している間、山中の洞窟に閉じこもっているものもいた（Hori 1958 [fasc. 2], 210）。いくつかの霊山において、これらの放浪する修行者たちが後の修験道のグループの核となる集団を組織していった。一般的に、地方の山はそれぞれ、その山に初めて登頂し、土着のカミと仏教的な神を調和させ、宗教的な修行の実践を発展させ、その山に神社や寺を建立することにより、役行者の後を追った「開山」と呼ばれる創始者を有している。富士山もまた、仏教以前の宗教的伝承を持っている。その伝承は、有史時代の初期から、富士山の麓において季節的な祭礼を通して、苦心して作り上げてきたものであるが、後に宗教的実践のために、苦行と物忌みという形で開かれた。富士山における宗教的修行者の存在は、九世紀の〔都良香（八三四―八七九）の〕『富士山記』に示されている。そこでは、富士山とその火口の少し華やかな描写がある。日本の研究者は、この描写はにわかには信じられないと評している。それは作者が信頼できないからではなく、作者が他人の説明に基づいて書いているからである（井野辺 1928a, 174-175）。けれども、『富士山記』からは、平安時代の中期にはすでに、「富士信仰」と富士登山の習俗が存在していたことがわかる。だが、この当時の富士信仰は、一般の人びとによる富士登山とは直接関係していなかった（井野辺 1928a, 175）。

富士山を開山したとされる一二世紀の人物である末代上人が、富士山に登った最初の「歴史的な」人物であるといわれているが、すでに平安時代には、何人かの修行者が富士山に登っていたと考えられ、末代は、富士山を「修行の場」として選んだ人物の例として最も著名である。[6] 末代上人はまた、久安五年（一一四九）に富士山頂に大日寺という仏教の寺を建立したことにより、富士上人として知られている。[7] 彼は、各地の山野で修行をした仏教の僧侶であり、白山に登った後、富士山に数百回登った人物とされている。

末代が富士山に数百回登ったという記録は、登山に専念していたとしても多過ぎる数であるが、特別な力を使って富士山を飛び越えていったとされる聖徳太子や役行者と違って、末代は自らの足で実際に富士山に登った修行者である。末代は、駿河の出身で、智印上人を師匠としていた。智印上人は天養二年（一一四五）から久安七年（一一五一）の間に富士山の麓に実相寺（現在も富士市岩本に所在）を建立し、阿弥陀上人とも呼ばれていた。この阿弥陀上人という名前からは、智印上人が浄土教を広げた人物であることがわかる。彼の弟子として、末代は浄土教を富士登山でも実践していたのだろう。智印上人が開いた実相寺は駿河湾の沿岸部に存在していたが、末代は富士山の頂上に自らの寺を建立し、明らかに、山のなかでより活動的な修行をしようと努めていた。末代はまた、鳥羽上皇より仏教の経典を受け取り、それを宗教的な奉納物として富士山の頂上に埋めた。このことは、現世利益を願うとともに、極楽往生と浄土での平安を願うものだと解釈されている（遠藤 1987, 27）。末代の師匠である智印上人が鳥羽上皇の指示のもとで寺を建立し仏像を安置したという伝統により、鳥羽上皇と末代の関係は強められている。

末代が富士山頂に建立した大日寺の跡は残されていないが、おそらく修行をおこなう小さな建物（井野辺 1928a, 178, 遠藤 1978, 34）があったとされる。大日寺の本尊と思われる大日如来は、真言密教のなかで、「宇宙の真理を具現化したもの」とされる（Inagaki 1988, 33）。それゆえ、富士山の頂上は、阿弥陀如来の極楽（浄土）と同じように、大日如来の浄土と思われたのかもしれない。このイメージは、他のシンボリズムとも重なり合って、後代にさまざまなかたちで表現されていく。末代は、男性とされる大日如来が、富士山では女性とされる浅間大明神として現れるという事実に頭を悩ましていた。[8] この悩みを解決するために、末代は富士山中の木の下の岩に座り、百日間の断食をおこなった。すると、そこから一〇八歩あるき、穴を掘るように神託を受けた。そして、彼はその穴のなかから富士山の形をした水晶を手に入れた。[9] このことにより末代は、神と仏は男と女を超えた世界に住んでおり、浅間大神、浅間大菩薩、大日如来がすべて同じであると考えるようになり、救済を必要とする民衆にわかりやすく説明することができた。このような富士山の浄土における神と仏の習合という神秘的な経験によって、末代は富士山の開山となったのである。

富士山の頂上は非常に高く、一年のほとんどで雪に覆われており、普通であれば、夏の二ヶ月の間だけしか登ることができない。それゆえに、富士山麓に位置する村山の地に、恒久的な宗教的な拠点を設けることを末代が選択したのはもっともなことである。最終的に、末代は富士山を守護する神となった。彼は富士山で入定して即身仏としてまだ富士山に存在していると信じられ、大棟梁権現という名で讃えられているのである。即身仏としての末代の存在に関する記録は残されていないが、真言宗では即身仏の伝説がよく知られており、将来に仏陀として現れるのを待つという考えが信じられている（高野山における弘法大師の例と同様）。

精神的な中心として富士山が発展するうえでの貢献という点で、末代の功績は聖徳太子や役行者による神秘的な飛行よりも、より具体的なものである。末代が数百回富士山に登ったということが誇張した表現であるとされても、富士山に登った大勢の人物のなかでも、突出した歴史的な存在であることは疑いの余地はない。そして、後の世代において、彼は開山者や聖者の身なりで表現されている。つまり、末代は、古の霊山と、新しい仏教や道教の修行をおこなう神秘的な山とを結合させたのである(10)。

末代の経歴のハイライトであるとともに、富士山の信仰において画期的だったのは、富士山が彼にその山の形をした水晶を授けたことである。断食をして岩の上に座っていたといったような多くの詳細な記述を含むこの話は、後の富士山の信仰における指導者にとって重要なものであった。たとえば、近世期の富士講は、富士山型の石を最も重要なものとして祭壇に供えるという特徴がある。役行者は、すべての修験道において気高く偉大な先駆者であり、そして、末代は富士山における修験道の歴史的な開祖なのである。

## 富士山における修験道の展開

その後、富士山の修行者は、山で禁欲生活を送った末代の伝承をもとに、富士山における修行を体系化していった。彼らは、富士山に仏像（特に大日如来）を奉納することと経典を埋めることを継承していた。その一つの例として、昭和五年（一九三〇）に偶然富士山の頂上から発見された経塚と経筒が挙げられる[11]（図3）。この経典の保存状態は非常に悪かったけれども、そのうちのいくつかは承久年間（一二一九―一二二）のもので、それには末代が富士山頂に大日寺を建立したわずか七〇年後には末代は「聖人」として信仰されていたことが言及されていた。なお、現存する富士山に安置された仏像のなかで最も古いものは、正元元年（一二五九）の年記を持っている（Endō 1978, 36-37）。それよりももっと古い仏像は、明治初期に起こった廃仏毀釈のときに失われてしまったのかもしれない。このときには、富士山では多くの仏像や仏具が壊され、移動され、失われてしまった。

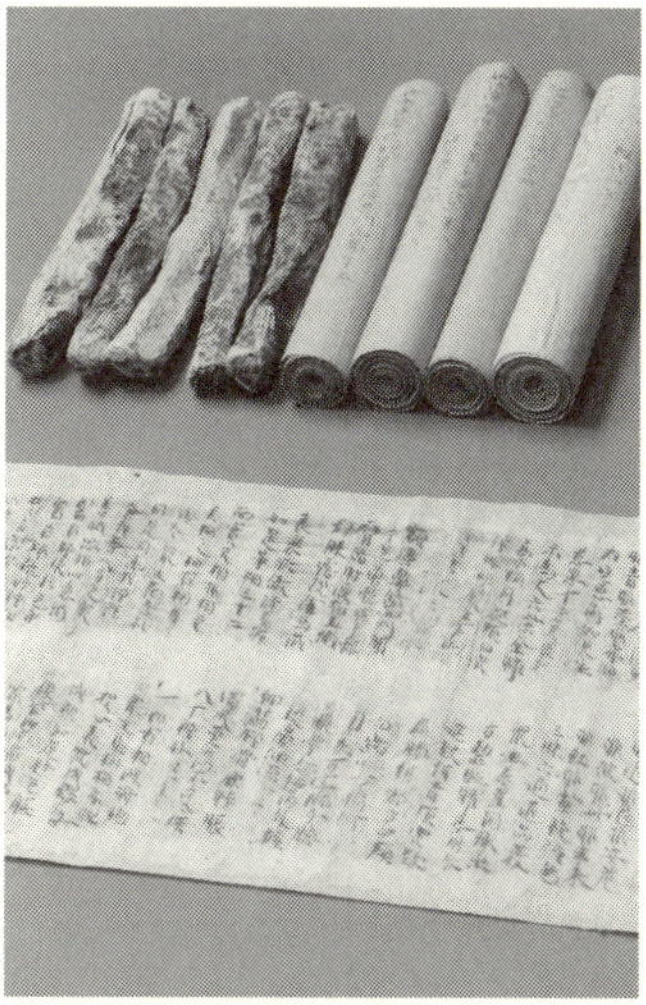

**図3　末代奉納経典**
**（富士山本宮浅間大社蔵）**

末代の後継者のなかで、最も有名な人物は一四世紀初期に活動した頼尊《らいそん》である。頼尊は、彼が私淑した末代と同じく駿河の出身で、多くの信者を引きつける能力があると認められた。詳細はよくわかっていないが、頼尊は村山に存在した〔池西坊、大鏡坊、辻之坊という〕三つの主要な坊の一つである大鏡坊の「始祖」として知られ、富士行の慣習を確立したことで有名である。彼の生没年は正確にはわからないが、法具の銘からは、元応二年（一三二〇）頃には生存していたことがわかる。この新しい富士行の慣習では、俗人は個人の利益のために単に修験者に従って禁欲生活をおこなうのではなく、神秘的な力と仏の功徳を獲得するために修行に参加し、実践するべきだとしている（遠藤 1978, 37）。

平安時代から鎌倉時代にかけて、富士山の信仰はいくつかの点で次第に変化していった。平安時代には、上流階級に属する俗人は富士山の信仰に間接的に、遠くから参加していた。彼らは、写経をおこない、そしてその経典を山の修行者に委ねた。修行者が経典を山頂へと運び、埋めたのである。鎌倉時代になると、富士信仰は直接的な参加と修行へと移行することとなる。下位階級の人びとを含む俗人の信者が富士山に登り、（「専門家」である山伏に託すのではなく）実際の禁欲生活をおこなったのである。これらの俗人と僧侶との間には、相互依存のシステムが構築されていた。修験道の山伏は、山に長期間こもって、熱心で厳しい修行をおこなうことが期待された。信者たちは山伏の修行を理想的なモデルと捉え、短い期間でそれほど厳しくない修行をおこなったのである。山伏はまた、宗教的な治療などの儀礼を人びとに施すことで、自分たちの宗教的な力を直接人びとに示した。俗人は、これらの儀礼を施された際に、山伏に対して布施をおこなった。平安時代後期から鎌倉時代にかけての富士行の隆盛のなかで、富士山にある冥界へ向けた修行は、俗人と山伏のグループの双方に広がっていったが、山伏の禁欲生活は、非常に体系的・組織的であった。やがて、高度に組織化された宗教組織として修験道が発展した。そして、奈良時代のように、気ままな修行者として山を個人的に放浪するということはほとんど不可能になっていった。

富士山における修験道の組織は、他の山でもそうであるように、社寺、（内部の複雑な階位や外部の系列組織を備えた）修験道に関する制度、教義および儀礼のシステム、僧侶と俗人との相補的な結びつきを有していた。修験道の集団は、山によってかなり異なっているが、「修験道」と呼ばれるこれらのトータルな複合体の精神の中心には、「入山」がある。修験道以前、個人的な選択により祭り、瞑想、修行をおこないながら森や山を放浪していた自由な修行者と比較してみると、修験道において「山に入ること」は、非常に明確な集団活動であった。一般に、山に入ることの目的は、俗世から離れ、霊山に接することにより自らを浄化し、苦しく信心深い修行をおこなって、一新されて力を得た状態で俗世に戻ってくることにある。修験道の特殊性は、霊山の設定、仏教の苦行と儀礼、そして個人的な変化を遂げるという目標が一体化されたシステムとなっていることにある[12]。

富士山における毎年の山の修行のなかで最も重要なものは、旧暦の七月二二日から八月一六日にかけておこなわれる、富士峯修行である。この修行は、役行者により確立されたとされている。この間、山伏[13]は富士山中にこもり、俗人は閉め出された。他の修験道の霊場と同様に、富士山での山ごもりは静的なものではなく、活発に回峰、禁欲生活、勤行をおこなっていた。山伏は、富士山の山腹の拠点を発ち、護符を授かり、山中のいくつかの行場を訪ね、その場所で神仏を崇め、仏教の経典の一部を読み、護摩行をおこない、聖なる水を汲み出し、頂上に到達した後に、富士山の東口である須山方面へ下山した。夜は山中の小さな岩穴に滞在した（遠藤 1978, 41）。

この富士峯修行は、一九三〇年前後に途絶えてしまったが、一九六七年に、実際にこの行事に参加したことがある一人の山伏に対して、聞き取り調査がおこなわれている。この記録は、後に現れる富士講の行事を解釈する際にとりわけ有益である。その記録を見てみると、まず、富士山に入っている間の安全を祈願する目的で、山に入る前に護摩行がおこなわれた。近くの村人はこの護摩行を見物し、息災を祈ってその煙を浴びた。そして、山伏だけが、途中にある聖なる場所を崇め、神仏が祀られた神社や寺、岩穴を拝

**図４　村山大日堂全景**（提供：富士宮市教育委員会）

しながら山を登る。彼らはまた、足を縛られ、崖からぶら下げられる「のぞき」という修行をおこなう（この修行は多くの修験道のグループが続けたが、それは参加者に死と地獄の恐怖を体験させることで自己を鍛えることが目的であった）。彼らが修行小屋にこもっている間の食事は、茶碗にわずか三六粒の米をいれた薄い粥であった。頂上に着くと、火口の周囲を巡り[14]、「金明水」と「銀明水」の井戸で儀礼をおこなった。さらに、一〇日間小屋にこもり、先達の教えを聞くことで修行はより深められ、そして、彼らは松明を持って小屋の外に出て祈りを込めた。修行の最後には、お祝いの赤飯を炊いて、村人達が待ちわびている富士山の東口の須山方面へと下山し、信者に迎えられた。さまざまな場所にお参りをした後、彼らは地元である村山の大日堂（図４）に到着して、村の祭りとして護摩行をおこなった。この護摩行により、三週間以上にもおよぶ富士峯修行は終わり、村人も祭りに加わった（遠藤 1978, 41-44）。

江戸時代の末までに、村山に残っていたのは（池西坊、大鏡坊、辻之坊の）三坊と一三人の山伏だけだった。村山における富士峯修行は専門の山伏が独自に、苦心して作り上げた儀礼である一方、村山は関西地方の人びととの広いつながりを確立した。村山の人びとは、本山派（聖護院に属する）に所属する富士行人と呼ばれる人びとを監督していた（H. B. Earhart 1970, 23-24）。村山の山伏は、この富士行人とその先達を監督し、官位と資格を授けていた。先達は、毎年夏に村山を訪れ、そこで一晩滞在し、村山の山伏のリーダーシップのもとで修行をおこない、富士山に登って、地元へと戻ったのである。

村山修験における富士峯修行は、山伏と俗人の信者の両者にとって、富士山における修行の「他界」性を表現しているといえる。しかし、村山修験の繁栄は、社会的、政治的発展と密接に結びついていた。特に、戦国時代の動乱との関わりが強く、村山修験は、駿河の領主であった今川義元（一五一九―六〇）とのつながりがあった。永禄三年（一五六〇）に織田信長の手により今川義元が殺されたことが、村山の急激な衰退の兆しとなった。一方で、富士山本宮浅間大社は、焼け落ちたのち慶長一一年（一六〇六）に徳川家康によって荘厳に再建されたことを大きなきっかけとして、その政治的勢力をだんだんと増大していった。その結果、明暦元年（一六五五）から延宝七年（一六七九）にかけて長々とおこなわれた、富士山本宮浅間大社との富士山の所有権をめぐる法的な争いに村山修験は敗れ、土地と権利を奪われ、加持祈禱をおこなう山伏が減少していった。

古来富士山の修験道を構成してきた村山修験は、富士山のすべての登山道における修行の主な様式を確立していた。村山修験は、近世初頭には富士山に集まった一般の人びとを組織する力をすでに失っており、政治的にも富士山本宮浅間大社に負けてしまった（追い討ちをかけるように、富士山本宮浅間大社は安永八年（一七七九）に富士山の八合目から頂上までの支配権を手に入れてしまったのである）（Bernstein 2008）。にもかかわらず、現在に至る富士山に関連した宗教的修行においては、明らかに村山で培われた修験道の様式の重要性が残っているように思われる。修験道は、修行の山としての富士山の名声を確立し、それを全国へ広めた。そして、富士山への信仰、富士山での修行、そして富士登拝の大衆化に向けたこの傾向は、やがて近世の富士講によってその最盛期を迎えることとなる。

**注**

（1）H. B. Earhar（2003, 81-96）、Hakeda（1972）、Kiyota（1978）、R. Abe（1999）、Groner（1984）、Swanson（1987）。
（2）Eliade（1959）、Fickeler（1962, 109）、Deffontaines（1948, 100-101）。
（3）役行者像については、口絵2を参照。
（4）H. B. Earhart（1965b）を参照。口絵2以外の役行者像についてはSawa（1972, 115-16, figs. 130, 131）を参照。また、役行者の絵画表現とその解説については、Smith（1988, 184-85, plate I/3, 195-96）を参照。
（5）詳細はH. B. Earhart（1970, 20-21）を参照。
（6）遠藤（1987, 25）、井野辺（1928a, 176-77）。
（7）『本朝世紀』の記述による（遠藤 1987, 27）。
（8）『地蔵菩薩霊験記』の記述による。
（9）Tyler（1981, 149）によれば、末代上人が見つけた富士山の形をした水晶は、明らかに中国の霊山である蓬萊山をほのめかすものとされる。
（10）井野辺（1928a, 177）、Endō（1978, 26）。
（11）Collcutt（1988, 253）、Hardacre（1988, 275）、Guth（1988, 203）、Moerman（2005, 79）。
（12）H. B. Earhart（1965a, 1970）、Miyake（2001）。
（13）修験道の修行者に対しては、村山修験では法印といったようにさまざまな呼称があるが、一般的には山伏と呼ばれる。
（14）お鉢巡りについては、Miyazaki（2005, 137, fig. 9）を参照。

# 第二部　信仰の対象としての富士山

角行が東北日本の洞穴で断食の行をおこなっていたとき、役行者が現れて、国土の平和をもたらし、万民を助けるという角行の誓願を成就させるために次の助言を授けた。「是より西に当り、駿河の国不二仙元大日神と申し奉るは、天地開闢世界の御柱として、月日・浄土・人体の始まりなり。（…）［この神は］我朝の御柱にして、三国無双の霊山なり。（…）

（富士山の）もっとも西に当りて行場あり。人穴と申す処なり。此所に参り大行致すべし。神力有る事疑ひなし」

『御大行の巻』より（村上・安丸 1971a, 453-54）

# 第四章　富士講の開祖

## 角行——富士山からの再生

村山修験は、地方における修験道の拠点となり、修行の山としての富士山の組織を苦心して作り上げ、登拝の出発点となった。この形式は、富士山の他の四つの登山道を開くときの手本となった(1)。富士山の一般的なイメージは、より大きな文化的、社会的、政治的動向と密接に関連していた。鎌倉時代になると、旅がより安心できるものとなり、また、政治権力が鎌倉へと移ることにより、人びとは東日本への関心を高めていった。人びとはおのずから頻繁に富士山を目にすることとなった。この時期には、社寺参詣曼荼羅が流布し（ten Grotenhuis 1999）、富士登拝をおこなう一般の人びとの姿を描いた富士参詣曼荼羅が作られた。

参詣曼荼羅は浄土への救済、法華経への信仰、開山の霊験譚といった、聖なる場所に関わるドラマであり、そこには、武士やますます力を強めていく町人、市井の人びとが描かれた。これによって、皇室や貴族、そしてだんだんと下層階級の人びとが、霊山のような聖地への巡礼をおこなうようになった(2)。さらには、旅をすることができない人のために、遊行する比丘尼《びくに》や聖が絵巻物を携え、視覚的な手法で、報いを受ける説話や救済の説話とともに霊験譚を語った。そして、一四世紀から一五世紀にかけて、唱導の僧侶によって社寺の縁起や神話が語られた。結果として、『古事記』や『日本書紀』といった中央の神話よりも、より幅広い数多くの中世神話が創られたのである（Ruch 1977, 294）。

一五世紀から一六世紀にかけての戦国時代には、政治的な不安のなかで、社会と宗教は急速に変化した。時代は、政治的、社会的な激変に対する解決策をもたらし、個人の救済を約束する宗教的なメッセージや宗教的指導者を求めていた。富士山における最も重要なメッセージやリーダーは、村山の専門的な修験道の僧侶から現れたのではなく、庶民階級から現れた。それは、角行（伝承では一五四一―一六四六）という名の修行者であった。

一般的には角行藤仏㤘《くう》として知られるこの人物は、[3]広範囲に広がる富士登拝の習俗の基礎となる富士山への信仰と修行を統合した功績があるとされている。[4]角行は、日本における初めての民衆宗教を創設した人物として、また、富士信仰の統一者、創設者として考えられてきた。[5]本書では、末代を富士山における修行と信仰の基礎的なシステムの創設者とし、その後、より大きなスケールの富士山への巡礼を発起した人物として角行を捉えたい。

この重要な人物に関する、正史の記録はほとんどないが、長崎で生まれ、姓は長谷川であったとされている。若い時期から苦行を始めた後、東日本周辺を旅し、さまざまな行場を訪ね歩いた。そして、この時期の社会の激変や、個人的な苦難に対する宗教的な解決を与えるための生涯の仕事として、富士山に辿り着いた。彼の主な半生は、彼を始祖として崇める富士登拝のグループによって色鮮やかに残されている。[6]

角行の偉業は、『御大行の巻』に記されている。偉大な苦行を意味する[7]『御大行の巻』の意義は、「角行が富士山の聖なる力を探し求めたということと、彼の生涯によって富士山が日本の記念碑であり救済者であるという伝説を記したところにある」（Tyler 1993, 252）。この伝説の記述は、角行の信心深い両親が、庶民を困らせている戦争や争いを解決してくれるような息子を授かるように神に祈ったことから始まる。こうして生まれた息子は、平和をもたらすために太陽（日）や月、星によって送られた申し子の出現という、奇跡的な神話を示すものであった。その子は一八歳になったとき、苦行と巡礼の生活を経験するために東国に向かって出発し、自らを角行藤仏㣧《くう》と呼んだのである。彼は奥州平泉にある達谷窟《たっこくのいわや》という洞穴に入り、二一日間の断食を二回実施するという禁欲生活をおこなった。二回目の断食の際、役行者が現れた。この修験道の創始者と角行との会話において、役行者は角行の意志を讃えたが、角行に対し、富士山へ向かい、麓に位置する人穴の洞穴で修行をおこなっている不二仙元大日の助けを仰ぐことにより自らの願いを満たすように伝えた。

『御大行の巻』には、宇宙全体の源泉としての不二仙元大日の華麗な姿を通じて、役行者の助言が記されている。この助言と、後の角行の宗教活動は多くの点で結びついている。角行が役行者の指示に忠実に従い、修行をおこなうために人穴に向かったとき、彼は地元の人びとより、ここは聖なる場所であり入ってはいけない、この穴に入った者は生きて出てこられないか災いを被ると伝えられた。しかし、役行者が角行に与えた助言は、人穴近くにある白糸の滝で修行をおこなえというものであった(8)。そこで、白糸の滝に向かい、祈りを捧げると、天童が現れて、人穴へと案内したのである。人穴に向かった角行が、仙元大日に仕えるという真剣な誓願を告白したところ、天童は四寸五分の角材を立てて、その上につま先立ちして修行するよう指示した(9)。また、水垢離をおこない、六根を清めることを指示された。千日の間眠らないということを含む、長い修行の果てに、角行は仙元大日から、地上の争いの理由は天地の間の調和が欠如

**図 5　人穴の入口（上）と内部（下）**
**（提供：富士宮市教育委員会）**

した結果であるという意味のメッセージを直接受けた。あわせて、もし角行がこの「偉大な修行」を続け、天と地の調和を心のなかで祈るのであれば、天下は平和になるだろうとの啓示も受けている。人穴での角行の経験に対するこの伝統的な見方について、現代の研究者は冷ややかである。「角行の修行には意味があった。それは、人穴に入ることによって、既成の修験道の教団を無視し、回避できたからである」（Tyler 1984, 103）。

恐ろしい、神話に登場する場所である人穴（図5）は、今日でも、洞穴として、そして近隣の集落の名前として存在している。洞穴は明かりに乏しく、観光客はあまり訪れない。洞穴の入口で低く身をかがめてそのなかに入り（高さのあるゴムブーツを履いて）浅い水たまりを進むと真っ暗な空間が広がる。さらに進むと、懐中電灯の明かりの先に、角行がその上で修行したといわれている石の柱が見えてくる。今日でさえ、富士山にはこのような非世俗的、そして非日常的なシーンがいくつも認められる。人穴のなかのこのような地下の現象に対する説明は、時によって変化する。例えば、ある江戸時代の旅人の報告によれば、

「泥、水、そしてコウモリ」に落胆したという。「にもかかわらず、人穴は畏怖の対象であり、御大行の巻では角行の修行の重要な根源として、富士山の頂よりも人穴が重視されているのである[10]。

角行藤仏㑖という名前は、いくつかの言葉からなっている[11]。「角」は、彼が立っていた木の角材の「角」という意味を持つ。「行」は、「苦行」や「修行」を意味し、藤は、植物の「フジ」の字であるが、富士山の「ふじ」と同音字である。また、藤は、角行の先祖とされる名門の藤原家から一文字をとったともされる。「仏」はブッダの名前であり、「㑖」は尊称である。つまり、角行藤仏㑖という名前は、「角材の上で修行した富士山の仏様」を意味しているのである。

また、角行は、山の形の側面に日と月、そして上に星を配置し、それとともに、神々と宇宙の力に関係する文字の組み合わせからなる、一般的に「御身抜」と呼ばれる秘密の図を授けられた。この図の要点は、天と地が調和していることにある。この図、角行が立っていた木の柱、そして角行自身はそれぞれ、世の御柱に等しいとされ、また、富士山は世の御柱と呼ばれていた。このような複雑な言葉と、絡み合った言い換えは、富士山が宇宙の起源の鍵となるものであり、宇宙とすべての命の源であることを何度も繰り返して述べている。また同時に、富士山はコスモロジー、宇宙の構造、そしてその成立過程について知るための手がかりとなる。したがって、人穴で修行することによって、角行自身は宇宙の根源的かつ包括的な性質と調和し、国を安らかにし人びとの苦しみを和らげることで勇気づけた。最終的に、角行に対する啓示は、「この祈りと国家安泰の目的のために、あなたは富士山に登るべきだ」という命令で終わっている。

その後も角行は、富士山に登り、人穴にこもり、そして富士山周辺の八つの聖なる湖（富士八湖）で水垢離をおこない、修行を続けた。特に、富士八湖における断食と水垢離のなかで、角行は人びとを守り、悪いものを取り除くという「フセギ[12]」の方法を身につけた。苦しい修行と水垢離を始めて三年後、角行は両親のもとを訪れ、自らの誓願の成就と、仙元大日の啓示を受けたことを伝えた。角行の両親はかつての願いが叶ったことを知り、思い残すことなく亡くなった。角行は両親の供養をした後も修行を続けた。

仙元大日は角行に、修行をおこなっている人穴にやがて将軍となる徳川家康が訪れるだろうという啓示も与えている。角行は自らが受けた啓示の本質を家康に説明し、家康と、世界の御柱（万物の源泉）である富士山とを結びつけた。つまり、未来の将軍について、天命により正統であるとしたのである。神と仏の和合はまた、忠が社会の調和をもたらすという儒教の考え方につながるものである。『御大行の巻』には、天の意思に従わず堕落し、社会を混乱させたかつての支配者への批判も含まれている。また、宗教が政治へ介入することを遠回しに反対し、僧侶や神官が信仰を唱導することを忘れて、金を稼ぐことに関心を持つことを批判している。それゆえに、角行は家康からの褒美の申し出を丁重に断っている。角行は、国と人びとのために修行をおこなっていたのであり、修行を続けることを純粋に願った。このことが、僧侶や神官が後に仙元大日を通して金を稼ごうとしなかったことにつながっている。角行のメッセージは、仙元大日によって叶えられる未来の豊かな菩薩の世の実現であり、士農工商すべての人びとに富士山への登拝を呼びかけた[13]。一般的に日本の宗教では、未来仏と呼ばれる弥勒菩薩の世が現世に現れることが期待されていた（Miyata 1989）。

角行と二人の弟子（大法と演旺）は、江戸に向かい、伝染病が流行するなか、多くの人びとを癒した。その結果、幕府は彼らを呼び出し、キリスト教の信者ではないかと疑った。『御大行の巻』によれば、幕府の役人が「富士山の祈禱者は何を本尊としているのか」と彼らに訪ねたところ、「我々は父母の祖としての仙元大日を本尊とし、それとともに五穀を大事にしている。仙元大日と日天、月天を朝晩怠らず拝んでいる。この他に本尊はない」と答えたと記されている（Tyler 1993, 315）。この答えにより、彼らは赦された。角行が当時のカトリック教会の本拠地であった（Boxer 1967）長崎出身の人物だったことから、同時代の人や後の学者のなかには、角行はキリスト教に影響を受けていたのかもしれないと考える人もいた[14]。しかしながら、このような主張を裏付けるような確かな史料は見つかっていない（井野辺 1928b, 104-5）。伝えられるところによると、角行は一〇六歳で亡くなったという。角行の伝説的な生涯は、角行を仙元大日菩薩の化身あるいは具現であると考えていた弟子の日旺によって記述された。

角行の伝説的な生涯を通して、角行の人物像やその功績、彼の周りにある複雑なシンボリズム、そして、宗教システムにおける富士山の役割に対する彼の認識が明らかになる。角行の出生とその人生には、彼以前に富士山で修行した人物たちとの興味深い差異が認められる。富士信仰の創設者である末代や、村山修験を組織した頼尊は、富士山の麓の駿河国の出身であった。末代は、白山など他の霊山で修行していたが、それほど広範囲に移動していたわけではない。角行はより広く活動した人物で、九州の長崎で生まれ、東日本中を旅して、特に水垢離をおこないながら多くの場所で修行をした（岩科 1983, 57）。

角行の独自性は、人穴における修行中に役行者と邂逅し、仙元大日からの特別なメッセージを受けたことにある。この啓示は、富士信仰を、個人や国家の平和をもたらす儀礼や教えと結びついた、包括的な宇宙論的、宇宙起源論的システムに統合するものであった。このシステムの中心では、儀式としての巡礼と、倫理的な自己啓発のために富士山を登るすべての階級の人びとに重点が置かれていた。これらの功績は、先人たちとはまったく異なっている。角行は、役行者から、富士山を再概念化するうえでの正統性を受け取ったことで、末代や頼尊が築いたものを否定することなしに、それをうまく展開させたのである。角行は広範囲な旅と厳格な修行によって、役行者から啓示を受ける資格を与えられた。そして、続く人穴での長期間の修行は、富士山の本質に関する仙元大日からの決定的な啓示を得ることを可能にした。

人穴において角行が受けた啓示から推定できるのは、信仰とシンボルの極めて複雑な組み合わせである。富士山と仙元大日、そしてその神性は、事実上、太陽と月、浄土、そして人間を含む宇宙全体の源泉である。宇宙の御柱は、富士山や仙元大日だけではなく、角行が修行をおこなった柱や、角行自身、角行が受け取った御身抜に至る多くの形で表現されている。端的に言えば、富士山は、真の宇宙山として、そして宇宙そのものとして再概念化されたのである。富士山という宇宙山のなかに入っていった角行は、宇宙の御柱として生まれ変わった。富士山を宇宙山として説明する教義は、要約・凝縮されて、人穴のなかで、また富士山周辺の湖における断食と水垢離の間に角行に示された秘密の聖句のなかに見つけることができる。これらのいくつかの御柱は、実際には一つであり、天と地の和合を表している。そして、この本義に基づく実践は、特に、角行の修行と富士山への登拝を通して、国を変容する力となったのである。

この基本的なメッセージは、正式な制度のなかの抽象的な教義というかたちではなく、重なり合ういくつかのイメージと物語のかたちで伝えられている。古《いにしえ》の霊山としての富士山の特性は、より以前の時期のかたちが誇張され、価値が高められてきたものではあるが、現在でも続いている。火の力は、大日如来、つまり真言密教において「宇宙の真理を具体化したもの」（Inagaki 1988, 33）とされているものに付随もしくはおそらく昇華されているが、同時に太陽のことも意味している。同様に、水と豊穣をもたらす力は、万物の命を与える宇宙山としての富士山の捉え方に沿うものとされ、その考えが発展してきた。また、富士山の周辺の水は、仏教の修行の教えのなかでは、体を清めるものとされた。

また、いくつかの神道の要素が取り入れられているが、神道の特徴のなかには改変されたものもある。この時代までに、木花開耶姫とその父である大山祇命（山の神）が登場する『古事記』の物語は、天と地の分離といったようなコスモロジカルな考え方とともに、富士山と結びつけられるようになった。富士山を修行に入る場所とする仏教的な考え方は、富士山は浄土であるという観念とともに、大日如来や、弥勒菩薩の浄土とする考え方と結びついた。霊山の複雑なシンボリズムは、日本中で見ることができる。「一つの山が、一つ以上の浄土としてみなされることはよくあることである。能楽の『富士山』を例にとってみると、かぐや姫は富士山頂の内院（内部の聖所で、兜率天とされる）へと登っている。なぜなら富士山は、他の多くの山と同様に、弥勒菩薩と結びついているからである。奈良近郊の春日山のような小さな山でさえ、阿弥陀、観音、弥勒が一ヶ所にいるものとみなされていた」[15]（Tyler 1984, 110）。士農工商の四つの階級のすべてに個人の願いの成就と社会の調和をもたらすような、宇宙山としての富士山という新しい概念によって、修行の場所として富士山を重要視する修験道の考え方の影響は薄まっていった。このメッセージの宇宙的な側面は、再構築された想像上の物語だけでなく、五行の力と陰陽の調和を援用した道教とも影響し合っている。また角行の教えの社会的な側面には、儒教的な倫理の痕跡が感じられる。このようなイメージの複雑性や重要性のいくつかを、角行が啓示を受けた御身抜のなかに見て取ることができる。

## 御身抜――救済の曼荼羅

宇宙山としての富士山の代表的な表現は、御身抜と呼ばれる絵のなかに見ることができる。御身抜には、富士山の形や、特に太陽、月、星といった宇宙の力、そして角行によって発明されたいくつかのユニークな漢字による宗教的な暗号表現が記されている。[16]角行は多くの御身抜を残しているが、それらについての明確な説明はない。角行の弟子や後世の信奉者は、いくつかの説明をおこなっている。また、彼らはそれぞれ独自に角行の様式に倣った御身抜を作成したが、これらの秘密の図像のすべての意味は、いまだ解読されていない。御身抜に見られる漢字は「声に出して読む」ことができるが、現代の富士山へ登拝するグループでさえ、これらの図に秘められたすべての秘密を解明しているわけではない。彼らは、文字の意味を「解読」するよりも、むしろ詠唱して褒め讃えるのである。いずれにしろ御身抜は、富士信仰の重要な象徴であるといえる。

御身抜は、役行者によって創唱された山岳修行の流れを汲むとした角行の宗教的体験を表したものである。角行が役行者の指示に従って行動し、人穴に入って、厳しい修行を展開した結果、富士山の主要な神である不二仙元大日と同一化することが可能となった。こうして角行は富士山と結びつき、富士山は、世界の御柱と一体であることを実現したものとして表現されている。人穴から去り、彼は精神的に生まれ変わり、富士山と一つになった。つまり、富士山は、角行の「体（身）」のなかに内面化され、そしてそれが、神秘的な図形のなかに、「抜き」出され、あるいは引き出された[17]。言い換えれば、「みぬき」という言葉は、「富士山と一体となった彼の身体から取り出されたもの」を意味する。信仰の対象として、この図は一般的に尊敬を表す接頭辞である「御《お》」をつけて「御身抜」と呼ばれている。

修行の実践、そして霊山とその神性との一体化を通して、富士山の力とそのメッセージは角行のなかに取り入れられ、それが御身抜として表現された。御身抜の一枚一枚は、日本における仏教や他の宗教的伝統を描いた、宇宙の模式図である一種の山岳曼荼羅を表している[18]。これらの御身抜は、信者に多様な利益を与えている。つまり、富士山への精神的・身体的移動、また宇宙軸との一体化による変身、そして日々の暮らしを宇宙の構造のなかに位置付けることによる再統合である。

御身抜は、富士講のメンバーにとって、信仰の対象である。一般的に、彼らの祭壇には、富士山の小さな模型の後ろに、三本の掛軸が掛けられ、御身抜はその真ん中に掛けられる。御身抜をじっくりと見て、信仰し、その文字を唱えることとは、始祖である角行の偉業を辿るという儀式的な行為であり、それとともに、角行によって示された宇宙の構造および角行そのものと一体化することとなる。これによって、自らの体と宇宙山とを合体させた理想的な人物である角行の追体験が可能となる。もちろん、それは一時的で低いレベルのものであるが。しかし、たとえそうであっても、御身抜は、宗教的な悟りを導く力強い本尊である。御身抜を見てみることで、富士山の宇宙的な概観やいくつかの秘密、そしてそこに描かれた宗教的な真実を垣間見ることができる(19)。

図6に挙げたのは、角行による御身抜で、山の形、角行独特の漢字、そして、角行の基本的なメッセージを見ることができる。文字で書かれているものが御身抜の大部分を占めているけれども、この宇宙的な図は、直線的あるいは連続した言葉から構成されているわけではなく、むしろ多くの要素の複合、あるいは配置によって構成されている。したがって、御身抜は宗教的な絵画や彫刻と同じように見られなければならない。つまり、記されたフレーズの間を点から点へと動きながら、説明的な特徴に注意をはらい、図の全体的な趣旨が把握されるまで「絵」と「単語」を統合する必要がある。

御身抜の主要な特徴に、山の輪郭の上に、定型化された雲の上に乗る太陽、星、そして月を示す三つの円が挙げられる。これらの三つの天体と山は、小さな宇宙を象徴している。山の輪郭は、裾野からの二本の線で描かれているが、それぞれの線は、そのまま行けば交わるポイントの前で、折れ曲がっている。これらの線は、富士山の形と同時に、「明」という文字の形を表している。この山あるいは「明」の文字は、四文字の字句の最初の一文字であり、他の三文字はともに大きな文字で、「頂上」のすぐ下に配されており、富士山の形のなかに収められている。様式化された「明」の文字から始まり、このフレーズは、「明《みよう》藤開山《とうかいざん》」と読まれている。これらの文字は、特に同音異字や、同字異音の関係といったようなさまざまな

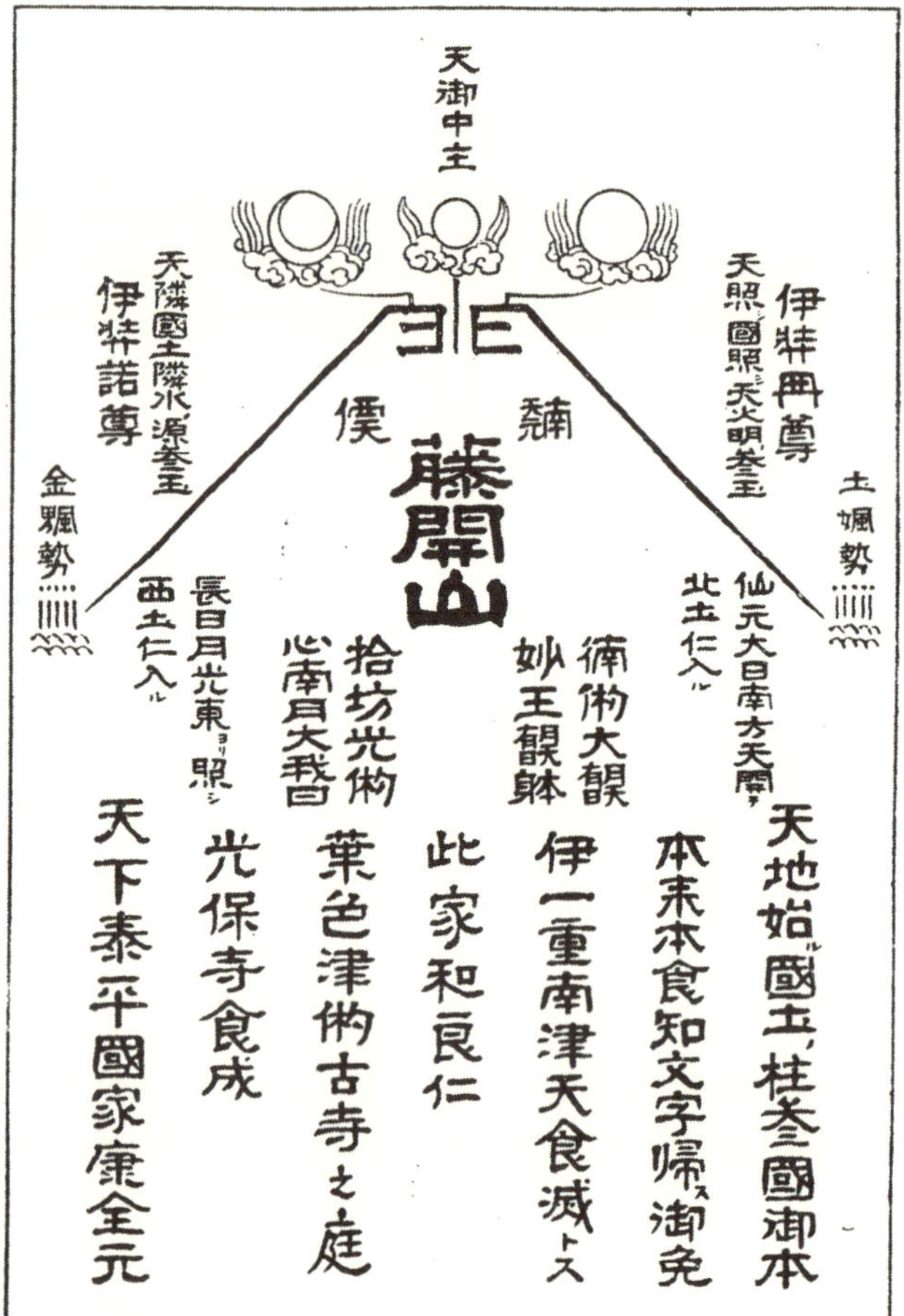


**図 6　御身抜**

江戸時代の御身抜で、角行（あるいは、他の富士山の修行者）の「体」から「取り出された」曼荼羅と似ている宇宙の図。富士山を象り、その上に太陽、月、星を配している。その脇には、「母の祖」と「父の祖」を意味する創作文字が記されている。（井野辺（1928b）64 頁）

つながりを通して二つ、もしくは複合的な意味を持つものとして理解されている。

「明《みょう》」は「明るい」を意味し、また、他の文字をも連想させる。それは、「素晴らしい」を意味する「妙」であり、日蓮宗の慣習に見られる法華経の字句である「南無妙法蓮華経」で有名である。二番目の「藤《とう》」は、方角を示す「東」という文字と関連しているかもしれないが、この文字は、「ふじ」と読むことができて、これによって、富士山のことを示している。続く「開山《かいざん》」は、文字どおり「山を開く」という意味で、土地や国を開くということを表している。しかしながら、この「明藤開山」という四文字は、文字どおりの言葉（あるいは関連する意味の組み合わせ）というよりも、賛美や崇拝の字句として読まれ、復唱される。図のなかで、大きく最も中心に位置するこの字句は、宇宙起源的、あるいは宇宙的な感覚のなかで、国土（あるいは日本）を開くものとしての富士山を賞賛することを示している。「『（みょう）とうかいざん』と読むこの文字は、富士講の言葉のなかで、『偉大な富士（あるいは藤原）』を意味している」(Tyler 1993, 283)。

身抜のなかで最も重要な二つの文字は、山の頂上のすぐ下にある「作字された」対の文字である。右側の文字（⿰⿱天元南）は、「もとのちち」と読み、「父の祖」を意味しており、左側の文字（⿰亻⿱覀天）は、「もとのはは」と読み、「母の祖」を意味する。伝承によると、この二つの表意文字は、角行に啓示されたもので、富士山の（秘密の、神秘的な）真義における、富士山の「本当」の意味を示している。両方の文字は、角行独自の創作物とされており、その文字は、いくつかの文字を組み合わせて新しく作り出されたものである。陰や陽と同等のものとされるこの言葉の組み合わせは、御身抜のコスモロジーの基盤をなすだけではなく、富士山を宇宙全体の源泉としての父の祖と母の祖と等しいもの、あるいはそれを含むものとして見なすものである。同時に、この二文字は、神と仏の一致である本地垂迹《ほんじすいじゃく》を象徴するとともに、陰と陽の調和を象徴している。事実上、宇宙起源論と宇宙論が結びついており、富士山は宇宙の源泉あるいは始まりであるとともに、森羅万象の調和あるいは和合の根源であるとされた。

対になった文字である「もとのちち」と「もとのはは」そして、「明藤開山」の下には、四行の文字列がある。最初の三行はそれぞれ四字からなり、最後の行には六字からなる。御神語《ごじんご》として知られるこの一八字の文字列は、富士山への登拝グループの祈禱者の間で唱えられている。いくつかの文字が特別に作字されているこれらの文字列は、いくつかの読み方があり、解釈することは困難である。岩科小一郎は、御身抜で必ず用いられる角行の御文句あるいは「聖なる文字」の研究において、冒頭に出てくる「神の言葉」である「こうくう」(備竹)は、「人間の呼吸」を意味するという。これは、嘉永三年（一八五〇）に富士講を調査した幕府に対し、富士講の巡礼者がそう答えたからである（岩科 1983, 61）。御身抜と治癒の護符であるフセギにも現れるこれらの神の言葉に対してTylerは、「息を吸い、息を吐くこと、また『根源的な両親』である『もとのちちはは』を意味する角行による特別な文字を含む祈禱である」としている。(20)
富士講におけるこの御神語は、富士山の力に対する祈りとして唱えられている。そしてそれは、阿弥陀仏の力に祈願する際の「南無阿弥陀仏」という言葉や、法華経の力に祈願する際の「南無妙法蓮華経」という言葉と似ている。

この主たる字句の右と左には、仙元大日や、天と地、および東西南北の四方に対応する太陽や月の力に関係する聖性と結びついた富士山の宇宙的／宇宙起源的な役割を補足する祭文あるいはマントラ（真言）がぎっしりと配置されている。富士山の霊性において、人間は慈悲の心を育み伸ばすためにこの宇宙の秩序に従わなければならないとされた。これらの字句は、宇宙の調和を示すために、仙元大日の神性、南と北、太陽の光、東と西が並記されている。

この図の一番上には、天の主である「天御中主」という神の名前がある。この神は、もともと『古事記』と『日本書紀』に現れ、[21]仏より神が上にあるという考えに賛成する中世の学者にとって重要であった。そして、それは国学における創造主の神性へとつながっていく。[22]天御中主の下には、三つの神々しい天体あるいは光がある。ここでは、月が左、星が真ん中、太陽が右に配置されている。この天体の下、山の両側には伊弉諾尊《イザナギノミコト》と伊弉冉尊《イザナミノミコト》の名前が見える。伊弉諾、伊弉冉の二神は、大もととなる神である。右には、伊弉冉尊（母親）、左に伊弉諾尊（父親）が記されている。これらの神話的な存在は、男性と女性の古代的な表現と、太陽、大地、そして水の力に頼る中国の陰陽とを結びつけている。

伊弉冉尊の右には、「土（大地）」、作り出された文字である「㒵」、そして「勢」の三文字が記される。そして、伊弉諾尊の左には、「金」、「䫻」、そして「勢」の三文字が記される。そして、それぞれの三文字のセットの下には、点、線、そして波形が記される。これは、見たところ風あるいは雨を表現しているらしい。一般的に、山の脇にある一対の神や宇宙の力の組み合わせが、親としての神と、光や雨、そして風の力による恩恵を含み、表現することで、富士山の調和のとれた完全性を示しているように見える。図の下のほうに記された七行の文字は、国家、家庭そして国土にとっての平和と繁栄の源泉としての宇宙的な調和を示している。

図に示した御身抜の要素は確認されているが、まだ全体の意味は研究され尽くされてはいない。信者たちは、この信仰に関するある地点で「暮らし」たり、または次から次へと「旅をする」かもしれない。あるいは、崇拝の対象、聖なるメッセージと捉えて瞑想するかもしれない。このような図には多くの「意味」があるが、御身抜は、宇宙や万物の源としての富士山の真意を強調したものである。[23]多くの御身抜の詳細はあまりはっきりしていないけれども、全体的な構造は変わらない。最初の二親についての角行の象徴的な型は、「もとのちち」と「もとのはは」、あるいはこの二つを組み合わせた「もとのちちはは」といったようにさまざまなバリエーションがあり、修験道特有の陰陽の解釈の変化形であると考えることができる。これらの最初の二親は、宇宙が形づくられた時代に現れた。つまり、彼らは大地、太陽、月、星、人間、そしてすべての動物、魚、植物を生み出したのである。彼らは、伊弉諾と伊奘冉と結びつく創造者であった（岩科 1983, 64）。

御身抜については、一般的な型だけではなく、そのさまざまな構成要素についても明らかとなっている。角行の数多くの御身抜や他の制作物は、その多くを負っている修験道の伝統と同様に、多くの由来から要素を取り入れて、それらを一体化された世界観のなかに織り込んでいった。御身抜の型には、山の神をはじめとする諸神に対する信仰や、伊弉諾や伊奘冉といった神道の神話が含まれている。また、仏教の大日如来や、山での修行といった仏教の観念、そして、山のなかにいる仙人のような道教の思想が組み合わされ、さらに、宇宙の力の陰陽性や相補性といったものが加えられている。加えて、この宇宙山の倫理的な側面は、家族や社会の調和という儒教の理想において表現されている。

角行の御身抜は、角行の宗教的創造性への見識を与えてくれるが、角行の数多くの偉業の一つの側面を表しているに過ぎない。角行の業績は、呪術的な祭文や道徳的な教えに関しても顕著である。角行が富士山周辺の湖で水垢離をおこなっているとき、彼は聖なる、あるいは呪術的な唱えごと、もしくは身を守る祈禱であるフセギを感得した。このフセギは現在、約一五〇種類が残されており、それらは、風邪やてんかんを治癒するものから、田の虫除けなどさまざまなものにまで及んでいる。これらのまじないの大部分は、体の状態を改善するものである（岩科 1983, 59）。なおその呪文は、万物の霊的な奥義を崇め、現世における生を謳歌することで、天地の徳を讃えるものであった。つまりフセギは、ある種の護符のようなものであった（井野辺 1928b, 101）[24]。フセギの全体的な原理は、御身抜と同じである。角行は厳しい修行と信仰により、聖なる呪文を彼に啓示した仙元と一体化した。フセギは、富士講の会合の際に「お伝え」として朗読する形がとられ、信者へと広められた。

宇宙山である富士山は、宇宙起源論や宇宙論、神秘的なまじない、そして道徳的な教えをもたらした。それを受けて角行は、富士山との調和は、家族の調和と国土の平和を意味していることを教えた[25]。宇宙の調和は、社会および政治的な調和の基礎である。角行の道徳的なルールの基礎は、宇宙の力や仙元を敬うように両親を崇めることであり、また、「登拝の精神」に従うことであった。これらの理想と標語は少しも曖昧ではなかった。角行は、売春婦を買ってはいけないといった「なんじすべきではない」ということを含む明確なルールを定めた[26]。角行において、道徳的な要素は、宇宙山と結びついており、その包括的な様式は、富士山の宇宙的、そして神秘的側面という最も重要なものと比べて二次的なものであった。角行は、魔法使いとすら呼ばれている。身禄などの後の後継者は、道徳的な側面をより重視したが、身禄でさえ、御身抜を「体を守る」護符として身につけていた。このように富士山は信仰、象徴、そして修行といった驚くべきものの連続で覆われているが、それはすべて宇宙山という中心的主題に寄与しているのである。

## 注

（1）遠藤秀男は、四つの登山道が開いた時期を以下のように記している。須走：明応九年（一五〇〇）、須山：文明一八年（一四八六）、河口：室町時代（ただし明白な記録はない）、吉田：文亀二年（一五〇二）、そして、それ以外の登山道については、これらの登山道が開いた後に使われるようになったとされる。これらの登山道を示す地図については、第七章を参照のこと。

（2）H. B. Earhart（1970）、Davis（1977）、Reader and Swanson（1997）、Reader（2005）、Moerman（2005）、Ambros（2008, 144-47）。

（3）『甲斐国志』所収の「富士行者列伝」には書行藤仏㑨とある。なお、角行は九六九歳まで生きたとされるユダヤのメトセラのような長命者であり、宮崎（1976, 81）は角行のことを半ば伝説的な人物であるとしている。

（4）井野辺（1928b, 6）、Tyler（1984, 101-2）。

（5）Tyler（1984, 101-2）、Miyazaki（1990, 283）。

（6）井野辺（1928b, 6-29）、岩科（1983, 42-75）、Tyler（1981, 1984, 1993）、Collcutt（1988）。

（7）Tyler は親切にも、自らの書籍（Tyler 1993）が出版される前に、村上と安丸が取り上げている『御大行の巻』の翻訳を私に提供してくれた。Tyler は、『御大行の巻』を "The Book of the Great Practice" と訳している。一方、Collcutt（1988, 256）では、"Record of Great Austerities" としている。なお、本章では、Tyler の訳やコメントを参照している。

（8）Clark 2001, 77（cat. 9）に所収されている墨江武禅が描いた「富士図」（大英博物館蔵）を参照。Tyler（1993, 274）によると、白糸の滝は角行にとって身を清める場所であり、水垢離は角行にとって洞窟にこもったり、富士山に登ることと同じくらい重要であった。

（9）丸山教の指導者が彼なりの理解のもとで、この修行を私に実演してくれた。それはつま先立ちはせず、実際には、つま先を丸めて立つというものであった。Tyler（1993, 313）によれば、このことを "practice of the block" と呼んでいる。

（10）Tyler（1981, 148; 1993, 270-71）。

（11）Tyler（1993, 256-57）。

（12）「フセギ」という名詞は、「防ぐ」という動詞に由来しているとされる。（Tyler 1993, 294, 300-302, 321）.

（13）Tyler は、角行の著作は当時の体制をサポートするものであったと指摘している。特に、食行身禄と不二道の発展においては、これらは士農工商の四つの階級の平等性と、性別と階級の役割の両方における「逆転」のアピールに用いられた。
(14) 角行に対するキリスト教の影響の可能性の議論については、Tyler（1993, 281）を参照。
(15) Grapard の研究、特に Grapard（1986）を参照。
(16) 太陽と月の図像的な結びつきについては、Moerman（2005, 33n62）、Bambling（1996）、ten Grotenhuis（1999, 172-73, 175）等を参照。
(17) 日本人は、「抜き」というと、論文などを個別に印刷した「抜き刷り」などの出版用語を思い浮かべるが、あまり知られていない「抜き」の例として、苦しみや痛みを取り除くという、宗教的な文脈で用いられる「とげ抜き地蔵」などがある。
(18) Murakami and Yasumaru（1971b, 483）、ten Grotenhuis（1999, 3-5）。
(19) 御身抜についての説明は、井野辺(1928b, 89-96)、および Tyler（1993, 255, 290-91, 300, 302）を参照した。
(20) Tyler（1984, 105; 1993, 278, 283）。
(21) Chamberlain（1882, 1: 15）、Aston（1896, 1: 5）。
(22) 国学についての研究は、Koyasu（1983）、Harootunian（1988）、Nosco（1990）、McNally（2005）、および Burns（2003）を参照した。
(23) 井野辺（1928b, 96）、岩科（1983, 64）、村上・安丸（1971b, 483）。
(24) 日本の護符については、H. B. Earhart（1994）、H. B. Earhart（2004, 11-12）、Tanabe and Reader（1998, 183-86, 192-97）、岩科（1983, 59）、および Miyake（2001, 100; fig. 33）を参照。
(25) Tyler（1983, 101, 104）によると、角行の言葉はほとんど仏教用語が用いられており、その修行の実践は仏教的な影響を強く受けている。
(26) 角行の倫理的な教えについては、Collcutt（1988）、および Tyler（1984, 1993）を参照。

# 第五章　富士講の中興

## 身禄——油売りから救済者へ

角行の死後、多くの信奉者が角行のやり方を続け、だんだんと富士信仰と修行が、江戸とその周辺の関東平野に定着していった。多くの弟子や信者が、角行の伝説の周辺に集まってくるにつれて、特に江戸において、角行独特の富士山の信仰が広まっていった。そしてその信仰は、地域ごとに組織された大きな集団になっていった。寺に残る記録によると、特に、角行の流れを汲む三世代目の指導者たちから、富士信仰が江戸に根付いていった。一八世紀には、六・七世目の村上光清・食行身禄という二人の有力な指導者のもとで、大きく二つに分かれていくことになる。

村上光清（一六八二—一七五九）は、享保一九年（一七三四）から寛政二年（一七四九）にかけて、私財を投じて富士吉田の北口本宮富士浅間神社を再建した人物として知られている。食行身禄（一六七一—一七三三）は、四つの名前を持ち、本名は伊藤伊兵衛だが、別名の一つとして、仏教の弥勒菩薩になぞらえて「食行身禄」と呼ばれた人物である（図7）。この二人の人物は、富士講の歴史において、光清派と身禄派という流派を形作ったが、いずれも富士講の急速な拡大をもたらした(1)。両者とも、その源は角行につながっているが、生活様式と個性において根本的に異なり、別々の道を辿っていった。

光清派は、角行の系統の六世代目にあたる村上光清を始祖とし、角行の正式な継承者と主張していたが、彼は決して自らを「角行派」と呼ぶことはなかった（岩科 1983, 78）。光清派は、人穴を支配し、富士山と人穴において二一日間にわたってこもる修行を含む、この聖なる伝統の公式の継承者であった。光清派はまた、角行の御身抜の主な要素を特徴とする独自の御身抜を含む、富士山に関する固有の伝統を発展させていった。つまり、宇宙の中心としての富士山を崇め、その揺るぎない宗教的な力を儀式に用いたのである。

図７　食行身禄像（ふじさんミュージアム蔵）

光清派に対する不朽の名声は、彼が北口本宮冨士浅間神社の再建に対して資金を融通したということによってもたらされた。江戸や関東平野から富士山へ登る際の主要な登山口に位置するこの神社には、数多くの富士講の記念碑が残されており、そびえ立つ木と石灯籠が立ち並ぶ長い参道が巨大な社殿へとつながっている。あまりよく知られていないが、同様に印象的なものとして、人穴には光清派に属する富士講の先達の墓地がある。これらの墓地は、人穴の外にあるU字型をした玉垣のなかにある。光清派の墓は、三〇〇基を超える富士登拝の指導者の墓に囲まれて、その中心に位置している。これらの苔に覆われた墓石のいくつかは、刻まれた文字がかろうじて判読できるが、それぞれ富士講の先達による数多くの富士登拝と、人穴でのこもりを示している。これらの墓は黙しているが、富士信仰と登拝の奥深さを雄弁に語る証拠である。現在の人穴には人間の痕跡がほとんど見られず、そのなかで角行や他の人びとが何をしていたのかを想像することは困難である。それに比べて、静かで動かない墓石の配列は、数百人の先達が、日常の信仰のなかで大勢の信者を指導し、地域の集会における礼拝を主導し、富士山に向かって歩きながら詠唱する信者を導くというイメージを思い起こさせるのである。

一八世紀から一九世紀初頭にかけて、光清派と身禄派が数多くの富士講のなかで、その主導権を競い合っていたとき、光清派は資金に恵まれ、繁栄していた(2)。しかしながら、光清派の経済的な優越は、すぐに身禄派の精神的な活力に劣ってしまうこととなる。この衰退の理由はまったく明らかではないが、以下の要因が光清派の急速な終焉の引き金となったのかもしれない。一つは、講中への統制が強調され、分離独立に対する十分な自由が許されていなかったということが挙げられる。他の要因として、新しい講員の勧誘が不十分で、活動的な先達を新しく入れることができなかったということが挙げられる（井野辺 1928b, 84）。〔筆者による調査時には〕人穴の洞穴の近くには、富士御法家という小さな宗教グループがあり、そのグループがまだ人穴を管理していた。このグループは角行と身禄派の多くの文書を保管しており、そのうちのいくつかは目録化されているが、ほとんど出版されていない。

今日でさえも、人穴の墓石群に行った際には、一時的に光清派との競い合いに後れを取っていた身禄派の状況を痛切に知ることができる。具体的には、光清派の墓石が、U字型に並んだ玉垣のなかにあるのに対して、身禄派の先達の墓石は、その玉垣の外の「森の中」にある（岩科 1983, 72）。身禄派は、光清派とは系統を異にしていたが、身禄派を含むすべての富士講の先達は、開祖である角行につながる系統であると考えていた（岩科 1983, 93）。そして、役行者まで遡る修行の伝統を続けている意識を持つ必要があった。

しかしながら、光清派が角行の名前を用いなかったように、身禄派も角行の名前を用いるよりも、むしろ身禄の名前を用いていた。この意味では、村上光清と身禄の両者が残したものは、富士登拝の再組織および再設立であったと考えることが可能である。身禄はおそらく、その教えや修行における独創性の高さにより、光清と比べても、新たな創設者としての資格を持つにふさわしいとされたのであろう。実際、身禄の生涯は注目すべきものであり、「いくつかの富士講では、角行よりも身禄を最も重要な開祖として考えるようになった」（Tyler 1984, 113-14）。

身禄の人生は、ライバルである村上光清や角行と比べてよく知られており、この二人とはまったく切り離された存在である。身禄は富士登拝の修行において敬虔であったと同時に、道徳的な教育にも熱心であった。身禄は四五回の富士登頂を達成し、富士山の中腹をぐるりと回る御中道巡りを三度成し遂げた（岩科 1983, 142）。しかしながら、身禄の修行は、山登りのような普通の経験を数多く得ることに限られていたわけではない。角行が苦行を通して、仙元との啓示的な経験を得て、修験道を超えていくことを可能にさせたのと同じように、身禄の苦行と信仰は、角行と仙元との一体化を変質させるような経験をもたらし、角行の考え方を超えて富士信仰を広げ、身禄自らの教えを発展させるに至ったのである。

角行の主な貢献は、倫理的な含意を伴う宇宙論的、神秘的なものであった。これに対して、身禄は、角行の神秘的な要素にはあまり重点を置かず、宇宙論的な体系を取り入れ、より倫理的な教えに注目した。村上光清とは異なり、身禄は身分の低い出自であった。伝記では、身禄はある程度歳を重ねてからようやくお金を稼ぐようになったとされているが、彼はそのすべてを外面的な生活の繁栄ではなく、内面的な清らかさを増進するために寄付したという。身禄はたしかに、日本の大衆的な宗教において最も創造的で活動的な指導者の一人ではあるが、彼を批判する人がいなかったわけではない。身禄の「重要な後継者」である伊藤参行は、「身禄は気難しい人物であった。（…）今や、彼について一言でも聞いたことのある人は誰でも、身禄がこれをした、あれをしたと言い立てる。しかし、身禄が現代に生きていたら、本当に難しい人で、本当に不愉快な人だと感じるだろう。そして、それまでよりも、身禄に関わろうとはしなくなっているはずだ」と語っている。身禄に対しては、悪霊に取り憑かれているといったことや、「気が狂っている」というような噂があり、彼とうまく付き合うことは簡単なことではなかったようである。(3)

身禄は寛文一一年（一六七一）、伊勢の小林家に生まれた。八歳のとき近所の家に養子に入り、一三歳のときに商人の奉公人になるために江戸へ出た。彼は仕事に勤勉で器用であったため、独立した油商人として成功した。江戸には身禄と同じ伊勢出身の多くの人びとがおり、富を築いていた。そして、彼らはしばしば店の名前に「伊勢」という名を用いていた。だが、身禄は商業的な成功だけに満足していなかった。一七歳のとき、角行の系統の四世目にあたる月行という富士講の先達の弟子となった。(4)若い頃の身禄は根気強く働きながら、富士信仰を育んだ。晩年は、油商人としての仕事を辞め、残りの人生のすべてを富士山と、彼が信仰した宇宙の頂としての富士山を中心とした教えに捧げた。身禄の思想は、一つ二つの史実に還元するにはあまりに革新的で、彼が自身の思想をどう発展させたかは、十分にわかっていないが、少なくとも三つの重要な影響を示すことはできる。それは、彼の故郷である伊勢の土着の風習や信仰、月行のもとでおこなわれた富士信仰に関わる修行、そして既婚の江戸商人としての彼の生涯である。

身禄は、富士信仰を、江戸に移り住んでわずか四年後の一七歳のときに始めた。それゆえ、彼は、人びとの間に富士信仰が広く認められていた伊勢での幼少期にすでに信仰に触れており、それを展開（再展開）させたに違いない。この地域では、浅間と大日への信仰は広く広がっており、そこでは、夏の間に山（浅間山《せんげん》など）に登る前に水垢離をするという風習があった。富士山は、伊勢が位置している志摩半島からも見ることができる。そして、この地域では船による富士登拝が盛んであった。この信仰と、身禄とが結びつく明確な証拠はないが、彼が江戸に行ったときには、富士山が霊山であり、そこへの信仰がなされていたことはよく知っていたはずである。そして、このような知識を持ち続けたうえで、月行に導かれ富士山の修行に入ったに違いない。日本の民間信仰は、地方の人びとが都市部に惹きつけられるにつれて、都市に移動させられ、都市で繁栄したものである。こうして、富士講は、江戸とその周辺に展開したのである。

角行から四世目にあたる月行は、寛永二〇年（一六四三）に伊勢で生まれた。元禄元年（一六八八）、月行が四五歳のとき、一七歳の身禄と出会った。このとき、身禄は伊藤伊兵衛と名乗っており、月行のもとで修行して、師より身禄という名前をもらったのである（岩科 1983, 140-141）。角行の後に続く富士道者は、二文字の宗教的な名前のうち、二番目の文字に「行」という言葉を受け継いでいる。「食」という文字は、おそらく、断食という言葉から取ったのではないかとされる（井野辺 1928b, 49）。月行と身禄はともに富士山に登っただけではなく、米と食べ物に対する崇敬を示す行為である断食修行をおこなった。身禄は、日々に水垢離をし、「ちちははさま」と呼ばれた富士講の神、為政者、そして仙元大菩薩へ供物を供えて祀ったと述べている。彼はまた、「ちちははさま」、仙元大菩薩、師の限りない恩に報いようと試みており、また、彼自身の心に潜む悪性を取り除こうと励みもした（岩科 1983, 141-42）[5]。角行や他の人びとは宇宙の親として、そして宇宙の源としての富士山を信じていた。それに加えて、身禄は宇宙の親に対する信仰を、質素と正直さに基づく日々の道徳に生かそうとした。彼は、宗教的な修行の結果として、世俗的な利益よりも自己修養に関心を抱いていた。自己修養は江戸時代の重要な道徳であり、現代の新宗教においてもいまだ重要な役割を持っている。現世における利益、すなわち「実践的便益」は、それとは対照的だが、日本の宗教生活において不可欠な要素である（Tanabe and Reader 1998）。「身禄の教えは、人生をそれなりに楽しんだ、誠実で正直な人間の心を惹きつけた」（Tyler 1984, 111）。こうした身禄の教えは以下の三つの基本的な信条に要約することができる（井野辺 1928b, 107）。

一　よき事をすればよし、あしき事をすればわるし。
一　かせげば福貴にして、病なく命ながし。
一　なまければ、貧になり病あり、命みじかし。（井野辺 1928b, 107）

手短に言うと、身禄の教えは、多くの一般的な日本宗教と一致している。つまり、贅沢な生活を捨てるが、克己と勤勉の結果として経済的に豊かな生活を送ることができるとされる。身禄による実践の倫理について、以下のような見方もある。「身禄は、親から受け継いだ財産は、天から一時的に委ねられた「借り物」であると考えた。それゆえ、財産をそのまま子孫に渡すということは、「人間の義務」であるとしている。さらに、身禄は、正しく生きるために不可欠な行動として、思いやり、親切、人助け、倹約を挙げている。これらの信条による高潔な行いによって、より大きな財産と力を持つ地位に生まれ変わることができるとしたのである」（Tyler 1984, 115）。

聖なる清めの場所としての富士山に対する身禄の初期の信仰は、師匠である月行のもとで修行を積むことにより、さらに洗練されていったに違いない。特に、富士登拝と断食といった修行は、身禄の宗教的信念を強めていった。身禄による勤勉と倹約の教えは、商人としての彼の経歴にとって、そして、彼と交流した労働者や商人たちにとって大変理にかなったもので、彼の宗教的信念や実践を特徴付けたに違いない。

もっとも、このような考えは、身禄によって始められたものではなく、角行やその後継者たちの教えの上に身禄が打ち立てたものである。彼は、すでに江戸の庶民の間に広がっていた道徳的な教えの特徴を生かした。このことについて、岩科は、身禄の教えは「心学」的であるとし、新儒教と呼ばれた心学活動の創設者である石田梅岩の教えを参照したものであると指摘している[6]。

身禄は同時代の教えを吸収してもいたが、彼の教えの中心は、既婚の商人であった彼の人生と密接に関連している。角行は、人間は勤勉でなければならないとしたが、身禄にとっても、勤勉と倹約は宗教的生活の真髄であり、彼の一途さは広く知られていた。身禄にとって、信仰は金銭を稼ぐような試みではなかったのである。さらに、身禄は富士山の修行者であったけれども、独身ではなかった。ともに過ごした妻と三人の娘がいたからこそ、身禄は女性の地位と権利を改善することを重要視して奨励したのかもしれない[7]。身禄の宗教的実践は、彼の生地である伊勢における祭りや登拝前の水垢離といった慣習から、修行と日々の信仰へと変化したけれども、彼自身の体験をもとにして、独創的な宗教的指導者となっていったのである。

身禄の宗教的な熱意は、富士講の先駆者たちの教えを、外面的な見栄えや神秘的な修行を拒む内面的な信仰と自己修養に励む形に作り上げていった。たしかに、身禄は、神秘的な「体験」に頼ることを呼びかけてもいた。身禄は教育を受けておらず、彼の書いたものはやや未熟で、体系的でもなかったが、その文章は宗教家に対して手厳しく、信者に対する戒めは冷徹であった。身禄は、誰かに助けの手を差しのべることは、七堂伽藍を備えた立派な寺を建立したり、千や万の仏教の経典を読むよりも価値があることと説いた。彼は、角行によって確立された神秘的な修行や、あるいは御身抜を祈禱や儀式に利用することはなかった。身禄は、信仰とは神と人間との間にあるものだと説いた。それゆえに宗教画や仏像に祈ることは

「間接的な願い」であり、偽物の行為であるとした。しかしながら、神を信じて神に祈るということは「直接的な願い」であり、神性と相互に作用する正式な方法であるとした。さらに、まじないを利用することは、一種の妖術・魔術であり、宗教には関係ない金銭や価値のあるものを手に入れる方法に過ぎないとした。本物の宗教的生活とは、神と仏の教えを説明し、人びとを導くことだとして、お金を稼ぐことではないとした。この意味では、身禄は、人びとはそれぞれ食い扶持を持ち、どのような経済的利益からも離れた信仰を実践すべきだという角行の教えに従っていた。身禄は角行の教えのいくつかを存続させていたが、彼自身のメッセージはきわめて徹底的な、道徳的な決意へと変化し、月行の教えとは異なるものとなった。つまり、月行の系統は受け継がれたが、身禄は自らの教えを確立させたのである。

## 身禄入定——死の断食

身禄の模範的な経歴は、勤勉、節約、正直を旨とする生活様式と、富士山への熱心な信仰、そして厳格な修行などが結びつき、富士信仰の歴史において名を残すのに十分なものだろう。しかしながら、身禄は、生前よりも、死後のほうが偉大になった人物の一人である。なぜなら、彼の場合、非常に印象的なやり方で人生の終わりを周到に用意し、実践したからである。この特別な生と死の物語は、欧米の研究者の注目を浴びた(8)。そして、彼の一生は、富士山に対する数多くの宗教研究のなかでその概略が述べられている。

身禄の死のいきさつはかなりわかりやすい。まず、彼は、個人的な財産を従業員たちに与えて、油商人としての成功した地位を捨てた。それから、行商人としてより質素な生活を送った。同時に、最も大切にしていた富士信仰を広げるための献身をさらに強めていった。身禄の家が燃えてしまったとき、彼と家族は弟子の家へと引っ越している。身禄は、仙元から啓示を受けていた。身の回りの世界にはいたるところに無秩序と不公平が蔓延しており、その原因である「幕府」に対する鋭い非難を書き留めた（Tyler 1984, 112）。つまり、角行が富士山への宇宙的なビジョンと将軍とを結びつけていたのに対して、身禄は俗界における幕府の権力を批判したが、政府を直接攻撃することを避けて、非対決的な解決策を模索したのである。仙元から受けていた一連の啓示は、最後に一つにまとまり、それは身禄に対して「富士山の山頂で食を断って死ぬことにより仙元との完全な一致を達成する」ということだった（Tyler 1984, 112）。彼は、「仙元大菩薩との神秘的な出会い」があってから、八年にわたって仙元と富士山に対する信仰を広げたのちに、入定するという誓いを立てたのである。だが、この時期、飢饉や災害が相次いだことから、身禄は五年後の享保一八年（一七三三）に自らの死を繰り上げた（Collcutt 1988, 260）。

享保一八年、身禄は、自分がこもる小さな祠を持って富士山へと向かい、小さな祠に自らを閉じ込めて断食をおこなうという、自らの意思を宣言した。そして、三一日後に息をひきとるだろうと予言したのである。当初、身禄は富士山の頂上で入定する計画であった。しかし、頂上を支配していた富士山本宮浅間大社は死による穢れを恐れたため、それを許さなかった。そこで、身禄は、富士山の北側の七合目の上にある烏帽子岩と呼ばれる場所に自らの祠を設置し、弥勒菩薩が住んでいるとされる「兜率天の内院」に立ち、衆生を救うという誓いを果たそうとした。身禄の弟子の田辺十郎右衛門は、毎日そこを訪れて、彼の教えを聞いて「三十一日の巻」にまとめている。そして、身禄は予言どおり三一日後に逝去し、弟子は身禄の入った祠を岩で覆った。[9]『三十一日の巻』に記された身禄の教えは、以下のようにまとめられる。まず、身禄は、日本は太陽と月、東西南北、四季の源で、他の国々より卓越していると主張した。もちろん、その日本の中心には富士山があるとした。したがって、身禄は富士山をインド、中国、日本からなる三国の要石であり、『太陽と月が現れる仏の聖地』と呼んだ。さらに、富士山を万物の源と呼び、『兜率天の内院のなかでも、ただ一つの、本当の宝が形になったもの』とした。そして、弥勒菩薩の教えでは、富士山は東方の光の源である」（Tyler 1984, 114）。

身禄は僧侶でも学者でもなかったため、彼の書いたものはそれほど巧くはない。また、彼の理論はきちんと体系化されて表現されているわけではないが、民俗的な信心と、当時の日本宗教の要素の一般的な解釈を組み入れて集約した。しかしながら、身禄は民俗的な伝統の利用にあたっては慎重で、角行が神秘的な手法を通して現世利益をより強調し、将軍の権威をより中心に置いたのとはかなり異なっている。身禄は富士山に対する先駆者の信仰を共有していたが、神秘的な扱いよりも道徳的な行動の効果を強調した。そして、身禄にとっては、世界とは文字どおり富士山の周りを回っているものだったのである。身禄は「菩薩」として知られる仙元大菩薩と弥勒菩薩という二つの神性に身を捧げた。身禄はまた、富士山と弥勒菩薩は同等であるとみなしていた。「身禄は、富士山は重要な食料である米を超えるものであり、米は富士山の産物（product）であるとともに、生命力（nature）であるとした。したがって、身禄は米を『誠の菩薩』と呼び、『菩薩』と書くときに、「米」という文字を使った」（Tyler 1984, 114）。仙元と身禄は食べ物と同一であるため、「身禄は断食により仙元と完全に同一化し、世界に食べ物をもたらすために死んだといえる」（Tyler 1984, 114）。

角行の伝説を記した『御大行の巻』のなかでは、富士山は、米が堆積したものとして見られ、米は菩薩と同一視されている（Tyler 1993, 259, 292）。米は日本文化のなかで、聖なるものとして考えられている。「それが日本人にとってのかけがえのない『わが食物』であるだけでなく、『わが国土』である水田にも起因するわけである。この二つの側面が相互に関わり合いながら、象徴としての米の重要性を強めてきた」

（Ohnuki-Tierney 1993, 4）。身禄が「米を食べる人は同胞である」[10]と言ったことは、この食物と水田に対する身禄の分析があったからこそかもしれない。

身禄は、自身の世界観を非常に実践的に実現させ、それに合わせて現実世界のさまざまな面を受け入れたり、拒絶したりした。身禄は菩薩としての米という考えをかなり文字どおり採用しており、人びとは菩薩を毎日食べていると記している。そして、身禄は、両親が毎日食べる米は、子宮のなかの赤ちゃんの誕生の根源であり、そこに菩薩の生命力を見た。言い換えれば、新たな生命は、米と富士山と弥勒と仙元からの聖なる贈り物としたのである。また、父母に対して、子としてふさわしい献身を実践する人間は、天への道を辿ると同時に、「日月仙元大菩薩に対する最大の崇敬」を捧げているとした（Tyler 1984, 115）。さらに、身禄は、江戸時代の士農工商という四つの社会階級を肯定しているが、異なる階級同士がお互い支え合わなければならないという教えにより、その階層的な格差を否定している。

身禄はまた、主要な点においては当時の社会状況から距離をおいていた。身禄が将軍の役割について語っていないのは、角行が将軍へ美辞麗句を並べていたことからの訣別ともいえた。「身禄の信条には、活動的なものや君臨する指導者のようなものはなく、ただ非常に静かな山だけがある。いわば家康の話を除いた角行のようなものであった」（Tyler 1984, 114-15）。身禄はまた、神主や僧侶の組織に属するよりも、俗人としての活動を好んでいたことから、反体制と考えられたのかもしれない。一八世紀には、神仏が習合している状況で、修験道もより高度に制度化され、形式化されていた。そして、多くの一般の師や俗人は、規定の制度の枠外で自らの活動を実践しようとしていた（H. B. Earhart 2004, 143-57）。当時の慣習的な考えを超克したもう一つの点は、身禄が、富士信仰、特に宗教的な面で、女性のより平等な役割を主張したことである。「富士講は、女性の講員の参加を認め、平等に扱った。身禄は、月経は女性の汚らわしさを表しているものではないと説いた」（Tyler 1984, 116）。

彼はまた、清めにおける男性と女性の役割の違いを打ち破った。多くの理由、とりわけ身禄の教えが体系的でないことに加えて、時には無分別で抑圧的な幕府、その幕府に対する人びとのさまざまな反応などからして、当時、身禄の教義の本質や、それがどの程度受け入れられたかを推測するのは難しい。

身禄の生涯は、富士山での入定という儀式的な餓死がなくても、見習うべきモデルであった。この人物の一生は、畏敬の念を呼び起こすような自死（入定）が富士信仰の拡大にとって大きな影響をもたらしたことだけにとどまらない。[11] 一八世紀においては、女性の平等といった身禄の視点は、革新的に見えるかもしれない。しかしながら、富士山を中心とする身禄の考え方は、日本を中心とする世界にとっての基礎であり、また、後世に重要な要素となる富士山の国家主義的な視点を予期させるものであった。身禄が富士山を「三国の要石」と呼んだとき、彼は中国とインドの上に日本と富士山が位置していることを示す「三国無双の聖山」という角行の主題に従っていた。つまり、富士山は「三国一」としての由緒ある伝統を有しており、富士山の古い記録の多くは、インド、中国、日本の三国のなかで富士山が最も立派な山であることを意味する「三国一の山」であることを我々に気づかせる。[12] 要約すれば、富士山は全世界のなかでも中心で素晴らしい国家としての日本を示すものであった。これは国学の主題であり、近世から近現代において重要性が高まっていくのである。

**注**

（1）Tyler（1993, 253）、井野辺（1928b, 95-96）、岩科（1983, 83, 93-95, 108-9）、Tyler（1984, 111）。
（2）岩科（1983, 77）、井野辺（1928b, 36）。

（3）Tyler（1984, 113）、岩科（1983, 142, 155）。

（4）岩科（1983, 95, 108-9）。

（5）感謝のお返しという考えについては、Bellah（1985）、J. A. Sawada（1993）、および H. B.Earhart（1989）を参照。角行も『御大行の巻』のなかで言及している。Janine Anderson Sawada は Janine Tasca Sawada の名前でも出版している。

（6）岩科（1983, 4）、Bellah（1985）、J. A. Sawada（1993）。

（7）岩科（1983, 5）は身禄のお振り替わりの考えは、階級制度の崩壊と民主主義の到来を予言したものだとする。

（8）Tyler（1984）、Collcutt（1989）。

（9）Tyler（1984, 113）は、身禄はもう少し長く生きて、弟子にいくつかの最後の教えを伝えたとの説を述べている。

（10）江戸時代後期における倹約や断食、米の神聖性に基づく「農村理想主義」の他の例については、J. A. Sawada（2004, 47-50）を参照。

（11）Ambros（2008, 120-23）によると、大山講では身禄のようなカリスマ的な人物が主導することはなかった。

（12）Tyler（1982, 140）にある「三国」の考えは第一一章で取り上げる。

# 第六章　富士講の教え

## 不二道――世直し

身禄の富士山中での入定は、富士信仰の高揚を最高点に導いた。そして、それ以来、富士山を中心に置く、あるいは富士山に関わる宗教的な実践は、多くの信者を集め、複雑な様相を見せながらも拡大し、発展していった。この実践者の集まりは富士講と呼ばれている。この名称は、総称のようなもので、多様な宗教的広がりを含んでいる。周知のように、欧米の宗教であるユダヤ教、キリスト教、そしてイスラム教においても、かなり多くの宗派があり、それらがそれぞれ多数の実践や主題を含んでいる。日本の宗教でもまた、「神道」や「仏教」といった総称が、多くの信仰や活動をカバーしている。神道という言葉を取っても、それは厳かな儀式をさしたり、騒々しい祭りをさすこともある。仏教は、西洋では、「クールな」坐禅が知られているが、多様な法要や占い、ヒーリングも実践されている。富士山への信仰心は、一つの山を中心としたものであるため、もっと限定されていて一枚岩のように見られるかもしれないが、富士山に登って富士山を信仰し、富士山で修行する人びとは、見たところ相互に排他的な道を進んでいて、それぞれ異なるのである。

このような差異を一つにまとめられるような「富士の崇拝」という言葉はない。わかりやすくするために、「富士を中心とした精神性」と呼ぶことができるまとまりのなかにある信仰や活動の組み合わせとして、富士行（Fuji asceticism）、富士信仰（Fuji faith）、富士信心（Fuji piety）という三つの類型化を試みた。富士の精神性についてのこれらの三つの要素は、密接に相互に関係しているが、ここでは説明と分析の目的のためだけに分けて論じたい。

富士山に関わる宗教的な実践の初期に出現した富士行[1]は、村山の山伏によって富士山において開かれた修験道の伝統を受け継いでいる（第三章を参照）。富士行の威信は、修験道の始祖であり、富士信仰の多くの源である役行者の伝統を続けていくことで保たれる。しかしながら、富士行は傍流であり、多くの修行者や聖《ひじり》の活動の背景に過ぎないものだったのである[2]。

さまざまな形の修行があるということは、日本宗教の恒久的な特徴であった。Blackerは、奈良時代の行基菩薩から近年に至る「遊行の聖」の役割を辿り、結論として、巡礼をおこなう俗人が江戸時代に増えたのは、「遊行の聖」を見習うことが一般的になったのと、彼らが社会や家庭の束縛を離れ、他界に逃れられるようになったからだと指摘している（Blacker 1984, 593-94, 608）。富士登拝を含む江戸時代の巡礼の増加はこのような人びとによってもたらされた。「遊行の聖」という存在は、富士行の考えと近い。というのは、彼らは徹底的な禁欲を持ち、俗人に霊威を授け、それほど厳格でない修行に向かわせる特別な人物だったからである。身禄の後継者たちは、信仰のために現実の生活を犠牲にすることはなかったため、彼らは修行における厳しさを減らさざるをえなかったのである。

富士信仰[3]とは、富士山に関する多くの宗教的信仰や修行の総称である。そのなかのいくつかは、身禄の前から存在しており、身禄の死後に富士講が隆盛するなかで栄えていった。富士信仰は、富士行の考えや修行のいくつかを取り入れているが、村山修験の時代のように活発になることはほとんどなかった。そして、究極的ともいえる身禄の自己犠牲を見習うことはなかった。のちに富士信仰はまた、小谷三志（一七六五—一八四一）に始まる不二道の道徳的な理想のいくつかを受け入れ、主張しているが、それらの大部分は、社会の安定性を支えるものであり、現状に直接異議を唱えるものではなかった。富士信仰は、富士登拝、富士講、そして富士塚などの大部分の気風を包含するものである。

富士信心は、身禄が神秘的かつ儀式的な実践から距離を置き、個人のための自己修養と社会改革に注目したのを受けて、角行と身禄の道徳的な教えを発展させ、より洗練させたものである。この富士信心の道徳的な考察は、当時のジェンダー、社会階級、そして幕府に対する批判の声を強めた。身禄の高い理想と弟子たちの活動によって、身禄の教えの核心が形作られた。しかし、江戸時代の後半には、政府からの抑圧を受けたため、彼らが活動を維持することは困難となった。そして、明治時代の初期には、天皇と国民国家を中心に国を統合し結集するという方向により、活動を保つことはほとんど不可能となった。そこで、この章では、身禄と彼の直系の弟子たちから生まれた富士信心の展開に注目し、二〇世紀まで下るとともに、この伝統の遺産として生じた新宗教について辿っていく。身禄の富士信心からこの新宗教までをみたうえで、富士信仰と富士講の発達についての議論に戻りたいと思う。

身禄の教えには今日でも注目されるものがある。身禄死後、その教えを理解し、実行する試みは多方面にわたっていった。そして、その種々の視点は多様な宗教的発展をもたらした。身禄の死後、「身禄の子どもたちと弟子たちは、いくつかの富士講のグループを組織し、その組織を拡大していった。富士山への登拝、治癒の祈禱、富士山の模型を祭壇に祀るといったような活動を通して、彼らは江戸やその周辺地域の人びとのなかから、数多くの信者を獲得することができた。しかし、身禄の娘であるはなと銀細工師を営んでいた伊藤参行（一七四六―一八〇九）によって組織された身禄派は、身禄の教えの実践を強調し、祈禱などの方法によって信者を獲得するという考えを拒絶した」(Miyazaki 1990, 285)[4]。このように、身禄の子どもや弟子たちはそれぞれ独自に活動した。つまり、一方は、幅広い「治療儀礼」や集団登拝による「富士信仰」を選択し、他方では、「富士信心」による自己修養による道徳的な道を選択したのである。

富士信心という言葉（井野辺 1928b, 126）は、身禄とその後継者の一人である参行の厳しい道徳的な教えに限定され、より一般的で折衷的な「富士信仰」とは区別される。富士信心においては、不二道が典型的な例である。不二道の信心と、富士講における神秘的な活動との間の分け目は、富士講の特徴であるお焚き上げを、不二道ではおこなわないという事実にある（Miyazaki 1977, 108）。富士信心の道は、身禄の娘であるはなによって開かれ、伊藤参行によって苦心して仕上げられ、体系化された。さまざまな江戸の富士講のなかには、身禄の弟子が数多くいたけれども、参行は他のグループを酷評し、身禄の正当な後継者として、他のグループとは一線を画していた。けれども、参行と身禄の娘はなとの間にトラブルが起こり、彼らは別れ、参行は厳しい修行を一人でおこなったのである。〔その後、武蔵国鳩ヶ谷の〕小谷三志に師として迎えられ、食行身禄以来受け継いできた教えを伝えた（Miyazaki 1976, 65）。

伊藤参行は、身禄の思想を体系化し補完しながら、「お振り替わり」（変革）に関する身禄の主要な教えやその生涯について記録し、明らかにした。そして、この教えを小谷三志に伝授したのち、伊藤参行は六四歳で断食をおこなって死去した（Miyazaki 1976, 66）。参行は自らの教えのなかで、身禄の富士信心を支持し、見習っていた。参行の修行と儀式的な死は、身禄の富士山での苦行の影響を受けていた。彼の生と死は、富士山の精神性に関する大きな分類が、個人の傾向によっていかに取捨選択されているかを示している。

小谷三志によって率いられていた集団は公式な名称を持っていなかった。けれども、天保九年（一八三八）に文字どおり「富士の道」を意味する不二道という名前を採用した（Miyazaki 1990, 285-86）。不二道は、身禄を開祖とし、身禄の影響を受けた幅広い宗教的グループの合体を表している。身禄の教えは力強く、彼自身非常に精力的な性格であったが、一方で彼の教えは、断片的であった。そして、参行と三志という二人の後継者が身禄の教えを補足し、純化し、体系化したのである。「参行が記した書物には、陰陽五行の思想についての説明が含まれており、また三志は心学の学者である中沢道二（一七二五―一八〇三）らの影響を受けていた。（…）そして、少なくとも明治維新までは不二道の教義は、はじめに身禄によって解義された教えをもとに展開した」（Miyazaki 1990, 286）。つまり、身禄と不二道の教えは、一つの連続的で首尾一貫した伝統として扱うことができる。

日本宗教の一般的な前提からして、不二道は以下の三つの文脈から考察することができる。一つ目は、同時代の宗教的環境と共通の特徴を持つ民間の宗教現象であるということ。二つ目は、江戸時代の後期に現れた他の新しい宗教運動と一般的な特徴を共有した新しい宗教運動であるということ。三つ目は、独特で、革新的な教義を持つということ。まず、一つ目の点においては、身禄と不二道は「家業に勤勉であること、夫婦和合、相互扶助などの道徳的な実践と、道路の維持・補修といった（…）公共設備に対する奉仕の実践を勧めている。また、父と母の祖という不二道の信条を除いては、江戸幕府が一般民衆に教えた一般的な倫理観の域を出なかった」（Miyazaki 1990, 287）[5]。

そして、二つ目として、江戸時代後期から明治初期にかけて生まれた他の新しい宗教活動と不二道について、以下の三点の類似点が挙げられている。まず、開祖である身禄は一般庶民の階級の出身であり、彼の活動が弥勒菩薩、米の神性、修験道、富士講といった民間信仰に基づいており、また新たな教義も伝道した。次に、地域的かつ社会的な階級や職業を超えた一般民衆により支えられた組織であった。最後に、これらのグループは「人間の普遍的な救済と社会改革が目的である」（Miyazaki 1990, 283）ことを強調したということである。

不二道の特徴の三つ目として、この教義では、身禄と角行の教え、身禄の生涯と死、そして身禄の社会的な教えという三つの要素が選択的に組み替えられた。角行と身禄の「神学」（もしそう呼べるならば）は、極端に言えば「富士山中心主義」である。つまり、富士山と米と世界全体を生み出した存在である母の祖と父の祖によって、天地が創造されたとする。これに対して、不二道の教えでは、『古事記』や『日本書紀』に記された創造神話は無視されている。その神話は、国学者や近代の神道を形作った人びとが信じ、近代日本を創設した明治の元勲によって、歴史的な事実として新たに書き込まれたものであった。皇室の正統性を示すために編纂された『古事記』や『日本書紀』における世界の創造は、天照大神が皇室の系統を創設したところで頂点に達する。国学や神道では、特に明治初期の神仏分離後は、『古事記』や『日本書紀』に書かれた「神代」は、聖なる国土としての日本の神聖な誕生を記したテクストとして、また、聖なる系統としての皇室の正統性を記したテクストとして、そして、日本の民族を聖なる人びととして記したテクストとして考えられてきた。(6) しかしながら、不二道においては、この創造神話はそれほど高い価値を与えられていない。つまり、身禄や伊藤参行、そして不二道の信者たちは、人間の歴史のはじめの六千年間は、父母の祖によって世界は統治され、その後の一万二千年間は「神代」であり、後に続く三千年間は「みろくの御世」であり、彼らは、「神代」から「みろくの御世」へ移り変わる時期にいる、といった歴史観を持っている。そして、これらの三つの時代のうち、彼らは最初の「もとのちちははさまの世」と最後の「みろくの御世」を重要視している。この二つの時代では、天と地の創造主、監督者である「もとのちちはは」のもとで、平和かつ裕福な状態で、正直に生きることができる社会があるからである(Miyazaki 1990, 301-2)[7]。この文脈において、天照大神は、「太陽と月、そしてもとのちちははの子という役割」を与えられ、不二道では、「『神代』としての真ん中の期間は、創造主は直接統治をせずに、人間は身勝手で、社会秩序は混乱している下級の期間であるとした」(Miyazaki 1990, 302)。

この視点は、「富士山中心主義」と呼ばれている。不二道においては、富士山は世界の中心として、つまり富士山が世界の始まりであるとする宇宙起源論と、富士山において世界の(正しい)構造があるとする宇宙論の両方を明らかにした宇宙モデルとして変貌したからである。さらに、「三志の頃から、日本固有の文化の意識が不二道のなかに芽生えるようになった。三志らは、不二道は『純粋な日本』の教えであると宣言し、すべての仏教的要素を一掃することを試みた」(Miyazaki 1990, 304-5)。桧佐泉右衛門という不二道の信者は、「新しい解釈で、異端の教え」であるとして不二道の追放を試みた幕府の政策に対して、以下のように批判している。「不二道の教えは、神道、儒教、仏教のいずれかに固執するわけではなく、天地創造の起源からの最も基本的な原理に基づいており、日本の起源、そして精神的な価値の世界につながるものである。神道、儒教、仏教に固執する、攻撃的な人びとの視点からは、この教えは、新しい解釈であり、異端の教えであるように見えるに違いない」(Miyazaki 1990, 306での引用)。言い換えれば、明治以前までの不二道の自己イメージは、「神道、儒教、仏教よりもはるかに古く、天地創造まで遡ることのできる教え」であった(Miyazaki 1990, 307)。

「ふじどう」という言葉は「不二道」という三文字の漢字で表記される。最初の「不二」は、「二つとない」あるいは「比類ない」を意味する漢字であり、富士山のことを示す古い言葉である。三番目の「道」

は「どう」あるいは「みち」と読める。この漢字は神道の道（「神の道」）や、仏道の道（「仏の道」）、またあるいは中国の道教や儒学に見られる伝統的な「たお」あるいは「だお」（道）と同じ漢字である。それゆえ、不二道という漢字は、神道や仏教、そして道教や儒教の権威を借りていると同時に、独創的で比類なき道であることを示しているのである。このような宇宙的なモデルとしての急進的な富士の教えは、不二道の指導者にとって、体制を根本から批判し、当局に異議申し立てをおこなおうとするうえでの個人的な動機付けであり、そして神による正当化であった。

身禄と不二道の独特で革新的な教えにおける重要な側面は、身禄の人生と死を模範としている点である。身禄の質素で勤勉さに基づいた生活様式と主張は、江戸時代に中心的であった価値の一部であった。そして、彼が自己変革と社会改革における個人の意思の役割を重視したことは、新儒教や心学の原理と同類のものであった。しかしながら、「彼が重要視した、人類の責務としての、世界の改革と理想的な世界の実現は、一般的に信じられていた『みろくの御世』における考え方とは明確に異なっていた。そこでは、切望する夢の世界を待ち続けなければならず、それがいつ到来するかは予期できないのである」（Miyazaki 1990, 288）。

身禄は、模範的な生活を送り、世界変革をもたらすために人びとへ伝道していただけではない。仙元大菩薩の啓示を受けた身禄の使命は、弥勒の世の到来を宣言し、入定してその理想的な時代の先導役となることであった。仙元大菩薩、米、富士山、さらに身禄に対する仙元大菩薩の啓示の実現という四つの相同関係は、身禄がこれらの神の力を持つ人物となったことを意味していた。理想の世が始まったことを確信し、その恩恵と繁栄を喜んで迎えるように人びとを駆り立てた。弥勒菩薩は、神聖な存在であると同時に、生命の糧となる存在、すなわち米だったのである。富士山での入定という彼の行為は、富士山と同一視される神聖な存在になりたいとの願いを表現するために成し遂げられた。

自死という行為だけではなく、彼が死んだ場所もまた重要である。頂上を使用することを拒まれたにもかかわらず、身禄は、富士山の七合五勺の烏帽子岩で自らの人生、死、山へのメッセージを締めくくることによって、富士山における仙元の命令を果たすという目標を達成した。世界中において死は不純なものとして捉えられ、また、日本の宗教、特に神道において、死は穢れているものだと考えられていたことからも、頂上における身禄の自死に対する神社の拒絶は容易に理解できる。したがって、死の不純性を克服して新たな生へと変質させたという身禄による転化は、なおいっそう注目に値する。身禄の行為とその場所が、富士信仰を変質させる手助けとなった。当時すでに、富士山は霊山として、そして角行の富士山中における先駆的な啓示と修行によって、世界の柱として認められていたが、身禄の唱導と入定により、一段と優れた霊山へと変化した。頂上付近における身禄の儀式的な死は、富士山を多くの神聖な山々のなかの一つ以上のものにする出来事であった。これにより、富士山は宇宙山となったのである。

不二道の信者は、富士山において真の、純粋な、日本元来の「道」を発見することで力を増し、富士山における究極の宇宙起源論や宇宙論的な真実、真の宇宙の設計図に夢中になった。この信仰が、彼らに個人的かつ社会的な変革への要求を吹き込み、勇気づけたのである。

## お振り替わり

身禄の教えを中心とした不二道における指導者たちが提唱した考えに、「社会全体の大変革の概念」を意味する「お振り替わり」があった（Miyazaki 1990, 287）。「このお振り替わりは、人は自らの努力を通して理想的な世界をもたらすことができるという身禄の教えに基づくもので、不二道の教義上のシステムの基礎とされ、最も重要な信念となった」(Miyazaki 1990, 288)。そして、それは一般の人びとに対して大きなアピールとなった。社会的かつ政治的な活動と宗教の結びつきは、近代日本や世界のいたるところと同じように、江戸時代においても重要な問題だった。この「社会全体の改革」を考えたとき、少なくとも三つの要素と関連している。第一に、江戸時代の中期から後期にかけては、「世直し」の反乱を支援する民衆がおり、それは明治維新に直接先立つもので、なかには武器による反乱もあった。そのため時の権力は、このような個人や活動を疑ったり、時折、禁止したり取り締まるための良い口実を得たと感じていた[8]。第二に、そのような発展の背景として、農民と都市労働者の貧困、社会や政治問題の危機感、そして時代が下ると外国の侵攻への恐れが重要であった。第三に、身禄と不二道は、根本的な変化をもたらすための試みを実際に考えていたけれども、彼らの活動は、暴力的というよりも平和的であった。彼らは、現状をひっくり返すために訴えたり、力を用いたりすることはなかった。それにもかかわらず、早くも角行の時代から、これらのグループは権力に対する問題意識を有していたのである。

身禄の精神的な先祖である角行は、既存の秩序に従っていたけれども、彼と彼の信者でさえ、幕府によって細かく調べられ、幕府の転覆を狙うキリスト教の信者として疑われていた。一七世紀から一八世紀にかけて、幕府は同様に他の多くの運動を調査し、迫害した[9]。角行と弟子たちが幕府の疑いの目にさらされていたということは、なかなかの皮肉である。なぜなら、角行の伝統的な教義では、将軍は平和と繁栄のための責任のある人物であると説いているからである。「世界の柱としての富士山に対する角行の主張は、家康が国の中心としての役割を担っているという主張と一致している」(Tyler 1984, 107)。

身禄は始祖である角行と同様に、現世的な繁栄に対する切望と、来世の極楽への期待を共有していた。

そして、食べ物があること、それを食べることについての相反する感情も共有していた（もっと適切に言えば、米についての否定的な隠喩ということになるが）。身禄自身が断食により食べ物と米を否定することで、社会が繁栄と豊作を謳歌できるように願ったのである。そして彼は、「断食により仙元と完全に一体化し、社会に食べ物を与えるために死んだ」（Tyler 1984, 114）。身禄の教えにおいてさらに問題として複雑なのは、徳川幕府の核心の価値は支持していながら、「幕府に対する鋭い批判」（Tyler 1984, 112）をおこなっていたことである。彼は「安定性と調和の維持」が、理想的な正しい行いであると主張していた。そして、士農工商の存在にしばしば言及し、それらの階級的な区別と、究極的な統合の両方を認めている（Tyler 1984, 115）。身禄の著作では、社会変革の方法あるいは本質について明白には記していない。「また、政治的な革命を求めてもいないし、徳川時代の政治的秩序に対する疑問もない。さらに、社会・宗教への暴力的な改革に関する終末論的なビジョンもない。むしろ、身禄は安定を強調し、弥勒菩薩の世界は、人間の努力、規律、そして日常的な倫理的な価値によってもたらされると信じていた」（Collcut 1988, 263）。もっとも、身禄の意思とメッセージの全体を推測することは非常に困難である。なぜなら、当時はすべての人びとに対して、高度に抑圧的な制限があったからである。幕府を批判することは、弾圧や迫害、あるいは処刑を意味した（Tamai 1983, 251）。身禄は、人びとが食べることができるようにするために、自らの人生を捧げることを望んでいるとはっきり示していたが、彼自身や弟子たちが投獄されたり処刑されたりするリスクを望んではいなかった。他の運動と同じように、不二道においても、「一九世紀に入ると、一般的な価値を守ろうとする方向と、宗教的かつ社会的な変革へ向かおうとする方向との間の、逆説的な関係があった」（J. T. Sawada 2006, 343）。

Miyazakiは、一般的な価値と現状との共存をはかる身禄の立場を認めると同時に、身禄とその後継者は、

「社会全体の革命の概念」（Miyazaki 1990, 287）である、「お振り替わり」の思想を持つとした。実際、平和で説得力があるとしても、「神代」の神話に代わる中心としての富士山（Fuji-centric）という、角行の遺産から身禄へ受け継がれたものは、天皇中心観に対する間接的な攻撃であった。江戸時代の間、不二道の宗教的な攻撃は、幕府の官僚よりも国学者によって問題視されていた。というのは、幕府の官僚は、国を治めるという現実的な仕事により関心があり、宗教的な（そして神話的な）正統性にはほとんど注意を払っていなかった。幕府は、強固な社会秩序を堅持し、例外を認めることはなく、庶民は自らの地位を知り、それを維持していたのである。ある不二道の信者は、弥勒の世を早期に実現するために、天皇や将軍に不二道を公的に承認してもらいたい気持ちがあり、幕府に嘆願した。しかしながら、この直接的な訴えのために、不二道は嘉永二年（一八四九）に幕府から禁止された。ただ、不二道は九代目の指導者である行雅のもとで成長し続けたのである（Miyazaki 1990, 289）。

この運動の拡大は、権力にとって懸念材料であった。「幕末の一八六〇年代、不二道は当時存在していた民衆宗教のなかでも信者数が最も多い組織となっていた。文久三年（一八六三）の記録によると、関東地方から九州にかけての一八国の九九五を超える村々にその信者が広がっていた」（Miyazaki 1990, 285）。

幕府の望まざる介入に対し、不二道では、幕藩体制下の社会構造に異議を唱えた。「彼らの社会観として、（…）身禄と不二道は、極めて原理的な考えを持っていた。そのうちの一つは、士農工商の平等と、男女の平等である。その理由として、彼らは、すべての人間は同じ父と母の祖から生まれ、人間はこの世界に何度も生まれ変わっており、その時々に違う職業や違う階級につき、生まれの尊卑や職業の違いは本質的な違いとして認められないと考えていたからである。この考えに基づき、不二道のある指導者は実際に、武士による威圧的な態度と、庶民の卑屈な考えを批判している」（Miyazaki 1990, 287）。

身禄は、言葉と行動の両方で現状に対して異議を唱えた。堕落した時代の終わりと弥勒の世の到来を大胆に宣言し、また、階級の間の不平等性と女性の不当な扱いについては、身勝手な個人だけではなく、社会全体を批判した。加えて、主要な神社の権威を軽蔑し、霊山で入定することで、浄と不浄に関する社会通念をも軽蔑した。このような身禄の行動は、富士山と弥勒の両方の聖性を喚起し、影響を受けた後世の弟子たちが、自らの著作や行動を正当化するための根拠とされたのである。

身禄の後継者である伊藤参行は、単に陽（男性）が尊重され、陰（女性）が疎外されていることに対しての批判を以下のように遠慮なく語り、陰陽の間の不平等は、世界の崩壊につながると信じていた。

　この世界の運行と万物の生成は、陰陽・五行の力の原理に支配されている。この陰陽の間には、本来優劣の区別はない筈であるのに、この世がひらけて以来陽の方ばかりが尊重されてきた。この陰陽の不均衡のために、この世界は「猛火洪水」による滅亡への道を進みつつあった。このような滅亡から世界を救うために、富士山の「男綱と女綱」が結ばれ、これまでの世が終って「みろくの御世御直支配」が始まることとなった。新しい世では、『みろく』と『此花』という一対の「米の菩薩」が交互に出生し、陰陽の規則正しい循環と調和を維持するのである（宮崎 1976, 78-79）。

ここで伊藤参行は、富士山の「男綱と女綱」が結ばれるという、身禄の言葉に言及したうえで、男性の優越に対する批判を、陰陽五行の力に基づく、より洗練された思想へと作り直している[10]。

不二道における伊藤参行の後継者である小谷三志は、女性劣視の廃止を説いた身禄と伊藤参行の考えを実践した。三志は、女人禁制とされていた富士山の頂上に女性の信者を立たせることによって、女性は不浄であるという宗教的な考えに対しての異議を唱えた（Miyazaki 1990 287）[11]。つまり、身禄は富士山の頂上付近で宗教的なタブーを破り、禄行三志は、頂上での性のタブーを破ったのである。

「不二道は、安政元年（一八五四）から明治元年（一八六八）にかけて極度に活動的であった。それは、信者たちが、世界が再び新しくなり『みろくの御世』が来るか、それとも人間が元のちちははの願いを満たすことができずに滅びるかどうかの岐路の時と確信していたからである」（Miyazaki 1990 289）。不二道による現状に対する抗議はまた、宗教体制にも及んでいった。三志の弟子である桧佐泉右衛門は以下のように述べている。「神道や儒教、仏教は、影響力が高まるにつれてみな高慢になり、人びとを貶め、軽蔑するようになっていった。当然の結果として、人心は卑しくなり、思いやりや親切は失われていった。また、人びとは強欲になり、現世の金や銀、米、小銭そして、贅沢な生活を送ることだけを望むようになった」（Miyazaki 1990, 305 での引用）。

身禄と不二道は、「中国とインドの道」に対抗して、「純粋な日本人」の教えへの回帰を主張した。この点に関して、桧佐泉右衛門は、以下のように明白に述べている。「日本人は今まで、中国やインドの方法に倣って行動規範を作り上げてきた。そして、賢人、学者、著名な僧侶、博学者と呼ばれる人びとは、中国とインドの方法を模倣してきた。このことは、日本の人びとにとって悲しむべきことである」（Miyazaki 1990, 305 での引用）。不二道は、多くの国学者が抱いていた、理想的で純粋に自然な、そして完全に日本的な生活様式への回帰を望む気持ちや郷愁を共有した。この気持ちは、一般の人びとも上流階級の人びとの間の格差がもたらしたものかもしれない（Miyazaki 1990, 305-6）。しかしながら、「純粋な日本人」へと回帰するという考え方は、国体論とそれに基づく天皇への崇拝とはまったく異なるものであった。実際に、不二道の指導者たちは、不二道はすでに確立されていた神道・仏教・儒教だけでなく、皇室に対する信仰よりも優れているという理想を抱いていたのである。

身禄と不二道の平等主義は、士農工商の四つの階級だけではなく、天皇や将軍なども含んでいた。というのも、それらすべては、社会秩序にとってなくてはならないものだったからである。「身禄はこう言った。『私が受け取った啓示によれば、これより先は、天皇、将軍、そして我々皆は、それぞれ家族のような安らぎを維持していかなければならない』したがって、天皇になるということは、農民や商人になるのと同じことだと見なされた」（Miyazaki 1990, 298）。参行の著作にも、同じ考えが記されている。なぜなら、彼にとって、社会のすべての部分は、全体が存在するために必要不可欠であり、「天皇であろうが、将軍であろうが、武士、百姓、職人、商人であろうが、『原点に戻れば、その生活様式に優劣はない』」（Miyazaki 1990, 298）。参行は別の著作で、「天皇や将軍の長寿を祈る秘密の祈禱は、身禄から不二道へと伝えられた」と言及しているが、「この秘密の祈禱は、天皇や将軍が、命を捨てて国民を守るという役目を果たすということを決意した際にのみ用いられる。それゆえに、この祈禱には、天皇の存在は無条件に最高位であるという考えは含まれていない」（Miyazaki 1990, 298-99）。

身禄は、富士山での入定を意図するなかで天皇のあり方を考えており、「天子の役割」は、民が自然災害や飢饉といった不運から避けられるように、自らの命を投げ出して神々をコントロールすることであると主張していた（Miyazaki 1990, 299）。また、三志の弟子である桧佐泉右衛門は、同じような文脈で以下のように述べている。「天子の日常的な行事や、特別な宴、その他の儀式は、地球上のすべての人びとを救うために執り行われるもので、それらはすべて、我々のための偉大な犠牲を意味している徳の高い行為である」（Miyazaki 1990, 299 からの引用）。不二道において、「偉大な犠牲」とは、普遍的な救済を与えることを目的として執り行われる宗教的に厳しい儀礼を意味していた（Miyazaki 1990, 299）。身禄は、人びとの幸福は、天皇の地位より大切であると位置付け、この観点から、どれだけ人びとに仕えるかという点から、あえて天皇の職務を評価できるとしたのである。さらに、身禄は以下のように述べている。「天子の我身の役目をもしらず何にても色々にこしらえ　金銀をもつて諸官禄をそれぞれにとらせ　その諸官禄のこしらえもつて衆生のものを化かしとらせ　民の涙をしぼりとらせ」（天子は自らの義務を実は知っていない。彼はあらゆる種類の新しいものを作り、臣下にその仕事を命じ、臣下のものに給料を払うために、一般の人びとから税金を集めるように指示しただけである）（Miyazaki 1990, 300 での引用）。このような天皇に対する批判的な考えは、身禄だけに限らなかった。「一般の信者のなかにも、桧佐泉右衛門のように、現在の体制に勝るような宗教的影響力によって、天皇や将軍を批判することが可能だと感じた人物もいる。そして、次のような言葉を残している。『天子や将軍であっても、天運に逆らえば、災難に遭うに違いない』」（Miyazaki 1990, 300-301）。身禄とその信者は、皇室と日本の民俗的な家族とはそれほど異なっているわけではなく、ある人物が、皇室の一員といったような他の家に生まれ変わることはまったく可能であり、そしてそのために身禄やその後継者たちが皇室の家柄に固執しないことはもっともであるという、輪廻する平等主義を共有していたのである（Miyazaki 1990, 301）。

身禄と彼の後継者たちは、富士山を中心とする世界観がいかに急進的なものになりうるかということを記録に残している。Miyazaki は、それらは「神代」に特権を与えた国学の考えや、神々の神聖な子孫であるために侵すことができないとする天皇観を基にした国体論の考えといったような、明治維新後に占められた考えよりも先に現れていた、日本における「純粋な日本」観を強調したものだと主張している。この富士山を中心とする世界観あるいはイデオロギーは、明治以降の天皇への完全な忠誠を中心とするナショナリズムや皇室主義のかたちに対する代案を提供した。この富士山を中心とする考えは、近現代において主要な日本のイデオロギーにはならなかったものの、この「画期的な」活動の潜在性は、興味深い問題を提起している。

明治の日本の法律では、富士山を含む日本のすべての国土は、天皇に属するとされ、富士山を中心とするエトスとそれに伴う組織体制が発展することはほとんど不可能となった。このことについて、戦後の日本について執筆した丸山眞男は以下のように指摘している。「初期のナショナリズムの状況はまた、ナショナリズムの諸シンボルを支配層ないし反動分子の独占たらしめるという悪循環を生んだのである」（Maruyama 1969, 143）。そうした制限のなかで、富士山を中心とするイデオロギーは、いくつかの政治的な計画を企てた。それはもちろん、大陸の影響を受ける前の、「純粋な日本の」精神性を追求するという、国学者にとっても重要なテーマを共有していた。それに加えて、富士山の優位性と特殊性に対する主張の対象は、他の日本の山だけではなく、世界中の山にも及んでおり、そのことから、日本の優位性は他の国々を超えるという主張の根拠ともなった。この主張はその後も受け継がれ、「人間は自らの努力により理想的な世界をもたらすことができるという身禄の教えは、不二道の教義上のシステムにとって、最も重要な信条であり、基礎となった」（Miyazaki 1990, 288）。そして、この主張はさらに何人かの不二道の篤信者が天皇の不可侵性に対して疑問を呈することにつながり、また、何人かの不二道のメンバーが権力に直接干渉することを試みることにつながった。これは、生命を危うくするような行動であったが、ある意味では非常に「近代的な」ものであった。たしかに、不二道における「天子や将軍であっても、天運に逆らえば、災難に遭うに違いない」（Miyazaki 1990, 300-301）という声明は、「天皇の御為と言つて死んで行くと日本の国民が無くなつて仕舞ふ、天皇陛下だつて同じ人間ではないか」（Ienaga 1978, 216）といったような、第二次世界大戦期に見られた、天皇に対して疑問を呈する落書きを見越したようなものである。このように、富士山を中心とする視点は、当時では実に注目に値する平等主義と男女平等を主張していたのである。たしかに不二道は、大きく取り上げられていなくても、天皇制に基づく社会構造に対する挑発的な道筋を数多く提案している。

不二道に関する興味深い論評は、まったく異なる視点からも示されている。現代日本のキリスト教神学者である小山晃佑は、『富士山とシナイ山』のなかで、宇宙論的な富士山と終末論的なシナイ山を対比している。「隣人愛的援助というこの新しい社会倫理を念入りに仕上げていく過程で、食行は徳川幕府に対する批判を暗示していた。(…) これは、日本宗教史における『解放神学』の出現のめざましい事例の一つである。私見では、この宗教集団が歴史を循環連行的視座から見ることを免れたのは社会倫理の強調ゆえである。富士山は、いわば、当時の民衆に大切なことを言える固有の正しい『神学』をそなえていたのである」(Koyama 1984, 86, 93-94)。

宮崎は、不二道が社会改革への急進的な主張を有していたにもかかわらず、王政復古後において、そのイデオロギーとははっきりと相反する国学へ同化した経緯について詳しく述べている。この適応あるいは教義上の改革は、不二道の第十世で、実行社を組織した柴田花守(一八〇九–九〇)によって生み出された。「柴田は、皇室中心の国家神道における伝統的な教えを援用した。言い換えれば、彼は国学に従って不二道の教義を再解釈したのである」(Miyazaki 1990, 296-97 より引用)。文久三年(一八六三)という早い時期に柴田は、欧米の国々が「世界のなかで最も良い国家として日本を尊敬した」理由について、「単一の家系のもとで、動乱もなく伝承された威厳のある天皇によって治められた土地」であるからとしている。明治三年(一八七〇)に、彼はこの主張について、「天照大神の神々しい神託の実現のもと、天地と負けず劣らず君主の繁栄は限りないものとなるだろう」として、日本の聖なる国土という思想を発展させた

（Miyazaki 1990, 302-3 での引用）。

天皇は人間社会にとって欠かすことができない人物であるという、柴田が抱いた天皇観のほとんどは、身禄のものと共通している。しかしながら、身禄とその後継の不二道が富士山を天皇や天照大神の権威をしのぐ、宗教的にこの上のない存在、つまり父と母の祖を想定していたのに対して、柴田にとっての天皇の権威は、絶対的なものであったようにみえる（Miyazaki 1990, 303）。柴田の新しい教えは、天皇崇拝の考えや国学、水戸学に則っており、国家教育における明治政府の政策に非常に近かった（Miyazaki 1990, 303）。柴田の師匠であり、不二道の九代目の指導者である行雅の天皇と皇室に対する結びつきもまた、この動きに影響を与えた。というのも、行雅は社会再生を意味した「お振り替わり」の考えを古い時代に戻るものと再解釈して提唱していた。それゆえ、柴田にとって、「お振り替わり」とは、天皇陛下の威厳のある力が繁栄していた世界へと戻ることを意味していたのである（Miyazaki 1990, 306-7 での引用）。まさに、身禄のメッセージは、王政復古後の政策に賛同するように書き換えられ、不二道にもともとあった、本来の方法に戻ろうとする考えがうまく利用されて、「皇室支配の復古」として再解釈されることとなった。

初期の明治政府が、国家を統合し結集させるための宗教的な方法を模索していた間、宗教的な集団は厳しい状況下での活動を強いられていたが、皇室との結びつきが、彼らにとって便利で効果的な方法であることが発見された。明治元年（一八六八）、政府が強制的に仏教から神道を分離し、さらに明治五年（一八七二）に修験道を禁止し、いわゆる神仏習合を抑圧していたとき、宗教集団は、消滅を避けることと、この運命を避けるために新しい政策に適応するための方法を探すという、二重の課題を抱えていた。すべての集団は、政府の圧力を拒絶するか、やむなく服するか、政府の考えに矛盾しないように自らの教義の解釈を工夫するかという答えのいずれかを強いられた（J. A. Sawada 2004）。いくつかの民衆宗教運動は、教派神道の一派（結果的には一三教派）として制度上認められるということと、何とかして明治政府の政策とイデオロギーに従うように教義を再編するという二つの巧妙な方法に活路を見出したのである。不二道は、グループの名前を「実行社」に変えることによって、この方向に動いていった。つまり、明治一一年（一八七八）に神道事務局に属する宗教的な団体として公認され、明治一五年（一八八二）に神道実行教として独立したのである。この神道実行教は、明治政府に認められた教派神道一三派の一つであった（Miyazaki 1990, 295）。このことによって、不二道は自らの教えを広げていくことを可能にし、権力による抑圧から自由となり、既存の宗教からの干渉によって邪魔されることがなくなった。何人かの不二道の信者は、この「神道化」に異議を唱えて、実行教から袂を分かち、不二道孝心講を組織した。しかし、すぐに彼らは活気と宗教的な特徴を失っていった（Miyazaki 1990, 295）。

現代的な歴史観に立てば、このストーリーは、身禄の教えの奇妙な終局を示している。不二道は、富士行と富士信仰が競合し合いながら発展していくなか、それらに反発することで富士信心という独特なメッセージを積極的にかつうまく維持していた。そして、明治期の国家神道に即した神道化への動き、天皇制とナショナリズムが組み合わさったものへと、無抵抗かつ自発的に身を任せていった。しかしながら、組織を存続させることは困難を極め、政治や社会の状況は極端に流動的であった。不二道のリーダーたちは、明治維新を、身禄が予言した社会改革の一部、あるいはその方法として見ていたのかもしれない[12]。

明治において不二道が新しく得た社会的地位は、少し変わった、皮肉ですらある結果をもたらした。欧米に対する実行教の最初の紹介は、明治二六年（一八九三）にシカゴで開かれた万国宗教会議の場で、柴田花守の息子である第一二世の柴田禮一が、実行教の活動の教えをまとめた文書を読んだ。彼は、その教えを、「『古事記』に見られる〔天御中主神・高御産巣神・神産巣日神という〕三柱の天地創造の神々に対する崇拝が融合されたものであると同時に（なおこれは多神教ではなく、一体の神として考えるべきだと主張している）、日本の国家の神社である富士山を顕彰するものである」と表現している。会議の記録では、名前をReuchi Shibata、宗教をZikkoと記している。また、議事録には、柴田が「閉会の辞」でアメリカ人に「本当の普遍性を達成する努力を続ける」ように強く迫ったことが記されている⒀。

この会議について新聞が取り上げた論評は、「ひどく熱狂的であると言って良い⒁」というもので、当時の新聞の記事では、「柴田禮一は霊山、富士山の油絵の前に立って、視線を客席に据えた像のような態度で、途切れない拍手を受けていた。そして、柴田は、エキゾチシズムに魅了された観客にヒーローのように受け止められていた」（Seager 1995, 166-67）。

不二道から実行教への転換は、ある意味では富士山の教義上の反転を意味している。不二道において、根源的な宇宙山としての富士山は、天皇より優れているものとされていた。けれども、実行教においては、天皇と『古事記』の神々の完全な統治権のもとで弱められ、富士山の重要性は低下した。いずれにせよ、不二道から実行教への変化が、政治的な圧力への不本意な反応なのか、また新しい明治政府の目的や主義に対する自発的な支持というよりも、生き残りのための試みであったのか、今日判断することはできない。不二道（あるいは実行教）は衆人監視のなかにあった。「当時の新宗教による反応は、おとなしく従うものから反抗的な抵抗までさまざまであった。しかし、二〇世紀の初めにおいては、江戸時代後期や明治初期に生まれた新宗教のほとんどは、天皇への信仰と、愛国的かつ国家主義的な教義を採用していた」（Miyazaki 1990, 283）。

不二道から実行教への、精神性の変化は、はっきりと並置してみると一見奇妙に見えるが、それほど特異なことではない。現在から見れば、歴史は皮肉と日和見主義にあふれている。けれども、後世の後知恵である実行教の欠点がどんなものであれ、この集団が時代に適応し、薄められた形ではあるが、不二道の慣習を現在に至るまで正しく維持し、伝えていると考えるべきである。おそらく、柴田花守が、「私は皇室中心の国家様式における伝統的な教えを説明した」（Miyazaki 1990, 296-297での引用）と言ったとき、「予防的な」[15]対策を講じていた。いずれにせよ、ここで取り上げた富士講から不二道、実行教という展開は、日本宗教における異種混交の一つの例として、一つの系統における多様性と衝突のケーススタディを提供している（Najita and Koschmann 1982）。この章では、不二道の変化（退化）を、その最盛期から近代における変容まで追い、一つの運動が、内部に明らかな矛盾を抱えながら、どのように元の教義からはっきりと分岐できるのかを見てきた。そこで、次の章では、初期の不二道と同時代にあった他の運動を取り上げる。それらは不二道とは明らかに異なる富士信仰とその実践である。

## 注

（1）“Fuji asceticism”という言葉を正確に日本語に訳することはできない。文献的には、富士行者、修験道（山伏）そして、対価を得てさまざまな祈禱や儀式、治療をおこなう人物を参照している。Fuji asceticismは、富士修行あるいは、それを短くした富士行という言葉で翻訳することができる。

（2）修行と托鉢は、日本の宗教史において、現代まで主要なテーマであるが、それらの実践と重要性は地域によって異なっていた。「一六六〇年代には、相模の大山から、山の修行の伝統の大部分は消滅していた」（Ambros 2008, 88）。

（3）この言葉は文字どおりであり、岩科の『富士の信仰』に近く、英語における“cult of Fuji”といった幅広い意味で用いている。

（4）この章は、伊野辺や岩科の著作に加え、英語で記されたTylerやCollcutの著作、そして特に、不二道の史料を基に研究された宮崎の著作に基づいている。不二道の日本語の記事を筆者が利用できるようにしてくれた宮崎教授に感謝申し上げる。

（5）安丸良夫は、江戸時代の幕藩体制を支える慣習を「通俗道徳」と呼んでいる。詳細は Hardacre（1986, 43）、および J. A. Sawada（1998, 109-10, 127）を参照。

（6）組織化された宗教と公式的な施設を持つ「神道」は明治時代に創造されたとする主張は、Kuroda（1981）を参照。

（7）Susan Burns は、本居宣長の三つの時代区分の考えを、不二道の三時代の区分に興味深く対応させている（Burns 2003, 91-92）。

（8）Davis（1977, 57-62）、White（1995, 116-22）。

（9）J. A. Sawada（2004, 32）、Ambros（2008, 90）。

（10）「江戸時代後期の宗教実践としての不二道の概観」（J. T. Sawada 2006）を参照。

（11）Moerman（2005, 199-203）は、聖地における聖なる境界を女性が破るという現象について、「中世日本の仏教文学においては、女性が聖なる場所に侵入しているという証拠に富んでいる」と記述している。

（12）国学は全国的な影響をもたらしたが、地域的な受容とその適用については、さまざまな形があった。Ambros（2008, 111-15）を参照のこと。

（13）Seager（1995, 118）。

（14）Seager（1995, 166）は Ketelaar（1989）を引用している。

（15）Steinhoff（1991, 206）では、一九三〇年代に帝国主義の熱心な支持者となった日本の元・共産主義者の「転向」を扱っており、そこでは自発的・非自発的転向という分類に加え、「予防的転向」について言及している。

# 第七章　富士詣で

## 江戸八百八講

角行と身禄が生きていた時代においては、富士山を中心とした幅広い宗教的な実践がおこなわれていた。そのなかでも、特に、富士山への登拝の慣習が現れた。江戸時代、特に活気にあふれた江戸の街において、たくさんの富士講が生まれ、地元での集会と、登拝を通して活発に活動し、それが富士山の宗教的な位置付けを決めることとなった。

富士山への宗教的登山は、聖徳太子と役行者の神秘的かつ伝説的な飛行を前例として、その後、村山修験の歴史的人物である末代と頼尊につながる。修験道の「入山」は、富士山に登るためのルートと儀礼の両方を確立した。富士山に登る道案内、手数料、儀式、そして教えは、集団による禁欲的な経験としての富士登山を標準化するため、富士山と登山者の両方に課された雛形であった。しかしながら、富士山全体を支配するような統一された教義は存在していなかった。登山道や、登山道沿いのすべての祠堂では、旅程や活動についてそれぞれ独自の跡を残しており、独自の信仰や修行、そして護符を提供していた。一五世紀の後期から一六世紀にかけて、「富士行」が盛んになったとき、すでに数多くの登山道が開かれていた。

江戸時代の富士登拝において最も顕著だったのは、富士講として知られる団体に、特に大勢の一般人が参加し、それが高度に組織化されていたことであった。富士山の七合五勺の烏帽子岩における身禄の入定の知らせは、信者の急激な増加と富士講の拡大に拍車をかける刺激となったに違いない。富士山を登拝する動機の大部分は、角行や身禄といった宗教的な開祖から来ているが、宗教的ではない要素も、富士講の拡大とその登拝が可能になるうえで影響を与えた。つまり、かつての皇族や貴族による巡礼の伝統は、宗教的な目的とともにレクリエーションを目的としたすべての階級による旅に取って代わったのである。一般に日本宗教における各地の巡礼と同様に、富士山への登拝も、多くの側面を持った現象であった。民衆文化の出現や、下層階級の人びとによる旅や名所巡りなどの一環として興隆したものであった。富士山への登拝は、レクリエーションとしての旅と混ざり合った宗教的活動であった。江戸時代において、「行動文化」が創られたことは、旅にとって重要な刺激であった(1)。富士山への登拝がより流行し、より高度に組織化されたこの時代、日本社会には、浮世絵から旅の手引きに至るまで、さまざまな種類の旅行関係の出版物にあふれていた。

それぞれの巡礼地は、景色が良い、歴史がある、病気に効く、神聖であるといったような独特な魅力を有していたり、それをさらに発展させようとしていた。富士山の風景が広く知られるようになった背景には、一七世紀初頭に始まる将軍による統治の手段としての参勤交代があった。各地の大名は一年ごとに江戸に滞在して将軍に「参勤」することが求められたのである。この制度は、江戸幕府が数百を超える各地の藩主への支配を維持するための政治的な方策であったけれども、一方で、巡礼地としての富士山の名声と重要性を高める経済的、社会的効果を広範囲にもたらした。大名たちが大きな行列で江戸に来ることを可能にするため、将軍は街道を整備した。そしてそれは、一般の人びとの旅、経済的な成長、そして交易にとって不可欠な幹線を提供することとなった。参勤交代は、国の中心を、それまでの大和そして京都から、江戸とその周辺地域へと変えていった。江戸から京都へ至る東海道は、鎌倉に幕府が開かれた一二世紀から重要であった。一七世紀に入ると、東海道には特に一般の旅人が増加していった。そして、富士山の頂上を間近に見ることができるこのルートの名声は、大量生産された書籍や版画などといった新しいメディアを通して広がっていった。

霊山としての富士山についての古代の認識において、火山の火と水という自然の力は、富士山に隣接する周辺地域にのみ直接影響を及ぼすものであった。詩的あるいは芸術的な理想についての型どおりの表現ではなく、個人的な観察に基づいて富士山の印象を記した西行のような人物は滅多にない例外であった。しかしながら、一六〇〇年に政治的、文化的中心が江戸へと移ったこと、そして新たな参勤交代により、実際に自分の目で富士山を眺めた人びとがすべての階級において急激に増加していった。このような状況のもとで、最も高く、最も美しい頂を持つ日本における最高の山として賞賛され、インド、中国、日本のいわゆる「三国」で第一の山というかつての慣用句が強調された。

日本の中心が東へと移るにつれて、富士山は日本における意識の中心的な存在となり、そのことは富士登拝と富士講の増加を促進する手助けとなった。角行と身禄の系統において、特に不二道の敬虔な指導者と信者たちのなかには、特別な力を持たない普通の人間でも、宗教的な目標にほぼすべてを捧げている者もいた。同じような富士信仰の純粋主義者のなかには、富士講による登拝の栄えある道を歩んだ者もいたに違いないが、登拝者の大部分は、楽しみと宗教を適宜に織り交ぜていた。江戸時代においては、観光と登拝は密接につながっており、登拝者たちは、講の仲間とともに旅の道中を大いに楽しんでいたのである。

伊勢講について描かれているものは、富士講にも当てはまるだろう。「二〇人で構成された伊勢講の講員によって記された旅日記は、『伊勢詣の食べ物ガイド』のように読むことができる。講員が食事をした食堂の名前や、二ヶ月もの長い旅のなかで口にした百種類を超える食べ物や、宿泊した宿、見たり買ったりした各地の特産品、そして訪れた『名所』が記されている」(Vaporis 1994, 238)。

普通、巡礼は宗教的な目的地を一つに限るというよりも、多くの聖地を訪ねるものであった。北斎や広重の浮世絵に描かれた、数百もの講に名を連ねた無名の群衆の姿は、当時の富士信仰の状況を我々に伝えてくれる。不二道の富士信心の特徴は、一意専心の道徳と真剣な献身である。一方、富士講の富士信仰は、不二道とは異なる信仰と実践を、よりリラックスした、より寛容な雰囲気のなかで実行に移したもので、これは日本の民族宗教によく見られるものである(Jippensha 1960)。富士信心と富士信仰は、多くの特徴を共有し、同じ期間において発展した。しかし、それらは、同じ個人の心のなかに宿るものであるが、両者は並存し、富士山の精神性の特性を競り合っていたのである。

富士講は、日本のさまざまな宗教に見られる「講」という組織の一形態を表している。講という団体は、しばしば巡礼のための団体を呼ぶが、それは多くの講が巡礼目的だったからである。しかしながら、いくつかの講には、他の宗教的実践を広め、祝ったり、相互の社会扶助の役目を持つものさえあった(Davis 1977, 15, 27-30)。講という言葉の元々の意味は、「仏の教えを講義する法会」というものであったが、これらの教えを聞く人びとの集まりとして捉えられるようになっていった。そして、同じような集まりが神道の信者や集会にも広がっていった。この言葉には、普通、冒頭に固有名詞が付されることが多い。例えば、伊勢講のように、最初の部分に伊勢神宮という聖地の名前をつけるものもあれば、大師講のように、弘法大師という信仰の対象の名前をつけるものもある。講は、奈良時代から平安時代にかけて、貴族社会の間に生まれ、鎌倉時代には人びとの間に広まっていった。多くの地方でさまざまな宗教形態を持つこのような集団が数多く存在したが、驚くべきことに、富士講が生まれたのは近世のことで、中世にはまったく存在していなかった。

同様に驚きなのは、身禄の時代の後に作られた富士登拝の集団のうち、光清派のものは一つもないことだ。というのも、ほとんどすべての富士講は、江戸時代に有名となり、現在でも身禄の伝統と関係がある富士講として存続している。おそらく、角行を信奉する光清派では、村山修験における行者の禁欲的な生活を尊重しており、その光清派が奨励する登拝は、民衆運動としての俗人による集団の形成に資するものではなかっただろう。(2) あるいは、光清派の人びとは、身禄の後継者たちのような、強力なリーダーを起用することができなかったのかもしれない。江戸の民衆文化の勢いは、富士講のような俗人の運動と極めて相性がよく、その富士講では、指導者たちは自らの職業を持っており、登拝の際のいかなるサービスに対しても対価を求めなかった。身禄の教えに通じる不二道と同じように、富士講の教えでは、どんな指導者も、専業的な宗教者になってサービスへの対価を求めることを禁じており、聖職者の権力の行使に反対する立場を取っていた。不二道と富士講はともに、富士行者が加持祈禱に布施を得ることに対して痛烈に批判した。さらに、不二道は、自己修養という身禄の倫理的な考えに矛盾するものとして、行者の祈禱を公然と批判した。一方で、富士講は、これらの儀礼の実践を妥当なものとして採用したが、金銭を得るためにこれらの儀礼をおこなうことだけには反対した。富士講の教えでは、このような金銭を伴う実践が、富士山の行者を本来の俗人の信仰から遠ざけ、さらに彼らを、神官や僧侶と同じように、商売目的の卑しい場所に置いてしまったとしている。不二道が盛んな間、村山修験や、角行を信奉する光清派における富士行の行者スタイルは、身禄派の富士講が新たな発展をみせるなかで脇役にとどまった。

身禄以前は、富士山に登る人びとは富士道者と呼ばれていた。[3] 狩野元信（一五五九年没）の作品とされている『絹本著色富士曼荼羅図』は、富士道者を描いた最も古い絵である[4]（口絵3参照）。角行派を継承した当初の人びとは「富士山の修行」を意味する富士行者と呼ばれていた。彼らはまた儀礼主義者、あるいは呪術師としての性格を持っていた。なぜなら、彼らの主要な役目は、自分たちのところに訪れる信奉者、そして自分たちが訪れる先の信奉者に対し、さまざまな治癒儀礼、祈禱、護符を提供することであったからである。行者たちは角行のまわりに小さな集まりを組織していたけれども、講と呼ばれる信者の集団を組織することはなかったようである。

身禄以前には、のちの富士講のようなグループはなく、講という名前を用いることもなかった。身禄の時代には、彼の信奉者たちは、身禄を富士行者として崇拝し、彼ら自身も富士行者となるために小規模な集団を作って、身禄と富士山に登り、修行をおこなった。富士講の正確な起源は辿ることが困難であるが、身禄の死後、これらのグループが相次いで現れて、講という言葉が一度人気を博すると、すべてのグループがこの言葉を用いるようになった（岩科 1983, 132-33）。

身禄の死から三年後の元文元年（一七三六）、身禄の弟子である高田藤四郎（法名は日行）が身禄同行というグループを組織した。先述したように、身禄という言葉は、身禄という歴史上の人物をさすとともに、仏教の弥勒菩薩（マイトレーヤ）と、弥勒菩薩の民間信仰を連想させるものである。「同じ修行」を意味する「同行」は、弘法大師を敬う大師講といった他の教団や、四国遍路などの巡礼の場合にも用いられる言葉で、仲間の行者、巡礼者をさし示すものである。[5] 高田藤四郎とそのグループは、身禄の三十三回忌にあたり、江戸にミニチュアの富士山、いわゆる富士塚を築くことを誓った。安永八年（一七七九）に、最初

図8　富士山諸人参詣之図（慶應義塾図書館蔵）

の富士塚が完成し、すぐに江戸やその近隣地域に増えていった。富士塚については、次の章で取り上げるが、富士山に登拝する一般の人びと（図8）や富士講の増加、富士塚の建造との間には、密接な関係があったのである。

高田藤四郎の死後、身禄同行という集団は丸藤講と名前を変えた（この講は現在まで続いており、後ほど取り上げる）。一八世紀の終わりから一九世紀にかけて、富士講はかなりの数になり、大きな力を持つようになった。その名声は、よく知られた「江戸八百八町に八百八講、講中八万人」という言葉に示されるように伝説的なものとなった。この数字は文字どおりというよりも比喩的であるが、百を超える講が記録されており、おそらく主要な講と、そこから派生した講を数えると三百以上存在していたかもしれない[6]。富士講の最初の公の記録は、急増する活動を抑圧するために幕府が出した寛政七年（一七九五）の禁制の告示であり、かつて同じような人びとと集団に対して出された以前の告示を強化したものであった。なお、このときには講という言葉は使用されていない。この背景には、幕府が富士講の急速な増加と、彼らが有する勢力を懸念したことがあった。「幕府が最も恐れたのは、信者がみな職人や日雇い労働者、商人といった人びとであるということと、それに加わっている少数の武士階級の人びとと平等な関係のなかに混じってしまうことであった。つまり、幕府転覆の潜在的な可能性に気づいたのである」（Tyler 1981, 157）。この懸念は、個人の信仰や修行に対してではなく、加持祈禱といった救済儀礼をおこなうことに対して向けられた。なぜなら、救済儀礼は巨大な組織を結成することにつながるため、これらを危険なものとして捉えたのである（井野辺 1928b, 216-20）。富士講ほど、禁令を出された民間宗教はない（岩科 1983, 351）。富士講に対する禁止令は、富士行や富士信仰と結びついた儀礼や神秘的な実践のほとんどを抑圧することを企てたものであり、幕府は富士講や不二道の代表者を尋問することを試みたのである。

その後一〇〇年の間に一二の富士講が取り調べを受け、その結果、八つの講が禁止された。しかし、多くの先達、講、そして講員が、富士山の精神性に基づくさまざまな信仰と実践の基本的な組み合わせを統一することが困難であったように、幕府もまた、これらを詳細に把握することは困難であった[7]。江戸時代の初期から、キリスト教徒は幕府を転覆させるような集団として疑いの目を向けられており、富士講もキリスト教徒と同じような集団かもしれないという疑いを幕府に抱かせたが、富士講のグループはそれを強く否定し、富士山を中心とする信仰を宣揚した（岩科 1983, 303; Tyler 1984, 111）[8]。富士講が増加し、広範囲へ普及したことにより、すべての富士講は幕府の監視の対象となった。しかし、幕府の行動は富士山に対する信仰の普及にほとんど影響をもたらさなかった。江戸時代の旅に対する禁止と制限が、多くの人びとが旅に惹きつけられることをくい止めることができなかったのと同じように、富士講や不二道に対する幕府の禁止や制限は、それらの拡大や実践を妨げることはできなかった。一九世紀の初期から中期にかけて、富士講の拡大と活動は最盛期を迎えるのである。

一九世紀の後半、一八六八年の明治維新を受け、富士講の活動はいくつもの打撃を受けた。というのも、富士講の原型をなす修験道は神道と仏教が混合していたため、新政府により廃止させられた。そして、政府の目から見れば富士講も同じように神仏を混合させているという疑いをかけられたのである。明治政府による神仏分離政策はまた、富士山における仏教施設の多くを分断していった。いわゆる廃仏毀釈の結果、富士信仰の伝統に基づく多くの仏像や仏具が破壊され、移設され、失われた。それにもかかわらず、多くの富士講は、第二次世界大戦まで生き残ったが、その際の東京や近隣地域への空襲によって、富士講にとって重要な建物や地域の人びとの生活は破壊された。戦後においても、少数の講が活動を続けているが、若いメンバーがほとんどいないため、富士講の将来は不安定な状態となっている。

## 富士講の登拝

講は、大きく分けると二つのタイプに分類することができる。一つは、村落単位の組織でほとんどの世帯が属するという村講。もう一つは、代参講で、任意に参加し、組織されるものである（岩科 1983, 243）。富士講は後者のタイプである。富士信仰を共有する人びとがグループを作り、時々あるいは定期的な会合が開かれ、お金を貯めて、毎年グループのなかの何人かが代参者として、富士山への登拝をおこなうために必要な金額を受け取ることとなる。講で積み立て、代参者に渡されたお金は、道中の宿泊や食事、入山料、富士山やその他の場所で購入する護符の費用に用いられた。代参講と呼ばれるこの富士講のなかには、講員すべてが代参し終えるだけの年数を設けているものもあった（岩科 1983, 243-44）。特に江戸においては、富士講は永続的で強力な町内組織として発達した。そして、いくつかの富士講は、「枝講」を大量に持つ「親講」となって、大きく繁栄することとなった。

富士講は、単純でわかりやすい俗人組織である。講元、先達、世話人の三役が主な幹部で、道者という一般の講員がいる（井野辺 1928b, 180-81）。講元は、普通、自身の家で開かれる会合の費用の大部分を負担できる、金銭的に裕福な人物でなければならなかった。先達は、数多くの富士登拝を経た指導者で、宗教的な教育を担当するとともに、登拝の際のガイドを務めた。世話人は、会計など事務的な面倒を見た。そして、これらの任務につく人は、必要に応じて増やすことができた。親講と枝講の場合、前者のリーダーは大先達と呼ばれ、後者のリーダーは小先達と呼ばれた。富士講の特質は、俗人も加入でき、知己の仲で構成される組織であり、隣近所のネットワークを有しており、また面と向かっての関係があるということである。身禄派の富士講の成功は、その大部分を、カリスマ的な先達の存在感に負っていた。彼らは身禄の厳しい教えを和らげて一般の人びとに伝えたり、一年を通じて講の会合のなかで宗教的な求めに応じたり、登拝に際して的確に案内する能力を持っていた。

すべての富士講を十把一からげにすることは、それぞれの講が持つ性格や、その動的な活力を台無しにしてしまう。一つとして同じ講はないのだ。それぞれの富士講の特徴は、講ごとの魅力的な紋や印の多様性により裏付けられる。それぞれの講は独自の印あるいは紋を作り出し、講の旗や菅笠に誇らしげに掲げていた。そして、富士山の登山道にある小屋や室に、これらのグループの宣伝としてこれらの旗を掲げた。天保一三年（一八四二）には、ある講の先達が江戸の九三の講とその周辺の一五の講の紋を集めた「百八講紋曼荼羅」を作成している。(9) ここに見られる紋は、武士や貴族、商人の家紋と同じように、卓越した美的感覚を体現したものである。江戸の都市文化・民衆文化の流行のなかで、これらの講員（大部分が社会の下層階級に属する）による特徴ある紋の使用は、武士や貴族によって示されたものと同じ社会的地位を主張するものであった。

**図 9　富士講の行者**

左側に富士巡礼者、右側に講員を描いたスケッチ。講員は首の周りに袈裟をまとい、右手に金剛杖を持つ。鈴を左手、あるいは腰にさしている。その菅笠には、所属する講の紋の一部に富士山の三峰が描かれ、左の巡礼者の菅笠には、巡礼仲間を意味する「同行」という文字が記されている（井野辺（1928b）267 頁）

また、講紋には象徴的な意味が満ちており、それぞれの紋には、霊山である富士山に関わる複雑な記号の隠された、またときには「秘密の」表現が込められている。いくつかの例は、その記号と意味を示している。これらには大きく分けて二つの種類がある。一つは、「山の形」で、山という漢字を表したもので、その下にもう一つ文字が入る。もう一つは、「円の形」で、丸のなかに一つの漢字が記されたものである。例えば、㊀は「日本一」を意味しており、丸藤（藤という漢字が円で囲まれる）は富士山を意味している。また、山花（山の花を意味する二文字）、山桜（山の桜を意味する二文字）は、木花開耶姫（富士山に関係する女神）から取ったものである。「山三」と㊂は、聖句である「参明藤開山」を省略したものであり、これは角行の曼荼羅である御身抜にみられる。さらに、枝講の紋は、親講の紋に一文字か二文字追加して親講との関係を示すとともに、差別化を図っている（井野辺 1928b, 175-79）。旗や菅笠（後にはハチマキ）に用いられた講の紋や印は、それぞれの講の象徴で、講の結束を講員にもたらしたのである。「秘密の」意味を持つ美的に優れた印が刻まれた品を所有することは、講に所属するうえでの楽しい経験をもたらした。

登拝に際して、講員は紋を見せびらかすだけでなく、山伏の衣装に似た特別な衣装を身にまとっている（図9）。室町時代の絵図には、富士山に登る人びとが白い衣、そして丸い菅笠を身につけている様子が描かれている。江戸時代になると、装束は、鈴や数珠、そして八角の「金剛杖」といった修験道の道具を含むようになった。特に、もともとは修験道の道具の一つであった金剛杖は、登拝者が歩く際の杖として用いられるようになるとともに、登拝の際に合目ごとに設けられた小屋や室の焼印を入れてもらうことにより、旅の思い出とするために用いられた。

登拝者がまとう法衣は、出発前は真っ白だが、寺院や神社の名前や祝禱を示す朱印が山中で押された。特に富士山の頂上でこのような朱印を押してもらうためにはかなりの費用がかかったようである。しかし、登拝者の姿を描いた古い絵画や写真を見ると、現代の巡礼者と同じように、朱印に気前よくお金を費やしているように見える。というのも、印肉には富士山の聖なる場所から持ってきた赤い粘土と油が混合されており、これらの朱印は非常に聖なるものと考えられていた。かつては、人穴の赤い粘土が極めて貴重なものとされ、胎内と呼ばれる洞穴にある神社の護符や朱印は、安産祈願のために現在でも重宝されている。つまり、登拝者の法衣は、聖地に巡礼する際に身につけることと、祝禱の印を受けることの両方によって神聖なものになったのである。そのため、登拝の途中でどれだけ汚れても問題ではなく、彼らは決して洗濯をしなかった。それどころか、この衣服は清浄なもので、たとえ汚れたり擦り切れたりしていても、それを身につける前には、自らの体を清めなければいけなかった[10]。通常の富士登拝ではこのような身禄のスタイルによる作法が採用されていた。一方で、富士山の行者は、より厳しい修験道の規則と装束に関する作法を有していた。登拝に先立って、別火精進（女性が調理したものを食べず、自分で調理する）を含む潔斎の時期を過ごすことで、修行の伝統を保つことすらおこなった。ところが、これと対照的に、不二道のメンバーは登拝の際に数珠や鈴といった儀式的な道具を用いなかった。それは、その道具が儀式の有効性に関係せず、また女性を不浄なものとすることに伴う男女の不公平にも関係ないのと同じであった（井野辺 1928b, 263-71, 61）。

江戸時代、庶民は限定されたかたちで旅をおこなうことが可能になったが、それでも庶民にとって、旅は困難かつ危険で、さらに高価なものであった。富士登拝の常連は地方の豪農と江戸の大商人で、講に所属していない武士や庶民も、富士山の名声や自身の信仰によって参加していたとみられる。富士登拝の大部分を占める農民や商人にとって、講という組織は富士山への信仰の広がりと高まりの手助けになっただけではなく、旅をおこなううえでの経済的、社会的なサポートを果たしたのである。

富士講の活動は、夏の期間の登拝と毎月の会合という二つに分類できる（会合については次の章で取り上げる）。現代の旅行における移動の自由とは大きく異なり、江戸時代においては、富士山の登拝のほとんどすべての要素が非常に規制されていた。登拝できる時期も定められていたのである。登拝者に対して富士山が開かれるのは、約二ヶ月間のみであった。記録によれば、公的な「山開き」は旧暦の六月一日で、「山じまい」は、旧暦の七月二七日であった。[11]江戸では、「山開き」の儀礼は富士塚においておこなわれた。また、吉田などの富士山の登山口においても儀礼がおこなわれた。それぞれの富士講は登拝が許された期間のなかでいつ登拝するか、またどの神社や寺院、名所、宿、食事場所に立ち寄るべきかなどの計画をかなり詳細に設定していた。富士山へと至る旅の大部分は徒歩であったため、かなりの時間が必要であった。

富士登拝の準備として、さまざまな形で身を清めることが必要とされた。村山修験は、女性が調理した食物を避ける別火精進を含むかなり厳しい禁忌を保っていた。こうした実践は、山での禁欲生活にとってまれなことではなかった。他のグループでは修験道ほど厳しくはないけれども、俗人や穢れた人を富士山という並外れた神聖な場所へと導くためには、何らかの身を清める方法が求められた。このことは、さまざまな講に取り入れられていた。身を清めることや潔斎は、登拝の前に百日間も続くこともあれば、七日間だけおこなわれたこともあった（井野辺 1928a, 322-24）。伊勢地方においては、七日間の富士垢離が、登拝できない人びとによっておこなわれてきた。この垢離は先達によって指導され、有料のものである。この伊勢地方における伝統の興味深い特徴は、登拝に先立つものでなくむしろ、登拝がおこなわれた後にその結びとしておこなわれたという点である。伊勢地方だけではなく、関西地方でも見られたこのような習慣は、身禄につながる関東の富士講の慣習とは明白に異なるとされている（岩科 1983, 36, 39）。江戸の富士講では、身禄の流れから、出発の何日あるいは何週間も前から、精進料理などで身を清めることがなされてきた。他の講と同様に、富士講にもまた代参者の出立の儀礼があった。江戸の富士講にとって、出立の儀礼は、富士山への崇拝や登拝の神聖性をメンバー全員で確認するという意味を有していた。そして現在まだ活動している富士講においても、代参者を送る際にこの儀礼がおこなわれており、お焚き上げの火と煙で法衣や荷物を燻して清めるのである。

霊山への登拝は、長い間、日本の民間信仰の顕著な特性とされてきた[12]。修験道の本拠地とされた大峰山なども登拝の対象となったほか、立山・白山・富士山の三つの山を三五日間かけて旅して登拝する「三山禅定」などもおこなわれた（岩科 1983, 25）。この三山禅定は江戸時代におこなわれ、一年間に百人ほどしか参加しなかったが、富士山が出現したとされる庚申の年に因む御縁年の延宝八年（一六八〇）には、三五〇人ほどがこの三山を巡った。

富士山では、さまざまな登山口からの登拝がおこなわれた（図10）。ここでは主に、富士山の北麓の吉田口を用いた富士講の登拝に注目する。この吉田口からの富士講の登拝にもさまざまな形があるが、重要な点として、富士登拝の「前」に高尾山、富士山の「後」に大山[13]を訪れるということがある（岩科 1983,

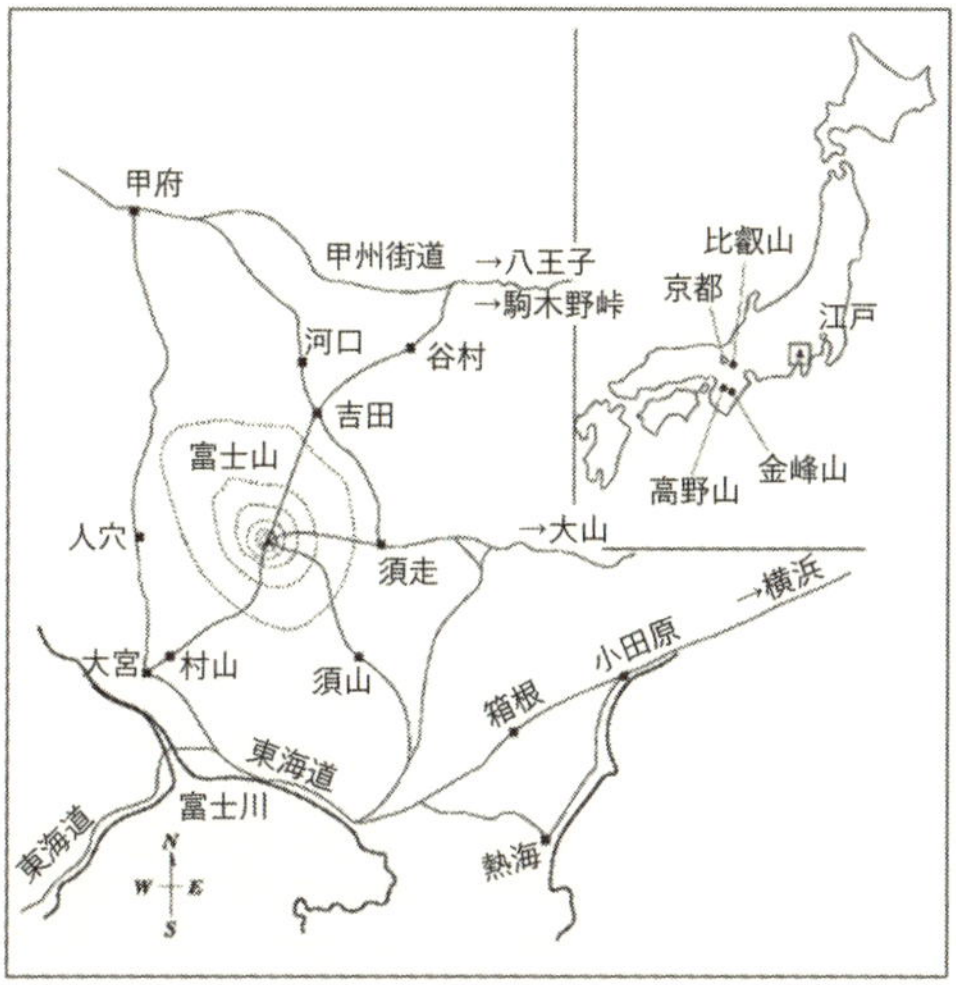


**図 10　富士山への登山道**

近世における登山道を記したこの地図は、富士山と関係する主要な街道と日本地図における位置を示している（江戸と富士山の間にある相模の大山への登拝道の地図も参照されたい。Ambros 2008, 149）。この地図は Miyazaki 2005, 345 によるもので、*Monumenta Nipponica* と梅澤（宮崎）ふみ子の許可を得て転載した。

400-407）。江戸から高尾山へ至る道は二つあり、いずれも「富士街道」と呼ばれた。高尾山は標高約六〇〇mで、それほど高い山ではないが、古くから信仰され、仏教と修験道の両方の聖地であった。高尾山は江戸の西にあり（現在の八王子）、富士山へ向かう際には、自然と「手前」、もしくは出発点に位置する。高尾山の薬王院という仏教寺院の背後には、富士山の登拝者が参詣する古い浅間神社がある。富士山の登拝者は、高尾山を経て小仏峠を過ぎ、甲州街道を通って富士山の北口である吉田に到着する。すべての登拝者は検問所でもある大鳥居を通過し、ここで山役銭を支払った。富士講の先達は前もって、宿坊を経営している御師（案内役）と手はずを整えており、御師の宿坊で一晩過ごすことになる。御師はそれぞれ自らの檀那場を有しており、檀那場内の講とは登山シーズン以外にも恒常的に交流があった[14]。逆に、御師が自ら出向いて、檀那場を回って護符を配布し、講員のために祈禱をおこなった。一年に一度檀那場を訪れる御師もいれば、春と秋の二回訪れる御師もいた。

吉田の御師の宿坊は、それぞれ水行場を持ち（特別に作られたものもある）、登拝者がより一層身を清めるために用いられた。富士山に登る前に、登拝者は北口本宮冨士浅間神社に詣でて清めの儀式をおこない、それからほとんどが火山灰と岩からなる細い道を辿って登山した。伝統的な登拝では、それぞれの街道を歩いて、一日にいくつかの宿場を進められるくらいだった。吉田に至るまでの日数は、道中でどれだけ多くの神社、寺院、そして、景色の良いところを行程のなかに含めるかによった。つまり、どれだけ長い時間滞在するか、特に旅に費やす余暇とお金がどれくらいあるかにかかっていたのである[15]。

以上の富士登拝の概観は、江戸から出発して吉田を経由して富士山で終わる。しかし、富士登拝が盛んになるといくつかの登山道が開かれていった。井野辺は、それらの登山口を利用する登拝者の出発地をまとめている（井野辺 1928a, 197）。

| 登拝口 | 登拝者の出発地 |
| --- | --- |
| 大宮（村山） | 関西 |
| 須山 | 東海道 |
| 須走 | 関東 |
| 吉田 | 関東と北日本 |
| 河口 | 甲州と信州 |

これらの登拝口には、三種類の宿泊所が用意されていた。大宮では、登拝者は神社に滞在した。村山では、修験道の寺院に滞在し、須山・須走・吉田・河口では御師の坊に宿泊した。なお、富士登拝の後に立

ち寄る相模の大山はかつて富士山よりも有名だったように、それぞれの登山口にも紆余曲折があった。このなかで、須走は富士講が登拝に用いた最も古い登山口であり、一六世紀から多くの先達、宿泊所、そして宿坊が存在していた（井野辺 1928b, 197）。須山は、山頂へと至る道が宝永四年（一七〇七）の噴火によって破壊され、使われなくなった。後にルートは修復されたが、短い期間だけ使われて、結果的には廃道となった。現在その名は忘れられている須山であるが、かつては大宮や村山、須走よりも繁栄した時期があった。

登拝口ごとの年間登拝者数を正確に推測することは困難であるが、寛永二年（一六二五）の記録によれば、村山修験の三つの主な寺（池西坊・辻之坊・大鏡坊）の宿泊者は約九百人である。そして、前年の御縁年である寛永元年（一六二四）には、約五千人もの登拝者が記録されている。一八〇〇年代の、富士登拝が最も栄えた時期における年間の巡礼者の平均は、須山で一、四五〇人、須走で七百～八百人、吉田で約八千人であった（井野辺 1928b, 32）。村山修験においては、一八世紀の末に年間四百～五百人が登山しており、同時期の庚申の年には二千人が登山したとされる。万延元年（一八六〇）の記録によると、旧暦の九月二六日には一四〇人の登拝者が富士山に登り、頂上で月を拝したという（岩科 1983, 23-24）。宮崎によれば、一九世紀の初め、千人を超える登拝者が夏の数ヶ月の間に富士山を訪れた。これほど多くの登拝者を集めた山は他になかったという（Miyazaki 2005, 339）。現在では、宗教的な目的で富士山に登る人はあまり見られない。というのも、近年富士山に登る多くの人びとは、信仰のために登山するというよりも、レクリエーション、旅行、そして観光といったさまざまな目的で登山しているのである。

吉田には、御師の家や宿坊の数の記録が元亀三年（一五七二）から残されている。元亀三年には八一戸を数え、安永四年（一七七五）まで八〇戸台を維持していたが、その後六〇戸台まで減った。その後八〇戸台に再び戻り、明治五年（一八七二）には最も多く、一〇〇戸に至っている。しかし、一八〇〇年代の後半から一九〇〇年代初頭にかけて、四五戸まで急激に減少した。そして、昭和一四年（一九三九）には二四戸、昭和四二年（一九六七）には一二戸となっている。この数字は、江戸時代における富士講の繁栄や、明治初期の仏教に対する抑圧と修験道の禁止による富士講への打撃、戦後の富士講の急激な減少といったことを示す指標である。(16) 今日の吉田で存続している宿坊は、主に、個人の旅行者や学校といった団体客を顧客にしている。近代における鉄道の開通は、駅の近くにあるこれらの登山口に都合よく働き、年間の訪問者の数が大幅に増加した。東京オリンピックの直前の昭和三九年（一九六四）に完成した富士吉田のスバルラインは、五合目へ至る幹線道路であり、富士山の登拝を変容させた。つまり、貸切バスによって五合目まで行き、事前に予約していた七合目から八合目の山小屋まで歩き、そこで軽食をとって数時間睡眠し、早朝に起きて頂上への最後の登山をおこなってご来光を望み、その後五合目で待っているバスへと戻るのである。この道路の開通によって、東京からの旅行者が、簡単に二日間で富士山への往復旅行をおこなうという、以前では考えられないようなことが可能となった。

他の日本の霊山がそうであるように、富士山もすべての登山道が山頂までの道を一〇合に分けている。登山口が一合目であり、次に二合目と続くが、頂上は一〇合目とは呼ばれない。寛永年間（一六二四―四四）の村山修験の記録では、一から九層まであると述べられており、これが登山道を十のステージに分けた最初の記録（後に合と呼ばれるようになる）である（岩科 1929, 260）。各合目では、神社仏閣などの宗教施設と茶店、そして窮屈な夜を過ごす小屋（室）がある場所もあった。登拝者は道沿いの宗教施設を拝し、護符を購入し、あるいは金剛杖に焼印を授かった。より熱心な登拝者は、五合目の辺りで富士山の周囲をぐるりと回る御中道巡りをおこなった。岩科は、文化一三年（一八一六）には、吉田口から約一万人が登山したなかで、御中道巡りを成功したのはたった百人だったとしている。そこでは他の場所と同じように布施が求められたが、それによって、成就を示す焼印がもらえた。この御中道巡りの間持っていた金剛杖は家に持ち帰り、その杖の先で子どものへそを押してやると病気が良くなるとされていた（井野辺 1928b, 283）。

不二道と富士講に対する弾圧が繰り返された江戸時代後期、幕府は北口本宮冨士浅間神社の境内にあった角行を祀る神社や、吉田口の七合目にあった身禄を祀る身禄堂、そして人穴にあった石碑を破壊した[17]。これより以前は、登拝者は登山の前に北口本宮冨士浅間神社において角行に深い敬意を払い、七合目で身禄に思いを致すことができた。登拝することは、修行の実践として尊重され、山中ではたすきにかけた鈴を鳴らしながら、「六根清浄」と唱え続けた。

富士信仰に関する文献では、しばしば女性による富士登拝を禁じることが述べられており、一〇合のうち、一合目あるいは二合目で女性は戻らなければならなかった。吉田口の二合目にある江戸時代後期の日付が入った高札には、「女人禅定追立」とあり[18]、ここから女性の登拝を禁ずることが示されていた。もっとも、このような富士山の女人禁制は珍しいことではなく、江戸時代においてはいかなる霊山も女性が登ることは許されていなかった（岩科 1983, 164）。このような制限は、女性でさえ自らが不浄であると考えていた時代においては当然のこととされていた（井野辺 1928b, 326）。すでに一〇世紀には、修験道の山である大峰山では、女性は締め出されていた。なぜなら、この霊山は、男性が自らの感情や欲望を断つために女性から離れる場所として考えられていたからである[19]。霊山における女性の禁止に対しては、二つの異なる理論的根拠が示されていた。一つ目は、その場所は、女性によって刺激される性欲を避けて修行するために、女性が存在しない場所を求める男性の修行者のために確保されたとするものである。二つ目は、主に月経の血ゆえに、女性は本質的に不浄なものであると考えられてきたことによる[20]。富士山は、女性に対する禁止自体は存在したが、その禁止が徐々に解除され、不二道では女人禁制を恒久的に取り除こうという試みがなされてきたという点で例外的である。

これと対照的に、熊野詣では女性に対してオープンであった。「前近代の他のどの神社仏閣も、これほど女性の登拝が高い割合を占めていない」(Moerman 2005, 182-83)。しかし、女性が登拝へ参加できても、自動的に平等な資格が与えられたわけではなかった。実際には、女性が不浄で、劣っているということは、常に登拝において中心的な主題であったため、女性が登拝に参加することは、女性の社会的地位が低いという前提を強化した。女性は、自らの命と体を聖化させるためにこの登拝に参加していたが、その道中で自分たちが不浄で劣っているという観念を暗黙のうちに受け入れていたのである。「女性たちに向かってその不平等を説くような女性たちにとっての中心地であり、女性が宗教的に自由になれる場所はまた、逆説的には、彼女たちを束縛する場所でもあった」(Moerman 2005, 321)。もっとも、不二道のような、女性は本来清いものであるからこそ、富士山への登拝も平等であるべきだと主張したグループもあった。信仰と実践における地域的な多様性とその不一致——女性に対する制限を強要する一方で、富士山のような聖なる場所におけるさまざまな修行を許可するということ——は、女性に向けた態度と女性の実際の役割についての、複雑な状況を表している。熊野の事例を見れば、女性が聖なる場所にアクセスしていたという単なる事実は、必ずしも性の平等を示唆しているわけではない。そして、排他的な信仰と実践が多様なかたちで存在していた富士山においては、女性が儀礼に平等に参加できることを求めるいくつかの声が上がっていた(Miyazaki 2005)。

身禄とその弟子たちは、「富士山の頂上では、男の縄と女の縄が結合している」として、男性と女性のより高い段階での平等を主張した。そして、身禄は生理中である女性は不純ではなく、浅間への祈りを捧げることができると大胆に主張した（岩科 1983, 166）。今日のフェミニスト、そして、より「民主的」な評論家は、ここにおける論理的な誤り、特に女性と生理を不浄だとレッテルを貼ることの矛盾について、すべての男女は女性から生まれていることに照らして批判するかもしれない。歴史的に、大部分の霊山では、富士山と似たような傾向を示していて、主要な祭神が女神である一方で、人間の女性を不純であるとして除外している。[21] 胎内（子宮）と呼ばれる富士山の洞穴は、崇められ、聖なる修行の場として男性が入っていく一方、実際に子宮を持つ女性の体は、霊山を登るうえでふさわしくないとされた。

一般的な世界観と慣習のもとでも、六〇年に一度めぐってくる庚申の年には、女性はいつもより高い場所まで登ることが許された。しかし、御師のなかには女性の案内を断る者もいたし、女性たちを受け入れない登山口もあった（岩科 1983, 439）。庚申の年には、最低限の身を清めることはおこなわれたが、登山前の身を清める期間の長さを含めて、他の制限もまた緩くなった。富士山は庚申あるいは「申」（猿）の信仰と密接に結びついていた。この民間伝承は、霧にいつも包まれていた富士山が申の年に初めて姿を現したという故事とつながっている。この伝承では、富士信仰と庚申講との間の密接な相互関係を説明することができない。それにもかかわらず、申の年には多くの女性、そしていつもより多くの男性が富士山に登ったのである（Tyler 1993, 259-60）。

登拝者にとって理想的な頂上への到着は、（今でもそうであるが）山中の小屋で宵に短い睡眠をとり、早朝暗いうちに起きて、ご来光を見るために頂上（あるいは少なくとも八合目以上）に到着することであった。頂上においてご来光を見るということは、日の出とともに、阿弥陀、観音、勢至の三体の仏の姿を見ることができると考えられていた。[22] 富士山の登拝者はすべて、山頂の浅間神社に訪れて、そこで祈り、護符を求め、白装束に神社の印を押してもらったのである。

すべての登拝者は、頂上の火口の周囲を回るお鉢巡りという修行をおこなった(23)。富士山の火口の淵は八葉の蓮華になぞらえられ、そこに仏が宿っているとされた。内院として知られる火口は、浅間大明神の住む場所として考えられ、また、天の場所と考える信仰もあった。そして、火口に供物が投げ込まれた。頂上におけるいくつかの聖地のなかでも最も重要な場所は、金明水、銀明水と呼ばれる二つの泉であった。富士講の初期から、ここで得た水は祈禱水と呼ばれて重んじられ、竹の筒に入れて江戸に持ち帰り、祈禱や治病に用いられたのである。

頂上に加えて、富士登拝をする人びとにとってなくてはならない二つの聖地に、人穴と胎内があった。人穴は古くから浅間大菩薩が住まう場所として、また、天と地獄がある危険な洞穴としてよく知られていた。そして、そこは角行が柱の上に千日間立ち続けるという修行をおこなった場所でもあった。このような神秘的な場所としての人穴の伝統は富士講の修行のなかで生き続けていた。登拝者は人穴のなかで修行を執り行い、そして大日如来の仏像を拝することができた（井野辺 1928b, 307-9）。なお、この仏像は富士講が弾圧されたときに取り除かれ、その後再建されたようであるが、明治初期の廃仏毀釈のなかで「籠堂」とともに破壊されたという。人穴の赤い粘土は、登拝者の法衣に押される印肉の材料の一つとして好んで用いられ、また治癒のために家へと持ち帰られた。富士山の砂は、火伏せの守りと考えられていたし、富士山で成長する特別な花は、安産のために良いとされた。角行の聖なる洞穴に入り、開祖にならって形だけの修行を最低限おこなった登拝者でも、修行を終えると、穴の外にある角行を記念した石碑を拝することができた。

富士講の伝統において、人穴はまず、角行がそこで修行をしたこと、そしてその際に啓示と御身抜が伝えられたことから不滅の聖地となった。対照的に、胎内（子宮）として知られる船津の洞穴では、人穴のような輝かしい先例は存在しなかったが、驚くような言い伝えの数々にあふれ、それらは今も息づいている。富士山頂には、胎内に似た洞穴が一〇〇以上存在している。しかし、船津の胎内だけが富士山のすべての洞穴の母として選び抜かれた。[24]「胎内」あるいは「子宮」という名前は、まさに文字どおりのもので、なぜなら洞穴全体が子宮に似ているからである。船津の胎内は、浅間明神の生まれた場所であり、また、浅間大菩薩の現れた場所であるとされた。同時にまた、人間の子宮と構造的に似ているなど、多様な意味を象徴している。ある岩は、臍の緒と呼ばれ、他の大きな岩は、胎盤と呼ばれている。洞穴の天井から垂れ下がっている鍾乳石のような突起物は、乳房と呼ばれ、そこから滴る水は乳と呼ばれた（口絵4参照）。人穴の洞穴の天井は、人が立ったまま入ることができるほど高い。対照的に、船津の胎内はかなり低く、かつて登拝者は草鞋を膝にはめて、這いつくばって進まなければならない場所があった。この道中に明かりとして用いたロウソクは、出産の際に神秘的な力を持つものとして考えられていた。登拝者はロウソクを持ち帰り、家族のなかで出産がある際に用いるように大切にしていた。このロウソクは短いものが良いとされ、出産にかかる時間が短くなり、すぐ産まれると考えられていた。洞穴のなかを這いつくばって進む際、袖を上げるために白い木綿のたすきが用いられた。「胎内はらひ」とされたこのたすきは、持って帰り、妊婦の「腹帯」として用いられた。このような、妊婦のために祈りを受けて授けられた腹帯が、日本では古くから用いられてきた。ここで注目すべき点は、富士山の胎内で「自然」の祈禱や守護がなされているということである。登拝者が胎内にいる間、彼らは白い木綿のたすきを、吊り下がった乳房の岩から滴る「乳」を集めるためにも用いた。乳が染み込んだたすきは、働いていたり、出産直後で母乳が少ない女性に用いられた。腹帯としても用いられたたすきを水のなかに入れ、豊富に乳が出るようにその水を飲むこともあった。一般に、胎内のこうした伝承と信仰は、木花開耶姫と山、そして浅間大明神が結びついた民間習俗がもとになっているとされる（井野辺 1928b, 293-97）。

それぞれの富士講は、下山において独自の様式を持っていた。登山と下山で同じルートを用いること、つまり山を「割らない」ことを主張する講もあった。一方で、登拝に用いた道とは異なる道を下って山を離れる講もあった。富士山から下りてきて、多くの講は鎌倉の江ノ島に行くことが多かった。江ノ島神社は鎌倉時代から有名な信仰の場所であった。有名な社寺が数多くある鎌倉の近くに江ノ島があることは、帰路にある巡礼者にとって、ひと息つくのに便利で理にかなっていた。また、ちょうど高尾山が富士山に至る「手前」の必須の修行場所であったように、相模の大山は富士山の「後」に登らなくてはならない場所となっていった。標高一、二四六ｍの大山は、特に大山寺と石尊神社（のちの大山阿夫利神社）からなる社寺の伽藍で知られている。巡礼者はこの神社に参拝し、それから山を下って大山寺の不動明王を参詣し、それぞれ帰路に着いた。なかには、大山の周辺に数多くいた御師を訪れる者もいた[25]。江戸時代において、大山は富士山の後に訪れる霊山として扱われていたけれども、巡礼と身を清める場所としての大山の信仰は、富士山における修行より先に起こっていた。このような大山に対する信仰の古さと深さからして、富士山の人気が大山を上回った時代においても、富士山の後に大山に行きそびれることは、「片参り」と呼ばれて禁忌となっていた（岩科 1983, 396-400）。

富士登拝の複雑さと多様さを示すもう一つの良い例が、富士山周辺の湖と、そこで身を清めることを目的とした巡礼にみられる。実際、角行は、人穴において厳しい修行をおこなっているけれども、富士山周辺の湖（ここで角行は護符あるいはフセギを得ている）で水垢離によって身を清めることも根気強くおこなっており、「水行者」とも呼ばれていた（岩科 1983, 57-59）。登山道沿いに三十三度の富士登山を記念した石碑が置かれているのと同じように、湖の周りには富士山の周辺の八つの湖を三十三度回ったことを示した石碑が残されている。このうち、河口湖に近い河口登山道は富士山に最も近い場所にあり、かつてはかなり重視されたけれども、富士山の他の登山道が一般的になっていったのに対して次第に廃れていった。

富士講では、富士山への代参者だけでなく、他の講員や代参者の家族の多くもまた、間接的ではあるが積極的に講の活動へと参加していた。つまり、定期的な会合への参加、少なくとも代参者の出発の際の「出立の儀礼」にもこうした人びとが参加していた。また、代参者が不在の間、家族は屋敷神にロウソクを灯し、毎日道中の安全を祈り続けた。代参者の安全を祈る富士講もあった。残された講員は、代参者が戻ってくるのを心待ちにし、江戸時代では松明《たいまつ》を灯して出迎え、近代になると、帰ってきた人びとを駅で祝福した。講の慣習にもよるが、富士山から戻ってきた人びとは、富士山に行かなかった講員の家で祈禱して返礼しなければならなかった。出発の際の送別はややシンプルであったものの、帰宅とそれに伴う祝宴はより手が込んでいて、講員のための食事と酒が用意された。そのハイライトは旅に行くことができなかった人に、旅で手に入れた（特に富士山本宮浅間大社の）護符を分配することであった（岩科 1983, 264-65）。富士山の登拝は、それが始まる場所、つまり江戸の講の会合で終わったのであった。

**注**

（1）「行動文化」とは、西山松之助が提唱した用語である（Vaporis 1994, 1, 14）。
（2）岩科（1983, 234）では、光清派においては枝講が存在しておらず、すべての講が光清につながっていることが、急速な拡大を経験することなく村上光清の遺産を守ることにつながったとしている。
（3）井野辺（1928b, 194）によると、講が組織される前に、室町時代から富士山へ登拝する人びとは道者と呼ばれていた。
（4）岩科（1983, 14）によると、口絵3に挙げた『絹本著色富士曼荼羅図』では、髪の元結を切って、ザンバラ髪で登山している古いスタイルの様子が記されている。。
（5）Reader（2005, 53, 57-59）。Reader は「同行」を "companion"（53）あるいは "being together"（57）と訳している。
（6）岩科（1983, 247-48）。Tyler（1981, 157）によると、天保年間（一八三〇―四四）の江戸では、富士講が最盛期を迎え、講の数は四百にも及んだ。また、一八二三年には、富士講の講員数は約七万人にも及んだ。
（7）岩科（1983, 237）は、身禄の教えとは明らかに異なる、修験道や山伏、お焚き上げ、癒しの儀式に焦点を当てた富士講の活動が評価されているとしている。
（8）Ambros（2008, 90）は幕府による一六六〇年代からの「あまり重要ではない宗教的専門家」への制限について取り上げており、「相模大山への巡礼に対する規則は、富士山に登拝して後に大山へ向かっている巡礼者に対しても適用された」（Ambros 2008, 173）。
（9）岩科（1983, 247）。井野辺（1928b, 180-81）は、不完全な記録であるが、一三〇の講紋を取り上げている。また、Dower は日本の紋のハンドブック（1971）と百科事典の記事（1983）を記している。
（10）大部分の登拝者は男性であった。Miyazaki（2005, 382）は「女性の除外は富士山の歴史のなかでは比較的短い期間だった」という事実を記している。
（11）太陰暦によるこれらの日付のバリエーションは、時代、登山口、そして登拝者の利便によって異なっている（井野辺 1928a, 314-15）。太陰暦は、グレゴリオ暦のカレンダーから数週間から約一ヶ月ほど遅れることになる。
（12）Kishimoto（1960）、Kitagawa（1967）。
（13）Ambros（2008）は、相模の大山講について詳細な記述をおこなっている。

（14）御師とは、江戸時代において富士講が拡大する際に重要な役割を果たした宿坊主の崇敬者のことである（Ambros 2001, 329, 354, 369; 2008, 84-116）。

（15）Ambros（2008, 16）によると、江戸から相模の大山への旅は一週間かかり、それよりも遠い場所からは二週間かかる。そして、伊勢詣や四国遍路への旅はもっと長い期間が必要である（Ambros 2008, 160）。

（16）Ambros（2001）は相模大山の宿屋やガイド（御師）、そして宿守の繁栄や経歴について述べている。

（17）井野辺（1928b, 251）、岩科（1983, 366-69）。

（18）Miyazaki（2005, 364, 365, figs. 4-5）、Tyler（1993, 326）

（19）岩科（1983, 164）、Miyake（2001, 150）、Ruch（2002）、J. T. Sawada（2006, 349-55）。

（20）日本の女性の不浄性、特に仏教における複雑な問題については、岩科（1983, 427-28）、Namihira（1977）、Miyata（1987）、Paul（1985）、Takemi（1983）、Ruch（2002）、Nagata Mizu（2002）、Moerman（2005, 181-231）、および Ambros（2008, 45, 223-24）などを参照。

（21）Miyake（2001, 153）は、山の女神と村の世俗的な母との対立軸としての明白な比較を取り上げている。

（22）この三体の仏の出現は、三尊御来迎と呼ばれ、立山や湯殿山といった他の山でも見られるとされる（岩科 1983, 279-81）。

（23）お鉢巡りについては、Miyazaki（2005, 376, fig. 9）を参照。また、Smith（1988, 56-57, plate III/76）では、お鉢巡りの様子を描いた北斎の絵が掲載されている。しかし、Smith は、「北斎は決してお鉢巡りの様子を見ていないだろう」と締めくくっている。

（24）Hahn（1988, 151）によると、中国の一般的な道教の山には洞穴が数多くあるが、そのなかで特筆すべき洞穴は一つだけであり、「山の中腹にある重要な寺社は、多くの場合洞穴と関連付けられている」。

（25）Ambros（2001, 349, 366）、岩科（1983, 412）。

# 第八章　象《かたど》られた富士山

## 富士講の祭具——祀られた富士山

巡礼は、典型的には家／村落といった世俗的な場所から、中央／寺院といった聖なる場所への人びとの動きを伴っていた（Turner and Turner 1995）。江戸時代における「行動文化」の隆盛のなかで、宗教的な目的を持った旅としての巡礼の原動力は、より一般的に、広範囲に、そして顕著になっていった。講による送別と出迎えの儀礼（返礼）は、通常の世界から聖なる場所への移動、そしてその聖地からの帰還を特徴付けるものだった。しかしながら、富士山においては、他のすべての日本の霊山やほとんどの宗教と同様に、この巡礼の往復旅行は、移動や図像、動作を含む複雑な様式の一つの側面に過ぎなかった(1)。

巡礼はまた、移り変わる記号や、移動する観念を網羅するような、手の込んだプロセスでもあった。ここでの信仰、記号、活動、そして儀礼の様式は、聖徳太子や役行者の説話のなかで予見されている。彼らは富士山へと飛び、そしてそれを飛び超えることにより、現実の場所を超えて神秘的な領域、修行のための隠遁へと至った。インドの須弥山と中国の道教の霊山が、日本の霊山の一つに重ねられたのである。古代から、富士山のイメージは他の国から来る文化的・宗教的な意識、そしてそれらと日本の伝統との相互作用を反映させてきた。富士登拝はまた、物理的な複製物を生み出すとともに、（物質的な実体と精神的な真実とを機能させる）相同性の創造を引き起こした。外来の仏教の精神性と日本固有の神性との融合は、末代上人の物語のなかでも崇められている。富士信仰のパイオニアとされる末代は、仏教では男性の形態である大日如来が、なぜ富士山では浅間大神の女性の形態として現れたかについて熟考した。この末代が神秘体験のなかで感得した水晶型の富士山は、富士山そのものが小型化した聖なる形で人びとの前に現れるということを示す重要な前例であった。この、富士山の記号的な表現は、もともとの霊山の認識が、複雑で国家的な、そして後には全世界的な世界観へと展開した興味深い例である。

末代は山で修行していたため、富士山を象ったものを山の外へ持ち出すことができた。彼の後継者である角行は、実際に山のなかへ行き、人穴へと入り、そして御身抜という形で富士山をシンボリックに表現し、さまざまに重なり合うイメージのモザイクを創作したのである。数多くの霊山の一つに過ぎなかった富士山は日本の柱、そして創造と神性の源へと変容した。富士山に入ることにより角行はこの柱（および浅間）と一体となり、今度は柱が角行のなかへと入っていった。このことは、さらに角行が自らの身体から、富士山の本質を示す山の曼荼羅である御身抜を引き出すことを可能とした。御身抜という様式化された図は、山の形を表現した漢字と、精霊の祝福を記した神秘的な呪文の両方によって、富士山の力を表現している。その後、身禄とその継承である不二道では、外側の装飾よりも内面的な信心あるいはお告げの真意に重点を置く、自己修養のための倫理的な源として、宇宙山としての富士山を作り上げ、内面化していった。富士山の七合五勺の烏帽子岩で入定した身禄の行為は、人びとに「弥勒の時代」と富士山を中心とする生活の到来を期待させた。富士山では古来、さまざまな形態、さまざまな名前を持つ多くの神々が祀られてきた。しかし、江戸時代においては浅間つまり、木花開耶姫が富士山の守護神とみなされた女神であった。

富士登拝と富士講とは、連続的な関係にあり、因果関係を持ち、また相互に作用した。富士登拝は富士講よりも先行しており、ほとんどすべての富士講の発生の要因となった。そして富士登拝と富士講は密接に結びついたのである。巡礼という行為において、人びとが山に登るという活動と、富士山が人びとの前に現れるということははっきりと区別されている。つまり、登拝は季節的で、その時々のもの（人によっては一生に一度の経験）である一方で、人びとの前へ富士山が出現するということは、永久に続くことであり、いつでもそれに近づくことが可能となった。富士山への登拝は季節も限定されており、それをおこなうことができたのは、比較的少ない人びとに限られていた。一方、富士講では、祭壇に信仰の対象物として石でできた富士山の複製を祀り、その力をわずかな手間、時間、お金だけで、誰でもいつでもすぐに手に入れることができた。

日本研究者は、富士講を「富士山に対する信仰を共有する集団」と定義してきた。ここでは、この定義を「信仰の対象物としての富士山の模型を祀る人びとの集団」として言い換えて修正したい。個々の富士講は信仰と修行において完全に一様ではないけれども、いくつかの本質的な点、特に信仰の対象物とその表現方法においては共通している。ほとんどの富士講の集まりの祭壇において最も重要なものは、石でできた富士山の複製で、それは、末代が啓示を受けたとされる富士山を象った水晶のミニチュアを彷彿とさせ、信仰と儀礼の中心としての富士山を打ち立てるものであった。普通、富士講の祭壇には三本の掛軸がかけられる。中心には御身抜が掛けられ、右と左には浅間（木花開耶姫）、小御嶽権現（天狗）の掛軸が掛けられる。この祭壇は、富士山（およびその象徴的な世界）が、人びとに崇拝され、祝福をもたらすために江戸の富士講の集まりに移動してきて、そこに現れたことを宣言するものであり、改めて述べるものであった[2]。

富士講の集まりは、時折おこなわれ、形式ばらないものであった。普通、講元や先達の家の部屋のなかに富士山を中心とした祭壇が設けられていた。この部屋ではまた、登拝の出発の際に儀礼がおこなわれ、登拝の帰還時にはお祝いのための会合が開かれた。その他の会合は、それぞれの講次第であったが、新年と春分、秋分に開催されることが多かった。加えて、富士講では、一月一七日を身禄の誕生日として、七月一七日を身禄の命日として祝った。多くの講では、その最盛期には月に一回の会合が開かれ、その場合それぞれの月の一七日が好まれた。講によっては、彼らが集まる日から講の名前を採用するものもあった。また、三日、一三日、そして二六日に会合を開く講もあった[3]。

身禄派の富士講においてその会合の中心をなすのは、火を捧げるお焚き上げである。お焚き上げの歴史は、密教や修験道によって伝えられてきた護摩行あるいは火の儀礼に遡る。今日富士講でおこなわれているお焚き上げには二つの特徴がある。一つ目は、密教と修験道において用いられる護摩木の代わりに、富士講では線香が用いられる。二つ目に、密教の僧侶は板を格子状に積み上げていくのに対して、富士講の先達は、線香を富士山の形になるようにほとんど垂直に積み上げていく。密教における護摩の儀式は、複合的な意味がある。それは、密教における神への供物である薪や穀物などを燃やすという行為は、災難を止め、功徳を増大させるという目的を達成させるためであり、邪悪な感情や業の知恵の消滅を象徴するものであり、そして、外面的（身体的な）な儀礼と、内面的（精神的）な儀礼の両方として理解されている（Inagaki 1988, 76）。明らかに富士講でも、お焚き上げには、富士山の神々へ供物を捧げるということや、講員を「悟り」に導くということ、そしてまた、富士山の並外れた源泉を会得する術として、これらの火の儀礼の多様な意味を取り入れ、あるいは適用させているのである。線香を積み上げることは、富士山の聖なる形を儀礼的に再創造することを意味していた。つまり、有史以来富士山はたびたび噴火したため、富士山は畏れられ、その火と水の力が崇められていた。講の先達は、火のなかに祈りの言葉を書いた紙片を投げ入れた。富士山の形に積み上げられた線香から上がった炎は、祈りの紙片を燃やし、そして、燃え続けてその熱と煙が室内に漂い、それらが灰に変わり、部屋の天井に塗り込められていった[4]。事実上、これらの祈りの言葉は、富士山の火に捧げられたとも言える。また、先達や代参者は、登拝に持って行く衣類や荷物の品々を、同じ火で燻したのである。

それぞれの富士講は、独自の経本を有していた。特に身禄の系統のほとんどの講においては、『お伝え』という名前で知られる経本あるいは巻物が用いられていた。この『お伝え』は文字どおり、伝承されたもの（あるいは伝えられたもの）という意味である。身禄派において現存している最古の『お伝え』は、身禄の死から三年後に田辺十郎右衛門によって記されたものである。すべての富士講の系統において、これらの『お伝え』は、角行から伝えられた聖句を認めた聖典であると考えられていた。身禄以来の伝承では、富士山の七合五勺の烏帽子岩において、身禄が小さな室に入って死に至る断食をおこなっている間に、身禄が彼の弟子である田辺にこれらの一節を三度唱えて伝えたと信じられている。すべての富士講において、『お伝え』とその写しが所有されていた。なぜなら、これらの文言は富士講の隆盛以前にも富士山の集まりで唱えられており、そして後に、それが富士講の集まりにおいて重要な経本となっていったからである。どの富士講にも共通に伝えられているのは、身禄がいた時代においても人びとは集まり、そして浅間大菩薩に向けてこれらの聖句を唱えていたとされていることである。

岩科は、天文元年（一七三六）から明治七年（一八七四）にかけて記された八本の『お伝え』を用いて、これらの経本の内容の分析により、角行から伝えられた「四ツの文」に共通する以下の四つの主要な要素を明らかにした。一つ目は、手水の文句（清めの方法）、二つ目は誓いの文句（祈禱の意図）、三つ目は（中国哲学に基づく）体かたまるの文句（五行の力を通して体を強化すること）、四つ目は、心歌の文句（妊娠や出産のときから五穀を食べることができたという援助に対する謝恩）であった（岩科 1983, 298）。現在、『お伝え』は信条として口に出すよりも、儀礼的な文言として詠唱されている。しかし、その行為は明らかに、富士山の力への帰依と、浅間といった富士山の神々に対する賞賛である。富士山は、祭壇におけるさまざまなイコンだけではなく、メンバーの白衣に押された朱印や鉢巻に印刷されたものなど、あらゆるところに存在している。

この祭礼は、心のこもった詠唱、火、鈴の音、先達の所作などにより、力強く荘厳なものとなっている。昭和六三年（一九八八）と翌年に実施された丸藤宮元講の会合では、一時間近い祭礼の間、ほとんどの講員が書かれた『お伝え』を読んでいたなかで、講元と先達は暗唱していた。詠唱の間、先達と副先達は線香を富士山の形に積み上げていき、それに火をつけ、そして祈りの紙を火のなかに入れていった。

お焚き上げは、前近代の神聖な場におけるマルチメディア的なパフォーマンスである。お焚き上げの参加者にとって、その力と重要性は、現存している富士講が毎月の集まりで『お伝え』を朗読し、お焚き上げをおこなっているのは、富士登拝の前後の儀礼というよりもむしろ、自己を見つめ直すものとしてであることがわかる。東京における現代のある富士講で、年老いた講員に「富士山には何度登ったのか」という質問をしたとき、彼は曖昧に「それほど多くはない」と答えた。最後にいつ登ったのかという質問には、「二〇年以上前だ」と漠然と答えた。この昭和六三年（一九八八）の会話は、新宿から富士山の五合目へわずか数時間で運んでくれるエアコンの効いたバスのなかにいるときに聞いたものである。今日の富士講の講員には、富士山に登ることよりもお焚き上げの儀式を重要視しているような人もいる。というのも、高齢化した講員にとっては、富士山の登拝が困難になりつつあるのかもしれないからだ。しかしながら、昭和六三年（一九八八）におこなわれた中野の十七夜講の登拝では、七五歳の男性が文句も言わず、登拝の旅を楽しみながら難なく富士山を登った。また、九〇代の人物が登山したという新聞記事を見たこともある。

『お伝え』は、角行と身禄の遺産であり、聖典であり、経本であり、パフォーマンスであり、そしてそれ以上のものであった。早い段階から、この書物は、文字やその意味から離れて特別な力を有しているように捉えられていたとみられる。江戸時代においては、『お伝え』は手で書き写され、普通、富士講の講員が先達や御師に依頼し、彼らが書き写した。それによって、聖なる人間の力が書物に伝わるようにしたのである。こうして伝えられた『お伝え』の伝統的な使用方法として、治癒のために体の上に置かれたり、体を『お伝え』でこするといったものがあった。

前述した富士講の会合に関する記述では、やむを得ず、その歴史的背景や形式的な面に注目したことから、これらに対して、飾り気がなく真剣な印象を与えたかもしれない。ただ、一九八〇年代の会合に、前述した前世紀までの会合とまったく似ていない点があるとすれば、それは真面目な集まりではなく、楽しい集まりで活発な近所付き合いであった点である。かつて、講元と先達は、会合の機会を講員同士が交流する場として利用していたようである。近年、富士講はまるでクラブのような雰囲気で、会合の前の挨拶や終わった後の雑談などの時間もたっぷりある。富士講の会合が、象徴的な細目や儀礼に満ちているからといって、それが活発で楽しい集まりであることを妨げるものではない。富士登拝をおこない、精神的な修行と楽しみを結びつけた人びとは、富士講の会合に来て神聖さと社交性をミックスさせる人びとでもあった。

富士講は、「野性の」富士山をうまく自分たちの世界に飼いならした人びとの集まりによって構成されている。富士登拝が富士山を中心としたものだとすれば、富士講の会合は、江戸を中心としたもの、あるいは東京を中心としたものと考えられる。だが、江戸が日本の中心となり、そして富士山が日本の中心的なあるいは「日本一の」霊山になるにしたがって、当初は江戸や周辺地域に存在していた富士講は、より離れた地域においても隆盛した。しかし、富士講が大阪や京都といった他の大都市で存在せず、「江戸の八百八講」に対応するものが存在しなかったことは注目すべきことである。

## 富士塚──築かれた富士山

富士登拝と富士講は密接に絡み合っているがゆえに、一見相反するものであっても実際には相互補完的で、明白に分けることはできない。富士講は江戸あるいは関東が中心であるのに対し、富士登拝は富士山が中心である。富士登拝は、霊山としての富士山の頂上を目指した活動に端を発して、宗教的な実践としての富士山への旅と登拝に重点を置いて、現在まで続いている。かつて、関東やその周辺地域に住む男性たちは、少なくとも一度は富士山へ旅して登らなければ浅間大菩薩の恩恵に浴することはできないと信じていた。一方、女性は明らかに不公平な立場に置かれており、頂上よりはるかに低い場所までしか登ることができず、六〇年に一度の庚申の年だけ通常よりも高い場所まで登ることが許された。男性にとっては、富士山には登れば登るほどご利益があると考えられていた。気楽な登拝者のなかには、宗教的な実践と合わせて道中の旅を楽しんでいた人もいたであろう。けれども、敬虔な登拝者で、三十三度（あるいはそれ以上）の登山を記念した石碑の建立を熱望する人たちにとって、真摯な信心は、富士登拝の主な動機を単なる観光よりも宗教的な悟りとするものであった。

富士講は、聖なる自然の山としての富士山から、人びとの地域にやってきた象徴的な山としての富士山への、明白かつ重要な移行を表すものである。富士講においては、「自然な」霊山の力を象徴する複製のなかに、小型化されて要約された富士山が強調されるようになった。先達の家の祭壇に見られる富士山型の複製は、富士山が飼いならされ、文字どおり家庭の護符となったことを示している。しかし、自然の富士山がどのようにして身近な富士山となったかを示す最も重要な証は富士塚の建造である。富士塚が江戸やその周辺に建造されるにつれて、もう一度富士山の精神性の作用や効果にも変化がもたらされたのである。富士登拝においては、人びとは富士山に向かった。そして、富士講の隆盛とともに、富士山は、人びとのところに、身近に眺めて信仰するための模型のかたちでやってきた。しかしながら、富士塚の創造によって、主導権は富士山から人びとへとより劇的に移行した。つまり、人びとは単に遠くから富士山を眺めるだけではなく、気軽に登拝するために富士山を江戸に持ってきたのである[5]。こうして富士講は、富士山を富士塚として江戸に建造することにより、富士山を都会化あるいは「文明化」した。敬虔な登拝者たちは、一つの富士山の複製に満足せず、江戸に約六〇個の富士塚を築いた。そして近隣の地域のものも含めると、富士講により約二百個もの富士塚が築かれたのである[6]（口絵5の富士塚と富士山を描いた浮世絵を参照）。

最初の富士塚の建造は、身禄の弟子である高田藤四郎（法名は日行）によって提案された（図11）。明和二年（一七六五）、高田藤四郎らは、師である身禄への報恩の念を示す記念碑を建てることを誓った。彼らのモニュメントは、稲荷神社の土地にある小さな丘であった。身禄の弟子たちは、職業的な宗教者が権力を持つことへの反発を身禄と共有しており、彼らは世俗的な職業に就いたまま活動を続けていた。高田藤四郎はたまたま造園師で、数百人の男性信者の協力を得て最初の富士塚を完成させた。これは富士山の常設の模型としては最初のものであった（Takeuchi 2002, 39, fig. 15）。

すでに鎌倉時代から、富士塚と呼ばれる小さな山に浅間（浅間大神）を祀るという慣習はあった。これは富士山の実物の複製ではなく、そこでおこなわれた宗教活動は、他の浅間神社と同じように、浅間に対する参拝だけであった（Takeuchi 2002, 39, fig.14）。伊勢地方における、富士山を敬う古くからの民間信仰では、船で富士山へと向かった登拝者は、自己の集落の近くの砂浜でたくさんの砂を積み上げて、それを富士塚と呼んだ（岩科 1928, 33）。これは準備あるいは送別の儀礼であり、海岸の砂で作られた「富士山型の小山」は一時的なものであった。こうした砂山が、江戸周辺の富士塚の形、大きさ、構造に匹敵するものではないのは明らかである。より重要なことは、これらの「富士塚」は、富士登拝の身体的な様式や、儀礼的な実践を踏襲していないということである。そこで以下では、富士講が造った富士塚と、富士山の模型を取り上げ、この宗教的な構築物を、風景や造園の装飾のために建てられた無数の「園芸品」と区別したい[7]。

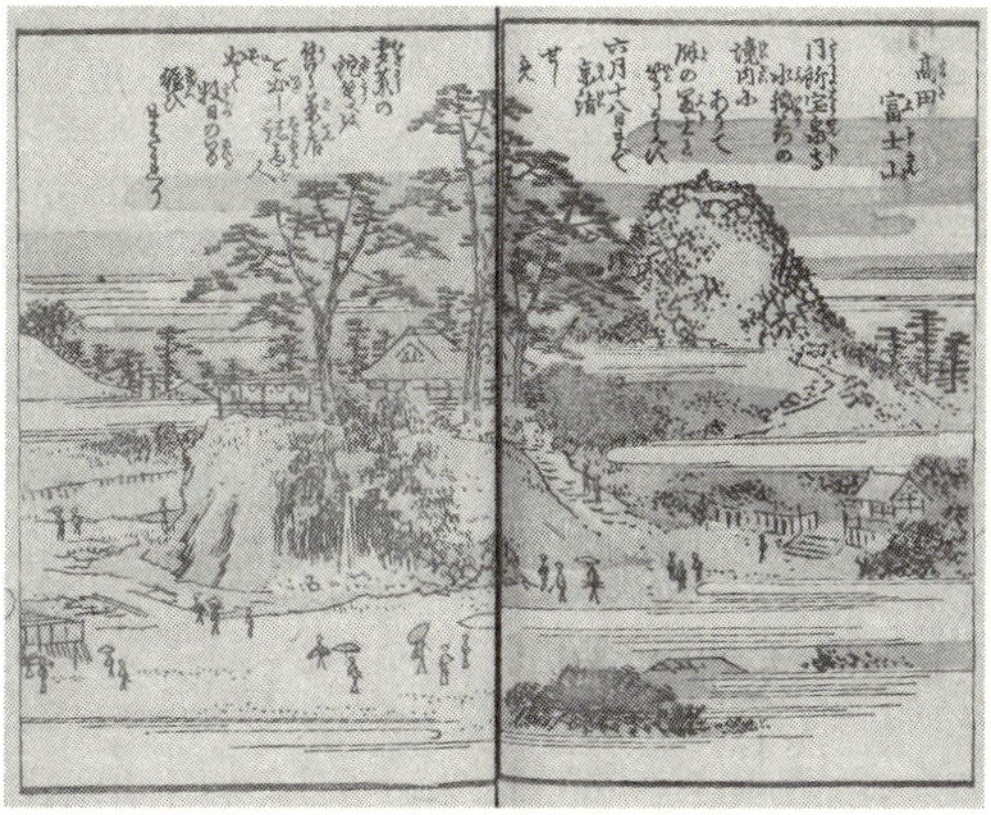

**図 11　歌川広重「絵本江戸土産　高田富士山」**

江戸時代における富士山のミニチュア化は、「他のミニチュア化と比較すれば遅い例であった。すなわち、日本では、名所の超自然的な力を吸収するために名所を複製化するという行為は富士塚の築造より早くから始まっていた。(…)江戸の町には、模造された名所が数多く認められる。しかし、最も多く複製化されたのが富士山であった」(Takeuchi 1986, 262)。日本において、宇宙山の複製を作った事例で最も古いものは、『日本書紀』に由来する。それによると推古天皇二九年(六二一)に、「丘や山のかたちを作れる」能力を持っているとの触れ込みで百済からの渡来僧がやってきた。そして彼は須弥山の絵を描いた。その絵をもとに、その後の一〇年間でいくつかの須弥山の模型が築かれたという(8)。しかしながら、これらの前例は富士塚とはまったく関係がないように見える(9)。

高田藤四郎は、富士塚を造るうえで細心の注意を払い、造園師としての技術、そして実際に富士山で得た知識を最大限活用した。富士塚という、新たな芸術的・宗教的メディアを最初に作ることで、高田藤四郎は、人びとに対して、かつての宮廷の歌や芸術が有していた初期の伝統よりも、直接的かつ効果的に富士山の「現実」と「経験」を伝える手段を見つけた。高田藤四郎は、自然現象としての火山、あるいは美学的な地形・造形としての高嶺とまったく同じものを作ろうと試みたわけではなかった。それどころか、彼は、自分が見て、登って、経験した霊山を再創造しようと努めた。つまり、模型を富士信仰のなかでも認められるものとして作り出し、そして登拝や信仰に不可欠な、他にない特徴を持つ富士山の枠組みを整えた。この枠組みのために彼が(文字どおり)借りてきた富士山の「自然の」要素は、富士山の麓から持ってきた黒い溶岩の岩であった。そして五合目から上のこの火山の外見を真似たのである。後に築造された多くの富士塚でも、この富士山の溶岩は、すでにある丘や人工的な小山を覆う、あるいは「上塗りする」ために用いられた。彼が複製した富士山の文化的・精神的な要素は、霊山であり、登拝ルートである富士山についての、「ポスト身禄」の時代における理解を示すものであった。実際に、富士塚の頂上には、富士山頂から持ち帰った土が埋められていた。そこでは富士山の力にあやかって、富士山の支店、分家を作ろうとしたのであった（Smith 1986, 3）。富士塚には、富士山の登拝ルートにある主要な特徴が意匠と構造に盛り込まれており、塚自体も十合に区分されていた。また、富士塚の麓から頂上まではジグザクの道が付けられており、中腹には富士塚を一周する「御中道」があった。富士塚の五合目には小さな神社があり、それは富士山にある神社を真似た物であった。さらには、胎内（子宮）として知られる洞穴や、身禄が入定した頂上付近の烏帽子岩と呼ばれる岩も模されていた。

安政八年（一七七九）に開山式がおこなわれ、この初めての富士塚は完成の日を迎えた。高田藤四郎は、死後も富士塚を見上げられるよう、菩提寺から富士塚の麓に埋葬してもらう許可を得た。やがて、この富士塚は、「高田新富士」として呼ばれるようになった。富士塚の建造は、身禄を崇めるという高田自身の願いを満たしただけではなく、霊山そのものと、富士山を登拝する功徳の両方を江戸にもたらしたのである。つまり「老若男女誰もが、富士塚に登ることにより真の富士山の登拝ができるようになった」のである（岩科 1983, 269-70）。

## 注

（1）Reader and Swanson（1997）、H. B. Earhart（1989, 198-206）、Reader（2005）、Moerman（2005）。

（2）Takeuchi（2002, 34, figs. 9-10）には、富士講の会合における祭壇の写真が掲載されている。また、筆者のドキュメンタリービデオ“Fuji: Sacred Mountain of Japan”も参照。

（3）井野辺（1928b, 311-17）、岩科（1983, 248-49）。

（4）このお焚き上げの記述は、一九八八年から八九年にかけて丸藤宮元講の会合での観察に基づく。また、

（5）筆者のドキュメンタリービデオ“Fuji: Sacred Mountain of Japan”も参照。

（6）Peter Brown は、古代後期から中世初期にかけてのキリスト教では、人びとへ聖遺物が移動していたものから、人びとが聖遺物へと移動するように変化したと記している（1981, 88）。富士講の祭壇に富士山のレプリカが設置されることは、山の移動と考えることができる。そして、聖なる頂の土を含んでいる富士塚は、聖遺物と同等のものと捉えられる。富士山と地元の富士講、そして富士塚の場合は、中心と「それを取り替えたもの」との間にあるシンボリックな関係性と、移動形態の変化という両方の要素が見られる。

（7）Smith（1986）は、富士塚を概観するとともに、東京二十三区に現存する富士塚を示した地図を掲載している。そこでは、「一九三五年以降、新たな富士塚は築造されていないが五六基の富士塚が現存しており、そのうち四七基が二十三区内にある」と述べている。この論文のコピーを提供してくれた Smith 教授に御礼申し上げる。また、岩科（1983, 268-73）は、当該書の執筆中に、関東には富士講が築造した富士塚が約二〇〇基あることを確認したと記している。

（8）後期の富士塚のなかには、コンクリートで築造されているものもある。最も珍しいものの一つとして、博物館の芝生に築造されたものもある（O'Brien 1986, 22-23）。

（9）Aston（1956, 2:144, 251, 259）、Takeuchi（2002, 26）、Stein（1990, 258-59）。

（10）聖なる山を築造するという他の興味深い例として、神道の伝統的な「作り山」がある。詳細は Nitschke（1995）を参照。

**口絵１　葛飾北斎『富嶽三十六景　山下白雨』**（慶應義塾図書館蔵）

この浮世絵は、富士山が日本の特徴、あるいは「伝統的な日本」の規範となっているということを、多くの日本人や外国の人々に認識させる近代のイメージの一つである。写真や絵画の双方で、その頂上の色は時間、天気、季節によって異なる姿を見せる。

**口絵２　役行者倚像**（村山浅間神社蔵）

役行者は修験道の伝説的な開祖であり、日本の多くの霊山を開いた人物として崇められている。修験道は、神道、仏教、道教、そして儒教の要素でさえも結合した日本独特の「山岳宗教」である。この役行者は僧侶の衣をまとい、錫杖と巻物を持つ姿をしている。また、彼の開いた口は、経典を詠唱している様子を暗示している。（写真提供：富士宮市教育委員会）

**口絵 3　『絹本著色富士曼荼羅図』**
**（重要文化財、富士山本宮浅間大社蔵）**

清見寺を発ち、ジグザクの登山道を通って、左右に太陽と月が配された富士山の頂上へと向かう巡礼者の姿を描いた 16 世紀中頃の作品。三峰の頂にはそれぞれ大日・阿弥陀・薬師に比定される仏の姿が描かれる。

**口絵 4　歌川貞秀『富士山體内巡之圖』（信州大学附属図書館蔵）**

富士山の溶岩によって形作られた船津胎内樹型のなかを巡礼者が巡り、信仰を実践している様子を描いたもの。絵の下部には、胎内の天井から垂れ下がった「乳房」から滲み出た乳を飲む巡礼者が描かれている。

**口絵５　歌川広重『名所江戸百景　目黒新富士』**
**（国立国会図書館デジタルコレクション）**

この浮世絵は、人工のミニチュア富士山（富士塚）の頂上に立つ江戸の人々が、雪を被った実際の富士山の頂を眺めている様子を遠近法で描いたもの。タイトルは目黒「新」富士とされているが、この「新」という言葉は、実際の山からつけられたものではなく、より古い富士塚と区別するために付けられたものである。

**口絵 6　歌川広重『名所江戸百景　するかてふ』**
**（国立国会図書館デジタルコレクション）**

富士山が所在する地域の古い名称である「駿河」に由来する江戸の駿河町からの富士山を描いた浮世絵。遠近法の消失点をうまく使って描いており、富士山がパトロンとして江戸に引き寄せられているということや、聖なる守り神である富士山に江戸が導かれているということ、あるいはこれらの二つの主題の間に考え抜かれた相互作用があることを感じさせる。

**口絵 7　富士御神火文黒黄羅紗陣羽織**（背面、大阪城天守閣蔵）

装飾用のモティーフとしての富士山を用いた非常に美しい例が、この 17 世紀の陣羽織である。生地には、当時ヨーロッパから輸入された布が用いられている。富士山は伝統的な三峰で表現され、その上には、装飾的な渦巻きで聖なる煙（神火）が表現されている。陣羽織の下方の黒い点は、溶岩あるいは池を表現したものとみられる。戦場でこの陣羽織を身にまとうことにより、火や水（あるいは溶岩）の力を引き寄せて、自らの身を守り、勝利がもたらされることを願った。

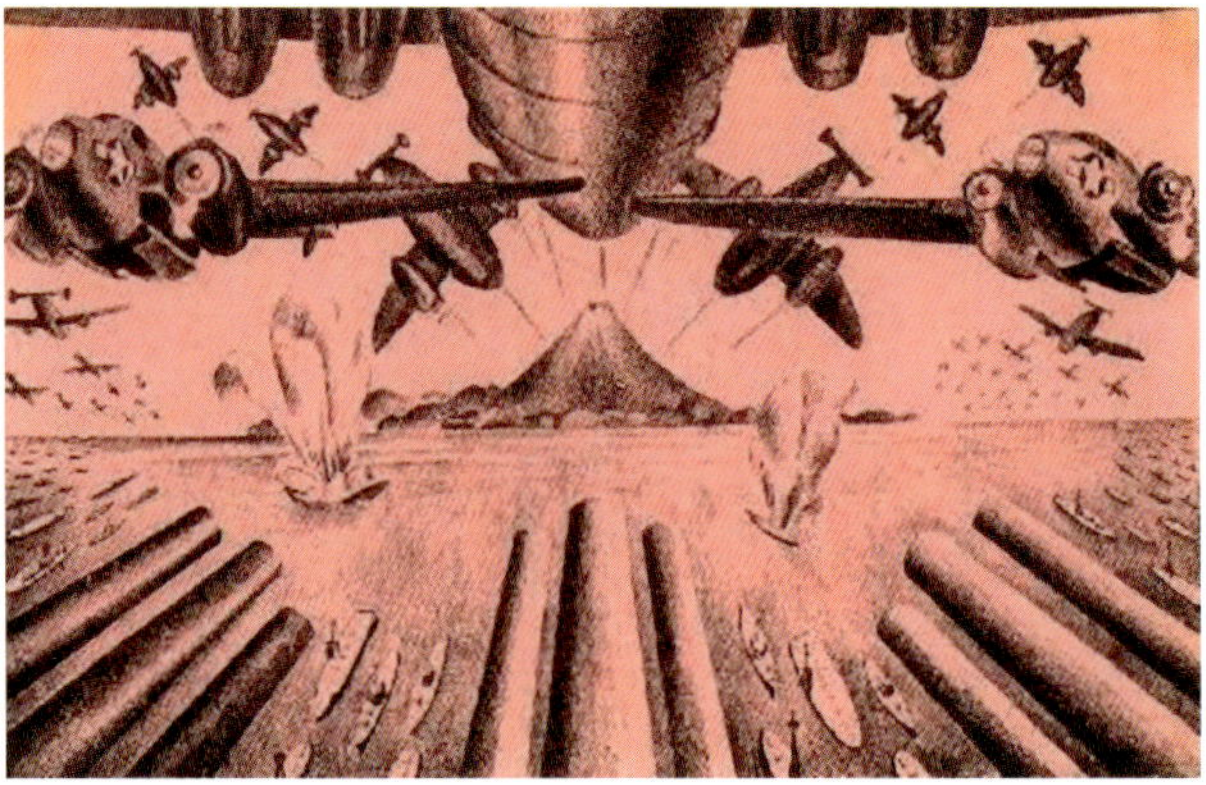

**口絵 8　第二次世界大戦中、アメリカのプロパガンダのビラに描かれた富士山**

第二次世界大戦中のアメリカのプロパガンダのビラにおいて富士山のイメージは、親近感のある頂の姿を見せることで郷愁の念をかき立て、降伏して故郷（富士山）へ帰還するよう誘導するために使われたのが主であった。このビラでは、多くの戦闘機が日本（富士山によって示されている）を攻撃している様子で、直接的な脅威を伝えている。（画像提供：psywarrior.com）

**口絵 9　司馬江漢『駿州柏原富士図』（神戸市立博物館蔵）**

「真景図」を重要視した司馬江漢が富士山を描いた作品。高くそびえる三つの峰、あるいは三つの円頂を持つという、高度に様式化された姿から、より「自然的」あるいは「経験的」な富士山の表現へと道を開いた。

**口絵 10　羽川藤永『朝鮮通信使来朝図』**（神戸市立博物館蔵）

朝鮮通信使や貢物を運ぶ人びとが江戸へと入る様子を描いた19世紀の作品。遠近法の消失点を用いる絵画技法により、視点は建物の間の富士山へと続く使者の列へと引きつけられる。富士山の頂は、国内においては国家を統一させること、国際的に他の国と日本とを区別することという両方の目的で用いられている。この絵では、唯一無二の山、そして日本のシンボルである富士山が朝鮮通信使の行列を見下ろし、君臨している。

**口絵 11　山梨県立富士山世界遺産センターの「冨嶽三六〇」**

富士山の顕著な普遍的価値に関する情報発信や、保存管理の中心的な役割を担うことを目的に、山梨県富士河口湖町に開館した（2016 年 6 月 22 日開館）。富士山の文化を中心とした展示施設「南館」と、富士山の自然を中心とした展示施設「北館」からなる。

**口絵 12　静岡県富士山世界遺産センター**

世界遺産の根拠となる「世界遺産条約（国際条約）」に規定されている、世界遺産を「保護し、保存し、整備活用し及びきたるべき世代へ伝承することを確保する」拠点施設であり、学術調査機能などを併せ持つ施設として、静岡県富士宮市に開館した（2017 年 12 月 23 日開館）。（撮影：平井広行）

# 第三部　芸術の源泉としての富士山

〔北斎は『富嶽三十六景』を〕ほとんど一体化したセットとして考え、その目的が、最初の広告にもあるように、あらゆる適切なアングルから見た、あらゆる状況・雰囲気の霊峰・富士の「全貌」を明らかにすることだったのを忘れてはならない。これらの作品すべてを統一している要素、つまりすべての作品の主人公は、そびえる富士山であり、そのなかに北斎自身の姿が籠められているのである。　Lane（1989, 187）

# 第九章　浮世絵に見られる富士山

富士山は「ミニチュアの富士山」の作者だけではなく、芸術家に対しても、創造的な作品を作り出すための幅広い可能性を育んだ。

## 浮世絵と富士山

霊峰・富士は、早くも一一世紀から絵巻物にたびたび姿を現しており、一五世紀には画家たち——大和絵の主流である土佐派・雪舟派・狩野派の画家たち——の基本的な題材となっていたが、その多くは、『伊勢物語』、一遍上人や歌人・西行の放浪の物語、『曾我物語』、後には『忠臣蔵』や「道中物」の添物として描かれるだけであった。ところが、一八世紀の半ばになると、池大雅（一七二三—七六）のような南画の大家たちまで、富士山を描くようになる（大雅の落款の一つに、「寛延元年（一七四八）に富士山に登った」ことが誇らしげに刻まれている）。大雅と同時代のほとんど無名の画家・河村岷雪も富士山が好きで、明和八年（一七七一）に「百富士」というスケッチ集を刊行しているが、それには、さまざまな時間・環境・季節の富士山の姿が描かれている。このスケッチは、有名な富士山の景観を記録したものにすぎず、芸術的な迫力はまったくないが、この画期的なアイデアが、北斎の着想の直接的なヒントになったのかもしれない。北斎に至って、やっと、富士山のあらゆる表情に力強い芸術的な焦点が当てられることになるのである。(Lane 1989, 183-84)

一七世紀以降、当初は肉筆で描かれ、やがて木版画となった浮世絵が江戸時代の主要な芸術形態になっていった。浮世という言葉は、苦しい、あるいは「儚い」世界 (Inagaki 1988, 355) を避け、霊的な世界のほうを好むという仏教用語に由来し、江戸時代に快楽主義的な意味を持つ言葉へと転換され、この「浮わついた」世を、特に快感を伴う性的な体験により存分に楽しむことを意味するようになった。この浮世の世界は、浮世絵や、絵が添えられた本である浮世草子のなかで生き生きと描かれた。初期の浮世絵では、歌舞伎役者や遊女といった人物が描かれた。今日、欧米では、北斎や広重による風景を描いた浮世絵がよく知られているが、風景を描いたものがこのジャンルに登場するのは、より後になってからであった。一八世紀には、多色刷りの木版画の技術が確立しており、そして一九世紀までには、西洋の遠近法が浮世絵の手法に組み入れられた。この二つの技法が風景画の完成に役立ったのである。浮世絵に風景が含まれるようになることで、富士山がその題材となる準備が整っていった。富士山を描いた浮世絵師の代表的な人物は、『富嶽三十六景』で有名な葛飾北斎 (一七六〇—一八四九) と、『東海道五十三次』と (死後刊行された)『富士三十六景』で有名な歌川広重 (一七九七—一八五八) である。[1] そして、北斎や広重だけではなく、同時代や後の浮世絵師たちはみな、富士山の風景を主たる題材として選んだ。

安政四年 (一八五七) に制作された広重の浮世絵は、見る者を富士山に関する一般概念から具体例へと導くものであり、あわせて富士山の頂上から江戸の富士塚への道、そして日本中、世界中に広がった富士山の大衆化への道を示している。「目黒新富士」というタイトルのこの浮世絵は、江戸の人びとが富士塚の頂上に立って、その向こうに、雪を被った実際の富士山の頂を眺めている様子を遠近法で描いている（口絵5参照）[2]。ここには視線の方向の逆転があり、実際の富士山から富士塚を見つめるという視点を想定し、望遠鏡的ではなく顕微鏡的に見ていることから、この霊山が地元の風景に溶け込んでいることがそれとなく示されている。この版画と、特別な「ミニチュアの富士山」の素晴らしい配置の背後にある雰囲気をつぶさに観察すると、江戸という街が、霊山をその中に刻み込み、宗教的な目的をあまり持たない民衆にも受け入れられていった日常的な状況があらわとなる。

　この浮世絵に見える「目黒新富士」は、文政二年（一八一九）の築造である。場所は（…）直参近藤重蔵の邸内である。重蔵の発意で築いたと伝えられるが、麻布にあった富士講が協力している。描かれた山は、実際の〝お富士さん〟に比べ、すべすべと整った容姿をしているが、一般的には、富士の裾野から溶岩塊（黒ぼくと言われる）を運んできてそれで築造するため、山肌がかなりゴツゴツしたものになっていた。山道は、実際の登山道の九十九折《つづれお》りを模してジグザグにつけられる。烏帽子岩（形が烏帽子に似ているのでつけられた）を象る岩が置かれる。これは、富士講の先達の一人である食行身禄が、享保一八年（一七三三）の夏に三一日の断食をおこない入定した富士講の聖地である。「近藤富士」は、近くにそれ以前に造られた富士塚があるので、それに対して「新富士」として知られるようになった（…）新富士が築造されて七年後に、この地で事件が起きている。近藤重蔵の息子が、富士塚を訪れる人びとに土産を売る権利をめぐって邸地の隣に住む百姓一家と対立し、彼らを

殺害したのである。(3)

「目黒新富士」の浮世絵の解釈により、江戸の人びとが富士山を把握し、大衆化し、そして商品化していくプロセスを垣間見ることができる。「目黒新富士」で土産を売る権利をめぐる殺人事件は、特別な事例であるかもしれない。それでもやはり、このことは、富士山に関する産物、流通、そして販売が江戸時代の後期から変わらず続いていることを示す証拠資料であるといえる。(4) おそらく、富士山を大量消費のためにパッケージングした最古の、そして最良の例は、富士山を描いた版画に見ることができる。

北斎と広重は同時代に生き、名声と売り上げにおいて、激しく競い合った。そして美術愛好家や美術史家は、現代でもどちらが偉大な日本の風景画家かとを議論している。広重は、自身の作品と北斎の作品を比較して、「自分の意図は違う。私の絵はまさに私の眼の前にある風景そのものだ」(Lane 1989, 214) と述べており、そこでは北斎の構成の強みを認めながらも、自らの自然主義的、現実主義的な表現を好んだ。

北斎の生き生きとした場面や独創的な構図を好む人もいれば、広重のより落ち着いて控えめな手法を評価する人もいる。Lane は、『富嶽三十六景』の主人公は「そびえ立つ富士であり、そこに北斎も存在している」、そして「文字どおり富士山は北斎であり、富士山の芸術家であった」と評価している (Lane 1989, 187, 189)。角行が富士山との精神的な調和を成し遂げたというならば、北斎は富士山との美的な調和を成し遂げたといえる。「北斎は、これらの貧しい人びとの生活と、富士の不変の姿を対比して描くことにあらかじめ哲学的な構想があったわけではなかったが、一連の『富嶽三十六景』のなかで、『比類なき山』が、敬愛の念を持って富士を見上げる『浮世』の男女の儚さを強調する不変のシンボルになったのは間違いない。このように見ると、北斎の作品である『富嶽百景』より複雑で、人間と自然との関係を論じたものであり、一つの叙事詩の偉業となったのである」(Hillier 1980, 225)。

　このような北斎の『富嶽百景』に対する評価は、本書の最初で取り上げた自然に対する人間の関わり方の議論を思い起こさせる。つまり、広重と北斎のどちらが優れているのかという議論は、実際には自然を最も正確に捉え、そして自然を最も創造的に認識したのはどちらの人物なのかという議論ともいえる。我々は、「広重はおそらく自然の芸術家というよりも自然の文化の芸術家であった」(Smith 1997, 33, 39)という意見に従う。このことは、富士山の浮世絵のいくつかを見ることで、文化的な様式が富士山の自然の様式をどう作り変えたのかを探るうえで有効な手がかりとなる。

## 浮世絵――広重と北斎が描いた富士山

　富士山の浮世絵は、広重の風景や富士山に対する考え方、つまり「自分の眼の前にただあるもの」とした「自称」自然主義から展開した。「広重は自然を多かれ少なかれ自然主義的な方法で表現した。(…)彼の自然観には、自然と完全に調和している人びとが宿っていた」(Woodson 1998, 43)。しかしながら、この「自然との調和」、そして日本の伝統が不変的な性格を持っていることは、悲しい考えかもしれない。「このようなことを強調することは、二〇世紀初頭の日本の急激な工業化のなかにおいて、日本の『伝統』が破壊されることを残念に思う都市部の若い知識人にとって慰めの源となっており、それは外部からそのプロセスを見ていた多くの西洋人も同じであった」(Smith 1997, 35-36)。広重による、日本のイコンとしての富士山のイメージを作り上げたという貢献は、彼の描いた富士山を古典的な富士山の絵と比べると、より明確になる。彼の先輩であった北斎、そして西洋の影響を受けた他の絵師と同様に、広重はそれ以前の「名所」のステレオタイプ、つまり三つの丸みを帯びた峰を持つ二等辺三角形としての富士山を、より「自然な」描写へと転換したのである。実際に、北斎と広重による富士山の解釈は、現在に至る富士山の認識として定着している。広重が完成に向けて念入りにこだわり続けた、徹底的に「日本的な」テーマは、季節と「雰囲気」に関するもので、富士山は、さまざまな天気や四季に合わせて幅広く表現された。

広重の作品は、富士山がイコンとしての地位を確立するにあたって、少なくとも二つの貢献を果たしたと考えられる。一つは、『東海道五十三次』に富士山の絵を含めることで、富士山のイメージを、この「中心的」な風景における主たる特徴として、図像において認めたことである。[5] もう一つは、江戸を描いた一連の浮世絵の多くで富士山を扱うなかで、富士山が江戸全体に君臨する、あるいは江戸が富士山を包摂していることを示したことである。これらは多くの場合同時に発生している。例えば、『名所江戸百景』(Bicknell 1994, 112-13) の八番目である駿河町を描いた浮世絵では、平行に並んでいる商店の二つの列が遠近法によって近づいていき、低く垂れ込める雲のなかに入っていく。そして、はるか遠くのように見える場所で、雲の上に富士山の頂上が現れている (口絵6参照)。皮肉にも、「自然主義者」の広重は自らの浮世絵のなかで、商売の道が富士山へとつながっている、あるいは富士山は江戸の活気にあふれた商売の出発点であることを示した。この浮世絵では、江戸の人びとの成功は、東日本の目印であるとともに将軍の地元である富士山が地理的に近いことによって得られたことを強調している。都市と田舎の均衡関係 (Smith 1978, 47) のなかで、富士山は江戸を正統化・浄化するために持ち込まれ、江戸は雄大な頂の圏内に入ったのであった。

浮世絵の絵画的な旅は広重から始まった。なぜなら、詩人の野口米次郎が言ったように、「我々はすでに皆広重」だからである。これは、広重が伝統的な日本に関する、いつまでも変わることのない肖像を生

**図12　葛飾北斎『富嶽百景』**

「木花開耶姫命」（左上）、「孝霊五年不二峯出現」（右上）、「役ノ優婆塞富嶽草創」（下）

み出したことをさしている（Smith 1997, 33での引用）。この浮世絵の旅は広重の先輩である北斎にも認められるもので、北斎の浮世絵を通して富士山は国際的な名声を得た。広重と同時代の人物（一世代年上だが）である北斎は、多くの作品を残しており、「全体で三万以上に至る」（Forrer 1991, 11）という。ここで取り上げるのは、北斎の長い画歴のなかでも比較的後期に制作された『富嶽百景』と、それより前の『富嶽三十六景』である（図12、13）。

『富嶽百景』は霊山としての富士山を直接的にさす三枚の絵から始まる。最初の絵は「木花開耶姫命」である。ただ、北斎は、この女神は一般的な神道の神でもあるとしている。二枚目の絵は、「孝霊五年不二峯出現」であり、富士山の出現そしてそれに畏れおののく人び

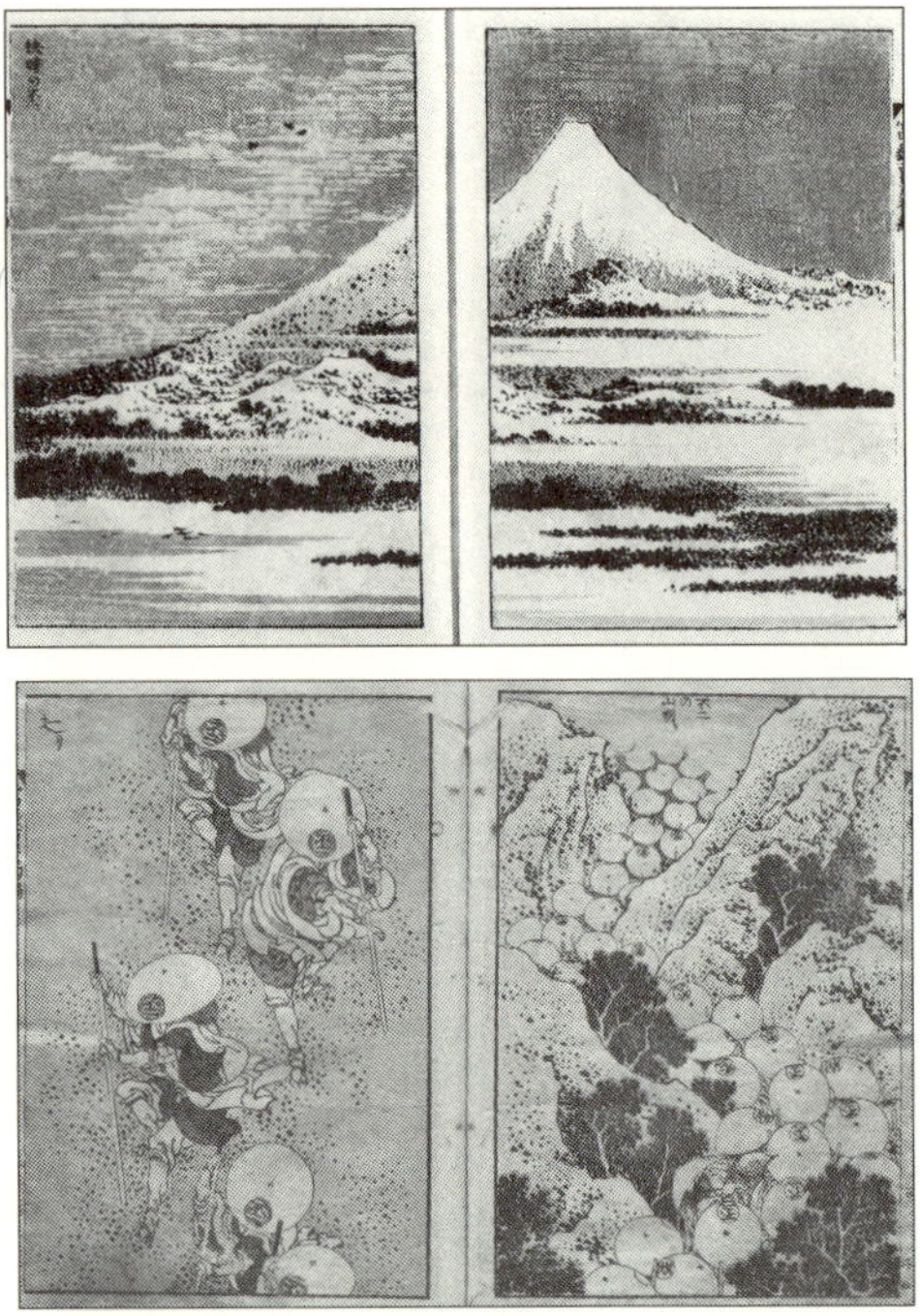

**図 13　葛飾北斎『富嶽百景』**

「快晴の不二」(上)、「不二の山明キ」(下右)、「辷り」(下左)

とを描いている。三枚目の絵は、「役ノ優婆塞富嶽草創」であり、富士における修行の始祖とされる役優婆塞〔役行者〕の力強い姿を描いている。彼は、富士山の火口の縁と思われるような場所でポーズを取っている[6]。これら三枚が示した上代の聖なる神、そして伝説的な開山の絵は、二つの目的を達成している。第一は、神の赦しをえて富士山という対象を賛美するということ、そして第二は、対象としての富士山を、その頂の神秘的な起源と、富士登拝のはじまりに関する一般的な文化的記憶のなかに位置付けるということである。いくつかの登拝者の絵を除けば、大部分の絵は富士山の美的な姿を描いているが、それらは古代からの聖なる意味を内包しているのである。

四枚目の絵は「快晴の不二」、五枚目は「不二の山明キ」、そして六枚目は「辷《すべ》り」であり（Smith 1988, 181, 180）、ここでは、北斎は富士山の登拝者を描いている。しかしながら、これらの絵には史実との矛盾がいくつか認められる。たとえば、五枚目の絵のタイトルは「山明《やまあ》キ」と付けられているが、富士山を信仰する人びとは、富士山の登拝が許される日のことを「山開《びら》き」と呼んでいる(7)。また、北斎は五枚目の絵に、石がごろごろした細い路を通る登拝者の姿を描いているが、実際にはこうした道は存在しない。また、同じ絵で、山伏が用いる法螺貝を富士講の登拝者が吹いているが、富士講の登拝者は法螺貝を使用しない。このため、「北斎の絵画は非現実的であり、北斎自身は富士山に登っていない」とみられる(8)。

『富嶽百景』には、富士山の登山と下山を描いた二枚組（五枚目と六枚目）の絵が含まれている。六枚目の絵である「辷り」では、短時間で下山できる「砂走り道」を滑り降りる登拝者が描かれている。この砂走り道は、昭和五五年（一九八〇）に起こった事故で一二名の死者が出た後に閉鎖された。昭和四四年（一九六九）にこの砂走り道を使って下山した筆者は、ここがSmithが言うかなり「スリリング」な場所であることを身をもって確認することができた。筆者が同行したこの登拝を導いていた扶桑教の先達は、砂走り道の急傾斜を降る際は、「スキーのように」かかとを土に入れてつま先を上げ、そしてバランスを維持するために金剛杖を尻尾のように引きずるように指示した。このときの砂走り道を降るスタイルは、北斎が描いた六枚目の絵とはかなり異なっていた。北斎が描いた登拝者は、後ろの足を上げて、前の足を目の粗い砂のなかに入れている。そして、金剛杖を体の前で砂に突っ込んでいる。この絵を、砂走りを下るための指導書として用いると、次の二つの現実的な問題に直面するだろう。第一は、前に出した足と金剛杖を砂に立ててしまうと、前につんのめって落ちてしまう。第二に、「砂」は実際には粉末ガラスのような細かい溶岩であり、絵のような草鞋を履いているとすぐに足がズタズタに切られてしまう。北斎の表現は、「砂走り」での下山の慌ただしさを表現することには成功しているが、私の実際の経験から考えても、北斎はおそらく富士山に登っていないというSmithの指摘は正しいかもしれない。

四六枚目の「不二の室《むろ》」と、七六枚目の「八堺 廻《やさかいめぐり》の不二(9)」は、北斎が富士山に登っていないという指摘をさらに支持するものである。というのも、北斎は、登拝者が休息をとる富士山の登山道の室を自然の溶岩から作られたものとして描いているが、実際は素朴な小屋である。また、「八堺廻」とは本来富士山周辺の湖を巡る修行であるが、北斎の絵では、火口の縁をぐるりと歩く「お鉢巡り」の様子が描かれている。富士登拝には、噴火口の底に入ることまでは含まれていなかったのは間違いない。要するに、富士講の信仰の観点から見れば、これらの五つの絵は富士修行、富士信心、あるいは富士信仰における特有なものを何も伝えていないということである。明らかに北斎にとって、富士山の宗教性は、その神聖な性格や多くの宗教的実践よりも、多くの環境や様式と調和した、特徴の一つに過ぎなかった。北斎は富士山の崇拝者であったことを主張する学者もいるが[10]、上述のように、北斎は決して山頂への登拝をおこなっていないと強く主張する証拠がある。もし彼が富士山の崇拝者であったのであれば、彼は遠くから富士山を遥拝していたのだろう。狩野（1994, 81）は、北斎が富士講に参加していたという明白な証拠はないと結論付けているが、北斎の富士講への密接な結びつきを示すものの一つに、北斎の多くの画号の一つである「土持仁三郎」がある。この土持とは文字どおり、「大地を運ぶ人」あるいは、木と石膏の職人を意味し、富士塚の建造に用いられた言葉である。北斎の『富嶽三十六景』の版元が富士講の講元であったことから、少なくとも北斎は特定の富士講と間接的なつながりを持っていたといえる。

『富嶽三十六景』の三四枚目である「諸人登山」は、このシリーズのなかで唯一富士山の山中を描いており、頂上を描いていない。このシリーズの他のすべての絵（タイトルは「三十六」と付けられているが、実際に制作されたバージョンには四六枚含まれている）は富士山を眺めたさまざまな遠近画が示されている。それらは江戸や東海道、その他の場所から、さまざまな季節や光のもとで、さまざまな仕事に就くさまざまな人びとが描かれている。そして、いくつかの絵画では富士山は正面、そして中心に描かれている。そのなかでも、「凱風快晴」というタイトルの赤富士はよく知られている（Clark 2001, 116, plate 53）。一方で、その他の絵画では富士山は小さく描かれて、ほとんど後から追加したように見える。

北斎は、西洋の比較的新しい潮流の影響を受けており、遠近法の使用や、新たに輸入されたプルシアンブルー（ベルリンブルー）を、自らの特徴的な色使いのために用いた。また、自らの独特なスタイルを発展させるために、中国、日本、西洋の先例を積極的に取り入れている。富士山を描くうえで、このように国際的なアプローチを巧みに取り入れたことは画期的であった。初期に「名所」として描かれた富士山は、三つの小さな峰を持つ二等辺の三角形で表現されてきた。北斎、また彼の先輩や同世代の人びと（特に司馬江漢）、そして北斎より後の広重は、このような古い定型から離れ、山の形や位置でさえ自由に変えていった。北斎は、構図に調和させるために山のサイズや形、そして色を自由に選択した。そして、富士山は三角形と小さな三つの峰からなる標準的な描写にとらわれなくなった。たしかに、北斎は芸術的な表現として「山を開く」ための、美についての許可証を自由に行使したのである。

構図の天才である北斎は富士山の三角形を、円と弧といった他のアングルに調和させて大胆に取り込んでいる。江戸の風景を描いたいくつかの絵画においては、富士山は町の背景として控えめに描かれているけれども、北斎の他の絵画では富士山で遊んでいるように見える。『富嶽百景』では富士山をぞんざいに扱っているようにも見えるが、そこでも富士山の形に対する彼の遊び心のある工夫の実例が数多く見て取れる。

北斎の絵画をじっくり見てみると、たしかに富士山を彼の美的な様式と創造的な好みに合うように変化させていることが示されている。これらの絵画では文字どおり、富士山の「大衆化」が試みられている。つまり、しばしば北斎の絵画のなかには働く人びとが数多く登場し、富士山はほとんど後から付け足されたように加えられている。北斎の作品は、この霊山への親しみや親密さを証明している。言い換えれば、彼の遊び心のある富士山の扱い方は、江戸の人びとの富士山に対する親しい結びつきを反映し、それを高めるものであった。美的な観点から言えば、富士山を描いた一連の絵画は、北斎の技巧と芸術的なヴィジョンを示すための機会を余すところなく提供したといえる。歴史的、そして宗教的な観点からすれば、題材あるいは媒体として富士山を取り上げたことの意味を読み取ることは非常に難しい。

富士山がイコンとしての地位を確立したことに対する浮世絵の貢献は、富士講の実践や富士塚の建造といったそれまでの貢献と比べて明らかに対照的である。北斎による富士山に関する図像的な扱い方のなかには、霊山としての側面も含まれるが、それを他から際立たせているのは、様式における美的な構成要素として富士山を取り扱ったことである。富士講、富士塚、そして富士山に注目した浮世絵という三つの現象のすべては、江戸に集中しており、富士山の都市化の一部であった。そして、北斎による富士山の表現は、「文明化した」様式としての富士山の洗練された姿であった。

## 装飾品と土産物としての富士山

富士山の名声は主に浮世絵を通して作られ、広められたが、この聖なる山は、ほぼあらゆる美術品や工芸品を美しく彩ってきた。あらゆる芸術的な作品において、富士山は一つの独立した分野を形成した。つまり、「富士山は「日本」を示すテーマ曲のようだ」（Hillier 1980, 215）と述べられていることからもわかるように、装飾品、特に金属細工や漆細工だけでなく、墨入れ、印籠、根付、錦織物、盆栽、そして思いつくかぎりあらゆる装身具にとってのお気に入りの題材であった。

北斎は富士山のイメージの一般化と商業的な利用・開発を促進し、煽動した。「櫛や煙管作りの職人のために刊行されたこの『手本書』には、櫛の装飾デザインとして富士山の図が八つ描かれている」。そして「このシリーズの購買客のかなりが素人画家である」（Lane 1989, 184）。北斎は、「田舎に住んでいたとしても、この手本書を買って勉強すれば、名匠のもとで学ぶ事と同じである」としている（Lane 1989, 176）。

富士山の表現は、芸術家から職人・好事家・アマチュア、そして雇われの便乗屋まで、滑らかな裾野を下るようにいとも簡単に広がったため、それぞれの相違はほとんど見分けがつかなかった。富士山のイメージの大衆化と商品化は、江戸時代の中後期に庶民向けの芸術や文学が発達したことの重要な事例であった。こうして富士山はあらゆる分野・あらゆる階層で用いられるようになったのである。なかでも、傑出した例は、富士山と「神の火」を描いた「陣羽織」である。これは、黒と黄色のウール生地にアップリケがある一七世紀初頭の装束であり、風雨から身を守る軍事的な外套で、ファッション的な意味も付与されている（口絵7参照）。「富士山の形のなかの黄色いウールのアップリケは、黒い背景に対して劇的に際立っている。（…）白い生地をカットして作られた噴煙の小さな渦巻きが活火山である富士山の火口から現れている。そして、模様のような溶岩がたまっている様子が、山の麓に点々と配されている。富士山は、日本の歴史を通して宗教的な信仰の対象であり、陣羽織の山の三峰の頂は、中世の富士曼荼羅における富士山の描写を思い出させる。このような、縁起のいい、人びとに生命を与えるような富士山の図像を描いたものは、戦場のためにデザインされた衣服の装飾としてふさわしいように見える」（Rousmaniere 2002, plate 25）。

近年日本を訪れる旅行者なら誰でも知っていることだが、富士山は装飾芸術として、ありとあらゆるかたちで不名誉な扱いを受けている。筆者の個人的なコレクションは、非常に趣のある独創的なレプリカから、粗雑な、時には下世話な複製品にまで至っている。一般的・大衆的な文化は、一方ですべての人が手に入れることができる芸術品のシンボルや作品を作り出す。また一方では、極端な場合、匿名による大量複製を通じて、その本来の意味を薄め、望ましくないものや無力なものにすることもある。富士山の記念品のなかには、世界中で見られる安価な土産物のように、芸術品としてはほとんど記憶に残らないものもある。これらは、紙、木、布、金属、プラスチックの破片に、買いたくなるような特徴や類似性を吹き込んでくれるようなイメージや連想なら何でも恥知らずに借りたり、盗んだりする。富士山の大衆化には、このような逆説的なプロセスが進んでいるのである。富士山の普遍的な魅力に関する庶民的な、あるいは皆に支持されている例として、銭湯の壁面の題材に好まれていたことがある（狩野 1994, 63）。おそらく、富士山の図像の真価は、「高級な」芸術品から、工芸品や一般的な小さな装身具に至る幅広い柔軟性を持っていたことかもしれない。

「比類ない」芸術的なイメージとしての富士山を困らせたもう一つの例は、富士山を表現する媒体が絹本や和紙から、写真へ変化したことであった。富士山がカメラのレンズを通して表現されるようになっただけでなく、浮世絵の伝統がカメラのアングルに実際に影響を与え、さらに白黒写真は、浮世絵の職人によって彩色された。このように、浮世絵がカメラの技術に道を譲ったとしても、その美的な力は、写真の技術のなかに明確な痕跡を残したのである。つまり、「日本における一九世紀の写真の最も興味深い側面の一つは、ヨーロッパの写真家たちが浮世絵の構図と線を学び、のちにこの日本への「視点」が、日本の写真家に伝えられたということである」（Worswick 1983, 185）。日本における西洋人の写真のパイオニアの一人であるフェリックス（フェリーチェ）・ベアトは、文久三年（一八六三）から翌年にかけて日本に滞在し、広範囲にわたって日本における初めての写真撮影をおこなった。そして、彼は富士山の写真を一八六四年一一月一二日の『イラストレイテッド・ロンドン・ニュース』の記事に提供している[11]。

富士登拝の歴史には、富士山へ赴いた登拝者の後に、江戸へ富士塚という形で富士山を連れてくる登拝者が続く、という様式がある。同様に、初めのうちは「自然の」富士山でカメラの技術を鍛えていた写真家たちは、後に東京のスタジオにおいて、フレームの中でいつまでも変わらないポーズをとるような、「文明化された」富士山を美的に再創造した。この時代から、背景幕や掛軸に富士山を描いた多くの「侍」や個人、グループの肖像写真が一般的になったのである[12]。

「日本における最初の職業写真家は、一八六〇年代初頭に横浜にスタジオを構えた下岡蓮杖（一八二三～一九一四）であった」（Worswick 1983, 185）。当時の日本における写真撮影のパイオニアであった下岡は、自らの写真であることを示すために自分の名前と三峰の富士山を描いた「富士印」をしばしば用いた[13]。「下岡蓮杖が明治元年（一八六八）に横浜に新しい二階建ての写真館を開業したとき、そこには、富士山の形をした大きな看板が掲げられた。それには『Photographer』の文字が富士山の左右の裾野に沿って記されていた[14]」。店の看板に比類なき富士山を用いた下岡の選択は適切であった。なぜなら、富士山は、すでに浮世絵を通して何世紀にもわたって国際的に名声を得ており、日本を表した写真として世界で最も広く認識されたものの一つになろうとしていたからである。

日本に来た西洋人の写真家のパイオニアたち、そして初期の日本人の写真家たちは皆、富士山の高い峰を捉えることを義務付けられていた。というのも、この国の象徴である富士山は、写真アルバムの表紙を飾り、しばしば本や雑誌の表紙の目立つ場所を占有したのである[15]。富士山の写真の記録は計り知れないほど膨大な数があり、それを辿る仕事は他の人に譲るが、特筆すべき例が一つある。現代の写真家で、富士山を撮ることに人生を捧げた岡田紅陽は、「今までおよそ一五万枚以上富士を撮影してきたが、私は富士山の持つ可能性のすべてを撮り尽くしていないと畏敬の念を抱いている」（Okada 1964, preface）と述懐している。彼は写真の裏に、自らの名前と富士山のスケッチを含んだ印を押してさえいる。日本の政府は、数多くの切手に彼の富士山の写真を用いており、旧五千円紙幣に描かれた本栖湖と富士山の絵は、彼が写した写真がもととなっている。[16] また、いくつかのカラー写真が含まれている岡田の昭和三九年（一九六四）の作品集のあとがきには、「富士山と私」と題した富士への賛辞が記されている。「私は自らの全身全霊をこの山に捧げてきた。私にとって、この山は幸運にも人生を捧げるのに十分な美しい女性のようであった」。

数え切れないほど多くの富士山の写真のなかで、一九三〇年代の二つの写真は見逃せないほど貴重であり、その題材とそのサイズにおいて注目に価する作品である。一つは、グラフィックデザイナーの原弘が木村伊兵衛の写真をもとに制作した横四・二m×縦一・八mの壁画で、昭和一三年（一九三八）のシカゴ見本市に陳列されたものである。「この印象的な壁画には、二〇世紀における親日家の心をくすぐるような要素が数多く含まれていた。つまり、桜、富士山、振袖を着た芸者、静謐な文化の有名なシンボル（鳥居、塔、鎌倉の大仏）、古城、国会議事堂、いくつかの近代建築、そして、近代船舶などである」[17]。もう一つの写真はより記念碑的なもので、「昭和一四年（一九三九）から翌年にかけて開催されたニューヨーク万国博覧会の日本パビリオンにおける、『明日の建築』というテーマのディスプレイの一部として制作された。（…）『日本のシンボル』として駿河湾からの富士山を見せる巨大な壁紙であった」[18]。

富士山は一九世紀から二〇世紀にかけて、上質なワインのように世界中をよく旅した。慶応三年（一八六七）のパリ万博では、富士山は漆の屏風にあしらわれ、昭和一三年（一九三八）のシカゴ見本市では、富士山は時代に合わせて「壁紙」サイズの写真印刷に登場し、近代的な建物に国家的なアイデンティティと伝統的な性格の両方を添えた。さらに、昭和一四年（一九三九）のニューヨーク万国博覧会において、富士山は日本のシンボルとして選択され、表明されたのである。

## 注

（1）Stewart（1979, 3-16）は、広重の作品のいくつかは、弟子の二代目広重の手によるものだと指摘している。
（2）Smith et al.（1986, plate 24）。Uhlenbeck and Molenaar（2000, 13, plate 4 and 14, plate 6）、Takeuchi（2002, 24, fig. 1-2）も参照。
（3）Smith et al.（1986, plate 24）の説明文。
（4）日本人の宗教的生活がどれほど経済的な状況と密接に結びついていたのかを示す他の例として、Thal（2005, 36）を参照。またReader（2005, 128-31）およびNenzi（2008, 136-38）は、富士山がボードゲームなどの売れる商品としてどのように再創造されたのかについて述べている（136, fig. 12）。
（5）Traganou（2004, 4）は「東海道は、江戸時代において日本の周縁の領域としてイメージされていたことや、明治時代の『中央集権的なイデオロギー』の保護を受けていたことにより、全国的なものではなかったにせよ、少なくとも大都市（東京・京都・大阪）やその間にある地域の住民にとっては、アイデンティティ形成の場であった」。富士山はこのアイデンティティの形成に不可欠であったのだ（45）。上記の文献とともに、Berry（2006, 98-99, fig. 17, fig. 3）およびClark（2001, 12-13）の“Travellers on the Tokaido Highway”も参照。
（6）Smith（1988, 188, 195, 186-87, 184-85）。一九五頁からの引用。
（7）Ronald Tobyとの手紙のやり取りのなかで提案されたように、異なる文言を使うことによって意図的に言葉遊びを楽しんでいたのかもしれない。
（8）Smith（1988, 181, 180, 196）。一九六頁からの引用。

（9）同書（110, plates 56-57, 216）。二一六頁からの引用。

（10）Woodson（1998, 52）、Lane（1989, 184）。

（11）Tucker et al.（2003, 313）、Bennett（2006, 143）。

（12）長崎大学図書館の幕末明治の写真コレクションを参照した。アドレスと資料番号は以下のとおりである。http://oldphoto.lb.nagasaki-u.ac.jp/unive/word/main.htm（二〇一〇年一二月一七日閲覧）、特に一三二〇番、三九三三番、四〇四二番、そして四〇四四番（このウェブサイトには富士山の古い写真が数多く含まれている）。Crombie（2004）は、一九世紀の日本の写真スタジオの写真をカタログ化したもので、第一五図には、「写真家による富士山の見せ方は、版画家の北斎によって確立された伝統を踏襲しており、糸繰りを回す二人の女性の背後には、描かれた富士山の背景画が用いられている」と記している。また、第一七図、第二八図（一八八〇年代の富士登拝者）、第二九図、そして第三九図も参照した。

（13）Ishiguro（1999, 277-81）、Tucker et al.（2003, 18, 360）。

（14）Dower（1980, 6）、Yokohama Kaiko Shiryokan（1987, 188）。下岡蓮杖もまたいくつかの写真の背景に富士山を用いている（Tucker et al. 2003, 18-19）。

（15）Tucker et al.（2003, 31, plate 9）、Sharf（2004, 12）、T. Tamai（1992, 344）、Hockley（2004, 66, 76, 77）。

（16）Philbert Ono によって集められた日本の写真ガイドである“Directory Zone” page のウェブサイトを参照。http://photojpn.org/dir/index.php（二〇一〇年一二月一七日閲覧）

（17）Nihon Shashinka Kyōkai（1980, 320-21, plate 457, 20）、二〇頁からの引用。

（18）D. C. Earhart（2008, 330n3）。また、Tucker et al.（2003, 322）の“*Graceful Mount Fuji*, described as the largest photo mural ever produced (approximately 107 ft. long), is presented to the city of New York.”も参照。

# 第一〇章　海を渡った浮世絵

## ジャポニスムとしての富士山の浮世絵

封建時代において、江戸が繁栄するなかで富士山の名声と人気は高まり、日本の卓越したイコンとなった。国内における象徴であった富士山は、国際化のプロセスを通して、より大きな像になっていった。日本の普遍的な象徴としての富士山の出現という一九世紀の現象は、西洋における浮世絵の発見に起因しているが、西洋人の富士山との出会いは、少なくともそれよりも二世紀以上も前のことであり、ヨーロッパからの旅人が記した日本の記録に示されている。富士山についての西洋人の知識は、日本に訪れたポルトガルのイエズス会の伝道師であるジョアン・ロドリゲス（一五六一？―一六三三）の記録から始まる。ロドリゲスの記録から、江戸時代の初期における富士山への理解の要点がわかる。そこには、「富士山は日本で最も高く、最も愛され、最も知られた山である」と記され、登拝のことや山頂の美しさ、周辺の様子が簡潔に記述され、聖なる場所としての人穴の記述まである。(1) ロドリゲスは、現在においても広く知られている富士山の三位一体の視点も紹介している。つまり、卓越した高さ、比類なき美しさ、そして名声で

あり、それらはすべて富士山の神聖さによって飾られており、富士山のその性格は永く続いているのである。(2)

このロドリゲスの記録は広く読まれたわけではない。一方で、アルノルドゥス・モンタヌスによる一六七〇年の *Atlas Japannensis* は、又聞きで間接的な記録であるが、富士山を含む日本のことを取り上げた影響力のある初期の出版物であるといえる。彼は、さまざまな日本の山々のなかで、「HussinoJamma（富士の山）は道中で見たもので、高く尖っていて、その高さは一三リーグ（三九マイル）に及び、その高い頂は雪に覆われている」と記している。(3) おそらく、モンタヌスが西洋人に対して、富士山が高い山であるという見解を広めた最初の人物であるといえよう。

より重要なものは、エンゲルベルト・ケンペル（一六五一―一七一六）の旅行記であった。これは当初「High Dutch（オランダのドイツ語）」で記されたが、彼の死後の一七二七年に全二巻の『日本誌』（*History of Japan*）として英訳されて出版された。そして、後にラテン語、オランダ語、フランス語、そしてドイツ語などのさまざまな国で出版された。さらに、一九九九年には、新たな英訳本が出版された。これは、西洋人が書いた日本史の基準として長く使用されていた。そのなかで、ケンペルは以下のように、富士山に最も高い賞賛を与えている。「駿河地方にある有名な富士山は、カナリア諸島のテネリフェ山のごとく(4)計り知れぬ高さである（57）。富士山の山容は円錐のようで、四方から同じ形で見られ、規模は雄大で、世界無比の麗しき山である。日本の詩人や画家はこの山の高き美しさを記述し、賞賛している（340）」。

ケンペルの死後、彼の本と原稿はハンス・スローン卿（Sir Hans Sloane：一六六〇―一七五三）によって購入され、一七五九年に大英博物館のコレクションの一部となった。(5) ケンペルの一九九九年の英訳本には、「ケンペルが駿河と富士山を描いた東海道の地図」が含まれている（Kaempfer 1999, 314）。このケンペルによる「富士山」のスケッチは、おそらく西洋人が富士山を描いた最初の作品といえるものである。ケンペルの記述は、ロドリゲスの記録に付け加えるものはほとんどないが、詩人や画家についての美的なコメントを注釈として付けている。それは、富士山の美しさを称賛した『万葉集』の歌と呼応するかのようである（van der Velde 1995）。ケンペルが自ら描いた富士山のスケッチは、翻訳家のヨハン・カスパー・ショイヒツァー（J. G. Scheuchzer）による模写（図14）が、一九二九年の『日本誌』初版に掲載されているが[6]、ケンペルによるオリジナルも、ショイヒツァーによる模写も、富士山を正しく描いていない[7]。富士山は、その位置を示すマーカーでしかなくなっている[8]。詳細に見てみると、このスケッチには際立った特徴があり、三つの峰を持つ山として描かれている。ケンペルの表現は、三つの指のような突起を除けば、経験的な観測に基づいており、伝統的な日本の「名所」[9]の理想的なイメージを反映したものではない。富士山のこのスケッチは、『聖徳太子絵伝』と似ていて、傾斜がきつく、山のなかに山があるようで、小さくずんぐりとしている。ケンペル（や彼の日本での協力者）が聖徳太子の掛軸を実際に見たのかどうかという疑問が浮かび上がる。ケンペルの富士山は控えめで、芸術的というわけではないが、西洋人が富士山の重要性を理解した先駆的な記録であるといえよう。ケンペルの本の後、江戸時代にヨーロッパの国々か

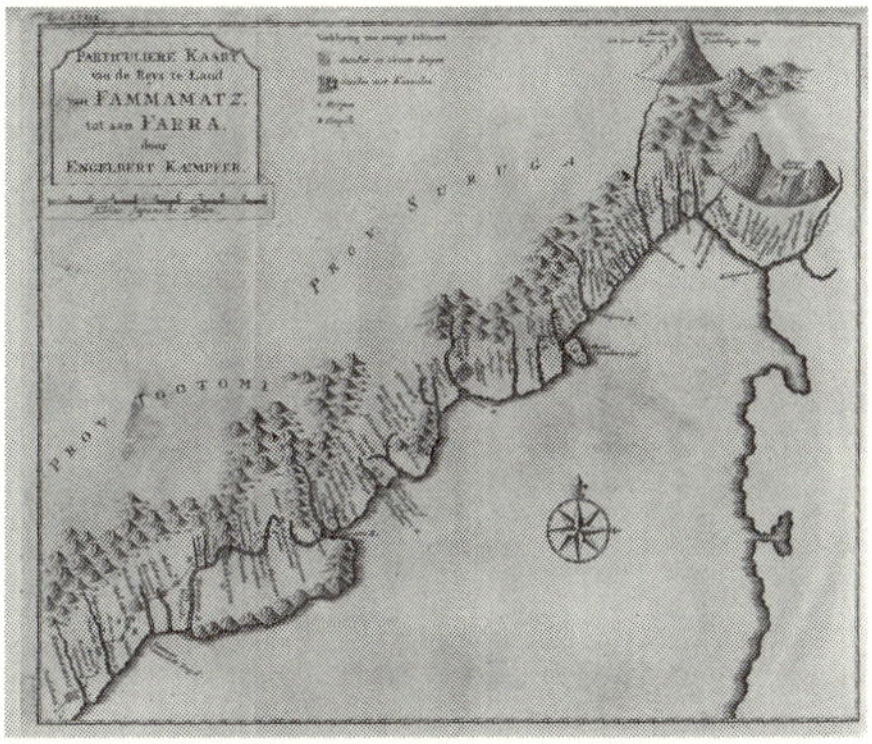


**図 14　ケンペルによるスケッチを、ショイヒツァーが模写した東海道の地図**

右上に富士山が描かれている（Particuliere Kaart van de Reys te Land van Fammamatz tot aan Farra, door Engelbert Kaempfer. Tafel A. XXIX. (1729)）

ら日本に旅した大勢の人びとは、この神秘的な島国についての物語を残した。そしてそれは、ジャポニストたちや一般大衆の興味を刺激するもので、浮世絵の版画が熱狂的に受け入れられる土台を築いた。[10]

西洋諸国における浮世絵の流行にとっての二つの重要な出来事は、マシュー・カルブレイス・ペリー提督のアメリカ船によってもたらされた嘉永六年から安政元年（一八五三—五四）の日本の「開国」と、明治元年（一八六八）の明治維新である。そしてそれは、西洋諸国と争い、貿易し、競うために、日本が自らの意志を実行したものであった。一八五〇年代から浮世絵は、最初はパリ、イギリス、そして他のヨーロッパの国々、そしてアメリカでデビューして、欧米の多くの人びとに注目された。

現在では、富士山の図像は世界的に認められ、そして江戸時代後期に浮世絵が現れたことは、広く賞賛されている。しかし、これまでいつもそうだったわけではない。日本における浮世絵の隆盛は、民衆向けで庶民的な歌舞伎や読み物といった、商人階級に好まれた文芸の流行に対応していた。したがって、それらは権力を持つ武士階級からは恥ずべきもの、あるいは疑うべきものと見られていた。それにもかかわらず、膨大な数の浮世絵、そして浮世草子が流布したことは、いかに民衆の人気があったかの証拠といえる。多くの作品が生産されたことで、手作りの紙（包装紙などに用いる）を再利用する労働集約型の家内工業を後押しすることとなった。フランスで、これらの浮世絵を偶然に「発見」したのは、（一八六〇年頃の）銅版画家フェリックス・ブラックモンと考えられている。[11]彼は、パリにおいて、日本から輸入された磁器の包装用紙として使われていた浮世絵をたまたま見つけた。彼はこの「紙くず」の発見を大いに喜び、熱心に調べた。こうした形で浮世絵と出会ったブラックモンのような多くの西洋人はその美術的な価値を認め、収集に価するものだと認識した。たとえ、江戸時代の日本が西洋に対していまだ門戸を開いていなかったとしても、一八世紀後半から一九世紀初頭のヨーロッパの旅人のなかには、浮世絵に魅了され、浮世絵師に作品を依頼するために、遠く日本まで旅するものもいた。そして個人あるいは博物館のコレクションとして、当時浮世絵があまり知られていなかったヨーロッパへと持ち帰ったのである（Lane 1989, 181）[12]。

もっとも、あらゆる西洋人が浮世絵を理解したわけではない。日本文化や芸術に関心を持った初期の西洋の美術評論家たちは、上流階級の物知りの好みに合わせて、貴族や武士が好んだ中世日本の絵画、いわゆる「ハイアート（高級芸術）」を尊重し、一般的で大衆的な浮世絵よりも精神的に高尚な寺院の図像を取り上げた。最初の駐日英国公使であり、万延元年（一八六〇）に登山隊を率いて、外国人として富士山に初めて登ったラザフォード・オールコックは、日本には、ヨーロッパと比較できるような「ハイアート」はないと述べている[13]。また、アメリカ人の最初の日本美術専門家であるアーネスト・フェノロサと、伝統的な日本の美術作品を学び、かつ制作した初期の親日家であるヘンリー・P・ボウイはともに、浮世絵などの一般的な芸術を見下している。フェノロサは、「北斎の『下品で卑猥な作品』」といった言い方で、浮世絵を率直かつ痛烈にけなしている[14]。けれども、一九世紀の後半から、フランス人、それからイギリス人や他のヨーロッパの人びとは、輸入されたもの（すべてが高品質ではなかったが）から浮世絵の眼識を高め、貪欲に求めるようになっていった。創造的な作品を制作するためのインスピレーションを得るために日本の絵画や装飾美術を購入し、模写し、真似た芸術家は、必ずしも日本に赴いたわけではなかった。しかしながら、浮世絵に興味を持った多くのコレクターや仲買人は、実際に日本に船で向かい、そこで大量の絵画を購入した。このことは、北斎や広重の「晩年」の作品から、もっと前の時期に活動した菱川師宣の「初期」の作品、喜多川歌麿の「古典的な」作品など、手に入る作品の範囲が広がったことを意味したのである（Berger, 1992, 128-29）。

ヨーロッパの芸術家に対する日本の浮世絵がもたらした衝撃はあっという間に広がり、圧倒的であった。

美術史家たちは、一九世紀中頃の西洋美術の危機との付合について以下のように記している。「西洋美術は、後期の自然主義と独創性のない伝統主義による袋小路にはまっていた。そこに、西洋の手法を解放する要素を持ち、新しい形態を導く刺激として日本美術が現れたのである」(Berger 1992, 19, 1)。「広重によるカラーの風景絵画は、そば一杯よりも安く購入することができた」(Smith 1997, 36) といったような浮世絵の入手しやすさ、そしてその多様さと品数の多さ、持ち運びの容易さにより、格好の輸出品候補となったのである (Berger 1992, 11, 89-90)。

浮世絵はドガやゴッホ、そして「ホイッスラーからマチスまで」(Berger 1992) といった大家が、そこからインスピレーションを得たとしており、装飾芸術や工芸における、あまり名の知られていない作家たちも同様である。そのなかでも、ドガは、「北斎は多々ある浮世絵師のなかのひとりではない。北斎自身が島であり、大陸であり、世界そのものなのである」と言っている (Calza 2003, 400 での引用)。

嘉永六年から安政元年 (一八五三―五四) の開国後二〇年間は、日本人と西洋人がともに携わったジャポニスムの形成と展開の重大な期間であった。そして、富士山はこの展開においては静かではあったけれども力強い目撃者であった。その例として、一八五六年にワシントンで出版されたペリー提督の日本滞在中の公式記録全三巻が挙げられる。その優雅な表紙にはエンボス加工で前景に港に停泊するペリーの軍艦とともに日本の海岸シーンが描かれ、背景には富士山とその両脇に立つ侍の姿が描かれている[15] (図15)。この絵には、人を惹きつけるいくつかの特徴がある。一つ目は、この船は、海を渡って日本の「開国」を強要するアメリカの政府を表現しているということ。二つ目は、富士山は日本の国土と国家の両方を表象しているということである。この本は一般向けに発行される前に、まず政府の出版物としてアメリカの上院と下院のメンバーに配布され、富士山が日本を示していること、そしてアメリカ (ペリーの軍艦) が日本（富士山）を支配したことを公式に宣言するものであった。

ペリーの遠征に続いて、一八五〇年代には、通商条約の締結により、浮世絵を含む日本の芸術品や工芸品の国際的な取引が可能となった。そしてこれらの絵画はやがて西洋の市場や雑誌などに現れるようになった。[16] 一八六一年にシャルル・ボードレールは「このところしばらく、私は日本から届く品々を大切にしている」と記している（Berger 1992, 16での引用）。一八六〇年代には、マネ、ホイッスラー、そしてドガといった印象派の画家が日本の印刷物の影響を受けた。また、一八六二年には、東洋の品を扱う骨董屋「La Porte Chinoise」がパリに開店した。この店は、中国や日本の品々を取り扱うとともに、日本趣味の芸術家、収集家、そして貿易商が集まる場所となった（Berger 1992, 338）。その顧客のフィリップ・ビュルティ（Philippe Burty：一八三〇―九〇）は、「最も初期の、最も活動的な日本愛好家であり」、二五〇〇点以上の作品を集めていた。彼は、明治五年（一八七二）に書き始めた雑誌記事で、「ジャポニスム」という言葉を作り出したとされている（Floyd 1996）。

**図15　Hawks（1856）の表紙加工**
（HathiTrust Digital Library）

慶応三年（一八六七）、ビュルティとパリの日本愛好家たちは、「ジャポニスムを肴に話し合う会」である「ジャングラールの会」（Société du Jing-Lar）を設立した。会員たちは、「東洋風の衣装を着て、日本食を食べ、日本の美術について話し合った」（Berger 1992, 338, 7）。幸運にも、フィリップ・ビュルティの「ジャングラールの会」会員証が残されている

**図 16　ジャポニスムに関する最初のグループの一つである「ジャングラールの会」の会員証**
**（The New York Public Library Digital Collections）**

煙を出す富士山に特徴がある。

（図16）。カラーのエッチングが施された「この会員証は一〇枚発行されており、これは会員数を示しているかもしれない。富士山の煙のなかに会員名が記されている。興味深いことに、この会員証には北斎や広重の絵画に見られるような多様な富士山の姿が示唆されている」[17]。実物の姿とは程遠いものの、日本美術を熱愛する芸術家や収集家による最初のグループの証明書の一部として富士山の姿が選択されているのである。なおビュルティには、明治一七年（一八八四）に日本政府から旭日小綬章が授与されている[18]。

一八六〇年代から、イギリス、パリ、アメリカにおける数多くの博覧会では、一般の人びとに日本美術と浮世絵が紹介された[19]。一八六二年のロンドン万博では、オールコックが自ら所蔵している日本絵画のなかから選りすぐったものを展示している。これは、西洋において、日本絵画を紹介した最初の万博であった（Berger 1992, 338）。これに対して、一八六七年のパリ万博では、日本人が選んだ日本の装飾品やその素材がパリに運ばれた。日本の代表は、江戸幕府最後の将軍・徳川慶喜の名代、弟の徳川昭武（一八五三―一九一〇）であった。そして、日本美術の選定は、慶喜の指示を受けた日本の専門家の手によるものであった（T.Watanabe 1984, 667）。ビュルティはこの万博の回想のなかで、火口から煙をたなびかせる富士山など、さまざまな風景を描いた壮大な漆の屏風について記している。[20] 日本の国家と芸術を海外に示す最初の機会の一つであったパリ万博において、日本人自身が「火口からたなびく煙」を日本のシンボルとして採用したのは意義深いことであった。

## 「日本趣味《ジャポネズリー》よ、永遠なれ」

ヴァン・ゴッホは美術評論家エドモン・ド・ゴンクールの「ジャポネズリーよ、永遠なれ[21]」という言葉を引き合いに出し、日本の浮世絵に対する自らの想いを以下のように述べている。「日本的な視点で物を見れば見るほど、鋭敏に色を知覚するようになる。シンプルな日本の品々は、私たちにそれらが宗教的なものであるということを教えてくれる」(Berger 1992, 125, 126 での引用)。ゴッホと弟のテオは、日本の絵画を収集しており、ゴッホは自らの部屋の壁をそれらの絵で飾っていた。ゴッホは北斎を「真の画期 (la vraie periode)」と考えており、そして、テオに少なくとも一連の富士山の浮世絵を三百枚程度購入するように指示したと記している (128)。こうした日本美術に対する情熱によって、ゴッホは日本的なプリズムを通して自然を見るようになっていった。そして、「雪のなかで雪のように光った空を背景に白い山頂を見せた風景は、まるで日本人の画家たちが描いた冬景色のようだった」(Wichmann 199, 281-83 での引用) と述べている。かなりの数の浮世絵、特に広重のものがゴッホの絵画のなかに写し取られている。おそらく、ジャポニスムにおける富士山の存在の最も注目すべき例は、ゴッホの『タンギー爺さん』の肖像画であろう。これは、表向きは彼の助言者であり、ギャラリーオーナーであったタンギーの肖像画であるが、背景にタンギーの日本絵画のコレクションが用いられている。[22] 絵の右側や左側には、役者や芸者の人物画があり、右上には満開の桜の木、中央のタンギーの帽子の上には、富士山の頂の絵が描かれている。「まるで、タンギーと日本が一体となっているようであり、背後の浮世絵のモチーフ（役者、芸者、聖なる富士山）はタンギーのためにそこに存在している」[23]。

「世界的に賞賛されるゴッホの才能を貶めることがないように」（Berger 1992, 134-35）、富士山は不思議な力を持つモチーフとして提供されていたようである。たしかに、『タンギー爺さん』における富士山の登場は、例外的である。浮世絵の作品自体は、ヨーロッパの画家で、富士山のイメージを直接的に引用している例は驚くほど稀である。「他のヨーロッパ人は、ヨーロッパへたくさん輸出されているが、日本のシンボルであった富士山のモチーフについて、ヨーロッパの人びとはあまり興味を抱いておらず、それほどヨーロッパの絵画に取り込まれることはなかった」[24]。浮世絵と同様に重要なもう一つのジャポニスムの側面は、織物のデザイン、宝飾品、陶器、金属細工、ガラス細工、そしてグラフィックアートなどの装飾芸術、応用美術であり、そこでは富士山はいつも描かれていた（Wichmann 1999）。陶器やガラスの作品だけではなく、壁紙においても、雪で覆われた頂を持つ富士山が日本のステレオタイプとして取り入れられた[25]。

北斎の衝撃は、視覚芸術を超えて広がっていったが、特に「神奈川沖浪裏」は、「他のどんな日本の絵画よりも、一九世紀の終わり頃のパリの芸術家を仰天させ、楽しませた」[26]。ジャポニスムがどれだけ広がり、深まっていったかは、北斎のこの絵がライナー・マリア・リルケの詩である「山（Der Berg）」やクロード・ドビュッシーの交響詩「海（La mer）」にインスピレーションを与えたことにも現れている[27]。ドビュッシーは海を愛するとともに、日本の浮世絵を好んでいた。一九一〇年にドビュッシーの家でイゴール・ストラヴィンスキー[28]と並んで撮影された写真の背景には、二枚の絵画が写っている。一つは歌麿の作品であり、もう一つは、北斎の「神奈川沖浪裏」の下端である（Lesure 1975, 124, 125）。ドビュッシーの海についての具体的な記憶は、「神奈川沖浪裏」との視覚的接触が媒介となったものであり、その絵が彼に深い印象をもたらしたことから、「海」のオリジナルの楽譜の表紙にこの絵の一部を使用している。[29] ドビュッシーはこの絵と密に接触したことで、海の持つ「リアリティ」について想起するようになったようで（Howat 1994, 72-77）、「自然」そのものよりも広重や北斎の描く「自然」のほうが偉大であるとも思うようになった。皮肉にも、「海」の表紙は、もっぱら「大きな波」に注目しており、漁師の船が漂う姿や、前景の漁師の姿とともに、中央真ん中に小さくある富士山の三角形が削除されている。美術史家や評論家は、北斎の絵画の主題は、そびえ立つ波が小さな船や力なき人間を飲み込むように脅かしている風景のなかで示される富士山の永続性や力であるということに賛同している（Forrer 2003, 30）。しかしながら、富士山を差し引いた修正版の「神奈川沖浪裏」は、海の力に魅了されたことを頻繁に言及していたドビュッシーの想いをより正しく示しているのかもしれない。[30]

また富士山のイメージの影響は、まったくありえないような、予想もしない場所にも存在している。多くの人が考えるのが、ニューヨークのアセンション教会にあるアメリカ人画家ジョン・ラファージによる『昇天（Ascension）』（一八八七年）という題の壁画である。これは、西洋の芸術家が富士山に実際に登った経験に基づく初めての作品である。というのも、一八八六年に「ラファージはアセンション教会の壁画の背景を探すために日本に探検に出かけた。（…）ラファージは、美しい上行線を描く富士山の斜面に、西洋的な、神聖で整備された光景を見出していた。（…）ラファージは、キリストが聖なる山の上に浮かんでいるように、壁画の左側に、自分が慎重に描いた富士の正確な斜面のスケッチを再現した。北斎の画集に加えるべき、もう一つの〝富士山の眺め〟である。[31] ラファージの時代までには、ジャポニスムは芸術サロンの限られた集まりから離れ、大衆の一般常識の領域へと入っていったのである。[32]

## 里帰りした浮世絵

一八八〇年代という早い時期に、ジャポニスムの流行に魅せられたオスカー・ワイルドは「日本全土は芸術家によって創作された発明品」(Ellmann 1988, 303 での引用)であると述べている。ブラックモンは日本から届いた磁器の包みを開封したが、彼はその包み紙にこそ偉大な宝物を見出し、それ自体を「外国からの手本」として新たに包み直した。(33) 初期の日本愛好家、芸術家、そして収集家は皆同じように、自分たちは西洋の芸術を再生させるために日本の浮世絵や装飾芸術を用いているという意識があった。美術史家や評論家は、その際の選択や適用のプロセスの分類をおこなってきたが、特に創作過程に関する用語に注意を払った。

元々のフランス語の「Japonisme」や、英語の「Japonism」あるいは「Japanism」は同じ意味を有しており、一方で、「Japanesque」は「日本の様式」を意味し、「Japonaiseries」は、ちゃちな骨董品や装身具という軽蔑的な含みがある(Weisberg and Weisberg 1990, xxxvii)。詩人のボードレールは、「Japonaiserie」を、愚かな一時の熱狂で、naiaiserie(馬鹿げた行い)であると貶めてさえいて、「Japo*naiaiserie*」という言葉を造り出した(Barrett 1999, 78)。どのようなレッテルを貼ったとしても、日本的なもの、東洋的なものへの心酔は、エドワード・サイードが「オリエンタリズム」として扱った複雑なプロセスの一部であった。オリエンタリズムとは、「東洋」の国々をどう考えるか、どう支配するか、どう操作するかについての西洋による解釈であった(Said 1978)。近年の研究者は、東洋の国々が、西洋によるそれらの固定観念を自らの利益のためにどのように利用したのかという逆のプロセスの考察も始めている。

一九世紀の中頃から現在まで、富士山の浮世絵やジャポニスムは、西洋に対峙する東洋的なアイデンティティを確立させようとする日本の思想家たちの助けとなった。北斎と広重の絵画は、「本当の」、「真実の」あるいは「理想的な」日本という特徴を示し続けている。端的に言えば、日本人は、オリエンタリズムに関する議論を逆転させ、自分たちから見た「逆のオリエンタリズム」というものを考案したのである。[34]つまり、東洋の神秘的な雰囲気が、日本の特殊性の扉を開くものとして利用されたのである。そしてそれは、唯一無二な日本への間接的な入口として提供され、そして公表されていない、あるいは控えめに述べられていた日本の優位性に対する考え方の根拠になっていた。日本人の独自性という考え方の一端である「日本人論」の眼目は、自然との調和と、家族や社会集団との調和であると主張し、初期の西洋の日本愛好家は、この二つの特徴を西洋の芸術と社会にとってのモデルとして理解していたとされた（Dale 1986）。自然に対する西洋のロマンチックな考え方と浮世絵における「自然」の理解は嚙み合っており、そしてこの結びつきは日本人による「逆のオリエンタリズム」の考えとも一致していたように見える。[35]

「逆のオリエンタリズム」における浮世絵の要素は、いくつか重なったアイロニーをもたらす。つまり、西洋の遠近法の技術を採用した結果、浮世絵はヨーロッパ人とアメリカ人の目にアピールすることが可能となった。西洋人は浮世絵という素晴らしい宝を手に入れるために日本を訪れることはなかった。しかし、包装紙の紙くずに芸術様式を発見したのである。欧米でのジャポニスムの隆盛と浮世絵の高い評価の結果、逆に日本においても、浮世絵が本物の芸術様式として再発見され、また、浮世絵は特に自然との調和や人間関係の調和を示す価値を持っているとされ、「真の」日本の精神を表現したものとして再認識されたのである。浮世絵の美しさと価値は、見習って立ち戻るべき明白な理想としての東洋（そして日本）の考えを浸透させる助けとなった。

エリック・ホブズボウムとテレンス・レンジャーによる論集『創られた伝統』（一九八三年）以来、日本を含む多くの文化における「発明」あるいは「発明された伝統」に関するさまざまな書籍や論文が登場するようになった[36]。日本に関する近年のある書籍には、日本の伝統の多くの要素の「発明」、さらに江戸から「発明」であること（Vlastos 1998a）に関する論説が収められている。ハルオ・シラネと鈴木登美編の『創造された古典』という論集は、日本文学と「カノン化」に注目している。そのなかの一つの論説には、「世紀転換期において海外で日本を象徴するようになった視覚芸術の古典は、実際には浮世絵の場合のように、西洋での商品としての望ましさや、ジャポニスムの好みや要望によってその大部分が決定されたのであった」（Shirane 2000, 3）とあり、国家が文化的なアイデンティティを通してナショナル・アイデンティティを構築するうえで、ジャポニスムが手助けとなったことを示唆している[37]。これから書かれるべき本・論文のタイトルは「創造された浮世絵[38]」であろう。

美術史家や他の学者が、浮世絵の日本における再評価・再発見に関する理解についてのギャップを埋めてくれることを望んでいるが、それに先立って考えておくべきいくつかの点がある。一つ目は、浮世絵の発見／再発見はエキゾチックな極東／東洋を熱心に探していた西洋人によってもたらされたという点。二つ目は、浮世絵とジャポニスムを西洋が認めたということを、国家建設とナショナル・アイデンティティの興隆に積極的に従事していた日本の高官や知識人たちもまた確認・再確認した点。三つ目は、富士山はジャポニスムにおいて総じてマイナーながらも重要なモチーフであったが、長い目でみると、西洋のオリエンタリズムと日本の「逆のオリエンタリズム」の両方のニュアンスにおける主な受け皿であったという点。四つ目は、浮世絵のエキゾチックな特徴や日本製のものが珍しくなくなるにつれて、それらはお決まりのものとなり、浮世絵が安い小物入れなどに大量に複製され、それらは陳腐になり、つまらなくなっていったという点である。けれども、富士山の象徴としての道のり、そして「発見」と「再発見」のエピソードは間違いなく将来にわたって続いていくであろう。

## 注

(1) Cooper（1965, 8-9）において Rodrigues を引用している。
(2) 同書九頁。「キリシタンの世紀」におけるイエズス会による富士山への言及の他の例は、Cooper（1974, 18, 214, 376n46）、および Schurhammer（1923, 121-22）を参照。
(3) Montanus（1670, 62, 118-19）。
(4) Montanus（1670, 469）は、富士山とテネリフェ山を対比させたより早い例である。
(5) Kaempfer（1999）、Massarella（1995）。
(6) ここで用いたのは、一七二七年のロンドンの初版本を、東京で一九二九年に再版したものである。ケンペルの地図製作者としての技術については、Lazar（1982）を参照。
(7) Schmeisser（1995, 138, 150–51）、Kaempfer（1999, 341）。
(8) ケンペルの地図は、一八四〇年から四三年の日付がある陶磁器に描かれた二種類の日本地図と比較することができる。両者の富士山の「輪郭」はシンプルで、ケンペルの飾り気のない富士山とかなり似ている。この世界地図では、「日本はさまざまな大陸や島々、そして水に囲まれた中心に配置され」、この日本中心の地図でも富士山が中央に据えられている（Singer with Carpenter et al. 1998, 284–85, plates 141-142）
(9) ケンペルは日本のいくつかの名所を自ら描き、それを母国に持ち帰り、集めていた（Schmeisser 1995, 143）、Bodart-Bailey（1992, 44, 1-11）。
(10) これらの旅行記の詳細は Weisberg and Weisberg（1990, 3-29）を参照。また Berger（1992, 21）は、モンタヌスによるオランダ領東インドで出版された “Atlas Japannensis” を収めている。これについて Berger は、「Philippe Burty はおそらく一六八〇年にアムステルダムで発行された初版本を所有していたであろう」と述べている。

（11）この「発見」の時期は、一八五六年、一八五九年、一八六二年といったように多様である。Berger（1992, 13）、および T. Watanabe（1984, 670）を参照。

（12）他に、Lane（1989, 188n4）、Tsuji（1994）、Calza（1994, 165, 166）、Weisberg et al.（1975, 2, 16）、および Berger（1992, 9, 17）を参照。

（13）Berger（1992, 100-101）におけるオールコックの引用、および T. Watanabe（1984, 680）。

（14）フェノロサは北斎漫画を参照していたようである（Berger 1992, 110; Meech and Weisberg 1990, 95-100）。

（15）最初ではないかもしれないが、アメリカに紹介された浮世絵の初期の作品は、この滞在記に白黒印刷で掲載された広重の作品であろう（Hawks 1856, 1: 462-63）。また、T. Watanabe（1984, 673）も参照。

（16）Berger（1992, 338-44）は、ジャポニスムに関する出来事の便利な年表を掲載している。

（17）Weisberg et al.（1975, 29-30, plate 19）。

（18）同書（8, fig. 6）。

（19）Kornicki（1994, 167）は、こうした催しの壮大な目的と主張について、一九世紀のヨーロッパの国粋主義と植民地主義の文脈から明快に論じている。

（20）この部分についてはLaurent Buchardによるウェブサイト "Japonisme et Architecture: Ouverture-Perceptions du Japan" を参照した。http://laurent.buchard.pagesperso-orange.fr/Japonisme/OUVERT.htm#Perceptions%20du（二〇一九年二月二日閲覧）Buchard は、Burty の "paysages où fume le cratère du Fousy-Hama" を引用している。

（21）ゴッホの活躍した時代には、ジャポネズリーとジャポニスムは区別されていなかった。

（22）この絵については、Walther and Metzger（1993, 1: 282-99）に掲載されたものを参照した。また、"pere tanguy" とインターネットで検索するとこの絵を見ることができる。例えば、http://www.van-gogh -oncanvas.com/images/portrait_of_pere_tanguy.jpg（二〇一〇年一二月一七日閲覧）などのサイトがある。

（23）Walther and Metzger（1993, 1: 297）は、この肖像画の後々の異なるバージョンに見られる差異について論じている。また、包帯を巻いたゴッホの自画像も参照した（Wichmann 1999, 41-44, plate 68）。

（24）Clark（2001, 21-22）。もう一人の印象派の画家、セザンヌはアジアからの影響や知識を否定しているけれども、明らかに画家仲間のなかでは、浮世絵に精通していた。セザンヌの発言にもかかわらず、頂に対する北斎の敬愛は、セザンヌのサント・ヴィクトワール山の絵画のシリーズに影響を与えているのかもしれない。Berger（1992, 112-15）、Clark（2001, 22）、およびGuth（2004, 23-24）も参照。

（25）Weisberg et al.（1975, 209-10, plate 298）。

（26）Lane（1989, 192）、Calza（2003, 400-401）。

（27）Lane（1989, 192）、Rilke（1964, 291）、Rilke（1987, 210-11）。

（28）ストラヴィンスキーも日本の抒情詩と版画に影響を受けており、彼は“views of Mount Fuji”という絵画を一度所有していたことがある（Funayama 1986, 274）。

（29）北斎の「神奈川沖浪裏」を掲載した「海」の楽譜の表紙は、いくつかのフランスの出版社から再版されている（Lesure 1975, 166-67）。また、同じ表紙がCalza（2003, 423）に用いられている。

（30）ピエール・ブーレーズ指揮、クリーヴランド管弦楽団演奏、ドイツ・グラモフォン録音による「海」を含むドビュッシーの作品を収めた最近リリースのCDは、ファム・ヴァン・マイ（Pham Van My）というデザイナーが「神奈川沖浪裏」を現代的に解釈した表紙がつけられている。この改作は、富士山を中央の位置に配し、波を横に伸ばしているが、漁師の乗る船は描いていない。このアイテムは富士山の全世界的な評判にふさわしいものであり、フランス人が作曲し、アメリカでフランス人の指揮者により演奏され、ドイツの会社が録音し、日本のイラストが用いられている。Debussy, La Mer, Nocturnes, the Cleveland Orchestra, Pierre Boulez, Deutsche Grammophon 439 896-2（1995）（Universal Classics Group

2003）を参照。ドビュッシーのこれらの素材を紹介してくれたCynthia Darbyに感謝申し上げる。

（31）Benfey（2003, 159-61）。ラファージは日本と富士山について記している（1897, 9, 32, 228; 1904, 217-49）。

（32）Slaymaker（2002）、Matsuda（2002）。Martin Dorhoutは、“Mount Fuji: Sacred Mountain of Japan”の序文で、どのように浮世絵に興味を持ち、富士山の絵画のコレクターとなっていったのかについて記している。（Uhlenbeck and Molenaar 2000, 7）。

（33）アメリカにおけるジャポニストの芸術家については、Meech and Weisberg（1990, 95-234）を参照。この文脈のなかで、“wrapping culture”（Hendry 1993）と“unwrapping Japan”（Ben-Ari Moeran, and Valentine 1990）という概念が議論されていることは非常に興味深い。

（34）Faure（1995）、Heine and Fu（1995）、Skov（1996）。

（35）Lehmann（1984）、Iida（2002, 272）。

（36）ポストモダニストのジャポニスムに対する解釈については、Karatani（1989, 261-62）あるいはKaratani（1994）を参照。

（37）“Inventing Japan”というタイトルを用いた書籍の一例については、Buruma（2003）を参照。富士山への言及は、五、一三五、一三八頁にある。

（38）Meech and Weisberg（1990, 233-34）は、アメリカで教育を受けた裕福な日本人実業家である松方幸次郎（一八六五―一九五〇）が、フランスの印象派の優れた作品を収集しただけではなく、一九二〇年代のフランスで八千点以上の浮世絵を購入していたことを記している。彼が多くの浮世絵を購入した目的は、それを母国へ持ち帰り、それらをほとんど知らない日本の芸術家や学者に自らの文化について学ぶ機会を提供するというものであったという。また、Meech（1988, 10-4）では、松方が浮世絵を母国に持ち帰ったということは、逆のオリエンタリズムの主要な出来事の一つであったと指摘している。Burns（2003, 709）、Vlastos（1998b）、Chakrabarty（1998）、およびIida（2002）も参照。

# 第一一章　近代日本のアイデンティティとしての富士山

## 富士山とナショナリズム

浮世絵によって富士山の姿についての理想化がおこなわれたのと同じ頃、富士山の認識についての概念化が、芸術家や思想家によってまとめられていった。そして、富士山の美的・宗教的な特徴は、政治家、知識人、そして芸術家が、ナショナル・アイデンティティを再三にわたって活性化させる手段として、さらに、より手の込んだ理念、つまりイデオロギーとして発展させるための重要な手段として使用された（Iida 2002）。富士山を三国第一の山とする考えは、角行や身禄といった宗教的リーダーによって喚起され、強固になっていった。これらの人物は、富士山の美的で宗教的な力を、日本のアイデンティティや主権を視覚的・概念的に裏付けるものへと拡大したのである。

「三国」という考え方は、富士山を地域のものから国家・世界のものへと高めるための重要な概念だった。一六世紀半ばまでは、日本人は世界を本朝（日本）、震旦（中国と朝鮮）、そして天竺（インド）の三つに分けて見ていた。競合しあう宇宙観の間には緊張関係があり、特に、世界の中心に位置する天竺と須弥山に注目した仏教的な視点と、日本のアイデンティティや「神国」としての場所に注目した神道的な視点は緊張関係にあった。「三国」と「神国」という考えの体系は、どちらも非常に柔軟であったが、この世界観は、ヨーロッパ人が訪れるまでは主要な考えだった。なかでも、身禄の世界観は、三国の宇宙観と神国の宇宙観の興味深い混合を示している。つまり、彼は富士山の全世界性を主張するために三国という分類を取り入れた。一方で、富士山の唯一性を引き合いに出し、この世界の中心であるという日本の神国主義に依ったのである。身禄の概念上の世界では、仏教（インド）の宇宙山（axis mudi：世界の柱）である須弥山は、日本固有の宇宙山である富士山に置き換えられた。一方で、一六世紀にはヨーロッパ人が日本に到来したことで、「三国からなる世界から、万国によって構成される世界へと、宇宙観が転換された」[1]。一八世紀につくられた磁器の皿に描かれた地図は、富士山を中心とする考え方を、世界は万国によって構成されているという文脈に創造的なかたちで適用させたことが示されている。つまり、世界を三国の三つの組み合わせから捉える考え方が、世界は多くの国々により構成されているという認識へ道を拓いた一方で、富士山はその国々の中心である日本の、しかも中心点として、その卓越性と独特さを保っているとされた[2]。さらにジャポニスムの高まりによって、富士山の高尚さは西洋の人びとにとっても至上のものとなった。北斎や広重といった芸術家の作品によって、富士山は日本における美の頂点へと位置付けるものとなり、

江戸幕府による鎖国から約二〇〇年が経った江戸時代の後期、日本は国内の政情不安と海外からの圧力というジレンマに直面しており[3]、幕藩体制を引き締め、海外の力を払いのけるための幕府の能力が試されていた。日本と貿易をおこないたいという西洋の国々の要求が増えるにつれ、幕府のなかで国を開くかどうかについての政治的、イデオロギー的な議論が起こった。一八世紀から一九世紀の初頭において、ほとんどの日本人の間には国家意識が芽生えていたけれども、個人として忠誠心やアイデンティティを持ち続

けたのは、自分たちが住む地方や土地に対してであり、近代的な意味での国家に対してではなかった。海外からの圧力に直面するなか、国を団結させ中央集権化を進めるため、日本は「直接的な」天皇制へと転じた。「この過程において、皇室への忠誠は、日本の独自性を保持するための政治形態（国体）のなかで進められたが、その忠誠は、政治的な意味での『日本らしさ』として、それまでの封建的な忠誠に取って代わったのである」(4)。この国体という政治形態は、排他主義的なものであり、富士山はこの排外主義の一翼を担い、「日本らしさ」を強め、集約する助けとなった。

嘉永六年（一八五三）のペリー提督の黒船の到来と、一八五〇年代の終わりに締結された通商条約後、幕府は終わりを迎え、明治政府による国民国家の確立へと進んでいった。海外の力による支配を払いのけるために、新たに成立した明治政府は、政治的な組織としてだけでなく民衆の意識においても一体化した国家を発展させるために、皆で共有する目標のためのシンボルを普及させ、それをもとに人びとを結束させた。そこにおいて政府は日本の人びとを一体化し結束させるために、天皇と皇室を「復活」あるいは「創り出した」のである(5)。外圧に対抗するための強い国家的な紐帯のなかで、すべての階級や地方の人びとを団結させようと努めるうえで、富士山はおそらく、天皇、菊の紋章、日の丸に続くもう一つの重要なシンボルであった。日本という国民国家を視覚化し、実現させていくこの過程は、「日本を近代の世界における美的な構造物として」(Iida 2002, 11) 創り上げていくものとして描写されている。

明治のナショナリズムの基盤は、江戸時代の思想に基づいていた。そこでは国家を一体化し、守るための集結地点として富士山を使用し、国家を日本以外の世界に対して対等な、あるいはより優越した地位に置いた。儒学者（一方で道教の教えに深く影響を受けている）であり、将軍の助言者として知られている荻生徂徠（一六六六―一七二八）は、富士山を中心的なシンボルとして取り上げている。徂徠は、宝永三年

（一七〇六）に、彼の生涯で唯一の大きな旅をしている。それは将軍の命による甲斐地方への旅だった。旅の途中、彼の一行は初めて富士山を目にしたが、これは「彼の生涯にわたって心に残った美しい風景」（Lidin 1983, 26）だった。この旅は、彼の富士山との唯一の接触であった。その結果、彼の富士山に対する認識は、単なる経験的な描写を超えて、中国の影響を受けた初期ナショナリズムの複雑な混合物へと展開していった。そして、富士山は徂徠の世界観における中心的な位置を占めるようになり（Lidin 1983, 26）、富士山を中国の蓬萊山と等しいものと考え、そしてさらに富士山を中国の伝説的な崑崙山と結びつけていった。徂徠の、中国から影響を受けた富士山中心の日本主義は、おそらく、彼の師の墓碑に「富士山は世界の中心で、北極星、さらに天柱とされる中国崑崙山の分身である」と刻まれていることによるものである。また、徂徠は昔の「名所」のイメージで示された理想像に刺激を受けることなく、富士山の噴火現象や頂上の実際の姿を忠実に描写している。幕府や日本の人びとの間で富士山の名声が高まっていく過程において、徂徠は富士山の栄光を讃え、優越的な地位へと富士山を高めるために中国の霊山と関連付けたように思われる（Lidin 1983, 5, 80, 86, 88）。

徂徠は「日本を宇宙の中心として見ていた」し、「意識的には中国びいきだが、感情的、無意識的には富士山を崇める国家主義者」であり、仕えていた大名の失脚後は徳川家へ忠誠を示した。「こうしたことから、富士山への信仰を保つことは容易であった。富士山に対する信仰を徳川家の方向に向きなおせばいいだけなのだ」（Lidin 1983, 42-43）。徂徠は、富士登拝にも、グラフィカルに山を描くといった芸術的な活動にも関与していないが、彼の生涯と思想は、富士山を中心とする日本人のアイデンティティが固まっていく際に他の人びとにより共有・利用された世界観を反映したものだった。

一八世紀の後半、富士山は芸術家たちや作家たちの国家的な意識のなかで、だんだんと重要なシンボルとなっていった。そのことは特に、「日本」の概念を明確化することに貢献した平賀源内（一七二八―七九）の書籍に見られる（Haga 1983）。源内の死後発行された自伝によると、「富士山を『三国におけるまさに最も高い山』として賞賛し登拝したとしている。（…）このことは、富士講のリーダーだった食行身禄による『富士山は三国の源である』といった声明や、洋画家である司馬江漢（一七四七―一八一八）による『富士山は他国になき山なり』といった発言に類似したものであり、（…）これらの発言を、一般的な言語や創作の分野において、中国と比べて日本の文化的優位性を主張する新しい表現に結びつけるために、狩野派は、新しいレベルの国家的重要性を持つ富士山のイメージに向けて、説得力のある作品を創造した」（Clark 2001, 23）。

源内は、「日本」の現状や本質は、これまではっきり示されてこなかったと不満を述べている。かつて、一般的な日本人にとっての「国」とは、その人が住んでいる「藩」として考えられていた。けれども、「源内にとっての『国益』の国は、藩を指しているのではなく『日本国』を意味していた」（狩野 1994, 48）。源内は、日本国にとっての具体的な利益である「国益」に関心があった。源内は、富士山から国を守るように伝えられたという夢を見ており、それゆえに彼にとっては、富士山は日本と同じ意味を持っていたのだった。その夢を、現実の日本に対する啓示であると考えたが、源内は単なる怠惰な夢想家ではなかった。源内は、実践的な現実主義者であり、遠近法と、自然の風景を忠実に写実する手法を備えた西洋画を好んだ。源内の自由な精神は、当主の責任を放棄して、漢方医学の研究と博物学者としての仕事を続けさせた。そして、当時はヨーロッパ（特にオランダ）の科学知識や西洋の絵画手法を含む「洋学」を追究したのである。

博物学者としての名声により、源内は秋田藩の鉱山の調査に招かれた。彼は秋田への旅のなかで、狩野派の若い画家だった小田野直武（一七四九―一七八〇）と出会い、彼に模写用の洋画を提供した。源内は直武に、もっと絵画の写実的な画法を吸収するように勧めた。そして、西洋画の画法を学んだ直武は、かなり写実的な手法で富士山の注目すべき絵画を描いた（狩野 1994, 49-51）。源内が江戸から遠く離れた秋田藩へ西洋画の技術を紹介したことは、秋田の大名で、秋田蘭画を創設したことで知られる佐竹曙山《しょざん》（義敦：一七四八―一七八五）にも影響を与えている（French 1983a）。曙山は、絵画は実用的であるべきだと考えており、従来の役に立たない知識階級の風景画家を批判した。彼は模写や、様式に重きをおくことを強く否定し、実用的な絵画は、題材を写実的に描くべきであると主張した。彼は絵画に科学的な精神を吹き込むことを望み、その目的のために西洋画の遠近法の技術を積極的に用いた。

司馬江漢（一七三八―一八一八）は、曙山の芸術理論を完成させた後継者と考えることができるかもしれない[6]。江漢は、はじめ狩野派のもとで絵画を学んだが、後に「オランダ」（西洋）の絵画の影響を受けるようになった。彼は写実的な絵と、国益に資する絵の両方を好んだ（狩野 1994, 56）（口絵9参照）。この点では、江漢は、名もない山々を描いた中国風の風景絵画も実際に見ていたはずである。彼はまた江戸時代の狩野派画家として最も重要な風景画家である狩野探幽（一六〇二―一六七四）を非難した。探幽が描いた富士山の絵画は、当時広く賞賛されていた（Kaputa 1983, 150-151）。江漢は、富士山は他国では見ることができないが、これを主題とした従来の絵画は、様式や手法があまりに強調され過ぎて富士山とは似ていないものとなり、したがって優れた絵画になっていなかったことを残念に思っていた。彼はまた、探幽は富士山の多くの絵画を描いたけれども、それらは実際の富士山のようには見えないと言った。江漢によれば、探幽の富士山はお遊びに過ぎず、「国益の具」（狩野 1994, 56-57）として役立たせることはできなかった。

風景や富士山を描くうえで西洋の技術を用いることに重きをおくことに反対する画家もいたが、彼らの作品は、富士山を日本の表象として適切な方法で正しく描写している。中林竹洞（一七七六―一八五三）は、天保八年（一八三七）に富士山の絵画を描いたが、それは富士山を「民族思想の象徴」として扱い、国の形を創造した神々の時代から非常に高い山として知られ、数々の詩歌に歌われたものとして描いたものだった(7)。竹洞のアプローチは、西洋の画法を用いた画家とは異なっていたものの、その作品は、富士山は他の国には見られない山であるということを強調した司馬江漢のような西洋風の画家のメッセージをより強めるものである。この点において、「富士山の姿と日本国とが完全に同一視された」とき、富士山は「日本のアイデンティティの核」の地位を得るようになったのである（狩野 1994, 58-59）。

江戸時代の後期から、富士山の形は、明らかに軍事的な目的と結びついた国益の機能を満たすようになる。嘉永二年（一八四九）に歌川国芳（一七九七―一八六一）によって制作された「太平記英勇伝」には、富士山が以下のように表現されている。「藤原正清、つまり加藤清正（一五六二―一六一一）が、鎧を身にまとって朝鮮の海岸で床几に腰掛けて、遠く離れた富士山を閉じた扇で指し示している。彼と彼の部下たちは故郷を懐かしみ、ここでは、明らかに朝鮮からは見ることができない富士山が母国のシンボルとして描かれている(8)」。見るからに虐げられ、服従する朝鮮の「地元住民」を鎮圧した、身体よりも大きな鎧をまとった武将は、この海外出兵の背後にある力の源を示す国家的なシンボルである富士山を扇子で示している。富士山は海外からは見えないが、この絵画には、富士山の形のなかに、国家による意志が具体的に表現されているように見える(9)。

この朝鮮と富士山との組み合わせは、日本の国家的なアイデンティティを洗練させるために、まったく異なる外部的・内部的なシンボルを結びつけて示したものである。江戸時代に一二回日本を訪れた朝鮮通信使は、「当初、徳川幕府の政治的正当性を示す点から重要だったが、のちに、国際的な空間における新しい日本の意志と、その空間の秩序における日本の役割を明示する助けとなった。また、日本文化における外国人の位置を示すことにより、これらの活動は、国家的・文化的な『自己』、すなわち近代的な日本国家のアイデンティティを創造する手立てとなっていた」[10]。このことは、江戸時代の朝鮮通信使の情景を描いた羽川藤永（一七三五―五〇に活動）の『朝鮮通信使来朝図』に見ることができる（口絵10参照）。西洋風の遠近法を用いたこの絵画は、江戸の日本橋の通りを進む行列を画面内に入れており、二階建ての建物に挟まれた二列の行列が、軸から少しずれた富士山にある消失点から手前に向かっている[11]。絵画の上方から鑑賞者のほうへ向かう通信使の行列が手前で右に九〇度折れ曲がるという構図は、その後のいくつかの絵画で採用されている。日本がアイデンティティを創造するための一助となった朝鮮通信使を描いたこの絵画の要点は、富士山が新たに生まれた国家的アイデンティティを広く示すエンブレムとして富士山が用いられていたということにある。

江戸時代においては、富士山のイメージは、三国あるいは「万国」を超える、至上の国としての日本のシンボルとして念入りに作られ、積極的に広められた。一九世紀の女子教育の教科書では、挿絵や詩歌において富士山を大きく取り上げている（Nenzi 2008, 127-28）。明治政府の元勲たちが天才的だったのは、日本人のアイデンティティと優越の目印としてこの富士山を採用・適用し、特に普通教育という装置を通して、新しい民族国家の市民意識のなかへ富士山を刷り込んでいった点である。

近年の日本の出版物における分析では、明治時代から第二次世界大戦にかけての教科書や教師用手引きに富士山が取り上げられていることに関して詳細な情報があり、近代日本において、教科としての地理学の進展に富士山が大きな役割を果たしたことに触れている（Abe Hajime 2002）。「富士山は日本のシンボルである」という表現の背景には、一つの国土、一つの人種、一つの国という意識を富士山が引き受けているという前提がある。志賀重昂《しげたか》（一八六三―一九二七）や、小島烏水《うすい》（一八七三―一九四八）といった初期の地理学者は、このような姿勢を促す一助となった。志賀は「五里霧中の近代化のなかで、国粋保存旨義の考えを詳細に説明し」、そして「自然環境を美的に感じ取り、解釈するということを再び喚起し、このことは日本のナショナリズムの重要な要素になった」のである（Neuss 1983, 91）。

志賀の著作は、明治三八年（一九〇五）に『日本山水論』を著した小島にとっても重要だった。両者の著作は、戦時に著されたもので、愛国主義の高揚をもたらした。というのも志賀の著作はちょうど日清戦争の前に、小島の著作は日露戦争時に出版された。志賀は富士山を、世界の有名な山々を考えるための基準とし、小島は富士山を、すべての日本の有名な山々を代表するものと考えた。志賀の主張は、西洋のオリエンタリズムを日本に持ち込んだ、いわゆる「逆のオリエンタリズム」の風潮を示す一つの例であり、日本の自然の美しさを外国人が賞賛していることを引き合いに出し、自然を中心とした日本の由緒ある美的な遺産を裏付けるものだとしている。彼は、これらすべてのなかに、人間を高め、神聖さ――有名な山々が持つ特性や価値――をもたらす自然と人間との間の結びつきを強化するものがあると考え、あらゆる名山のなかで特に卓越しているのが富士山であるとした。この主張に際し、彼は富士を称賛した外国人の文学作品と、日本において地元の山に「〇〇富士」と名付ける古くからの風習という二つの根拠を挙げている（Abe Hajime 2002, 58-59, 62-63）。

多くの学校教科書、特に低学年のものでは、国家的な意識を浸透させるために富士山が利用された。明治初期に始まったカリキュラムでは、地理学は必須科目だったが、富士山は国語、美術、音楽の授業でも取り上げられた。生徒たちは、富士山についての詩歌を読み書きし、富士山の絵（写真のようなもの、あるいは「見たまま」の富士山、そして伝統的な「三峰」の富士山）を見ながら描き、そして富士登山についての説明を読んだのである。そして富士山に登ることも勧められた。今まで富士山に登ったことや見たことがない子どもたちは、こうして折に触れて富士山について教えられることによって、富士山の美しい形に親しみを持つようになり、そして日本の美しいシンボルとしての富士山の頂への憧れを徐々に抱かせていったのである。

明治期の教育は、国家的な政治形態である「国体」への忠誠心を育むものであった。生徒たちに提示された際、富士山を利用した教材はそれほどわかりやすくも論理的でもなく、日本の「自然の」象徴である富士山の見方と解釈について教えるのが主であった。富士山の絵を描き、富士山を讃える文章を朗読し、そして書くということは、無意識のうちに富士山に対する感情的な結びつきをもたらしたのだった。そしてそれは国体と結びつくものであった（Abe Hajime 2002, 82, fig.10）。「富士」という言葉は、実際の山をさし示すだけにとどまらないものとなった。これらの教材に用いられたことの意義は、「国体」やそれに付随する価値（天皇や国家への忠誠など）を示すような具体的なシンボルを通じて、人びとを結びつける特別なイメージを伝え、染み込ませ、高めていくことだった。

## 硬貨や紙幣、切手に用いられた富士山

明治時代以降、政府は、できたばかりの国民国家の高揚のために、さまざまな手段で富士山を利用した。このことは、特に硬貨や紙幣、そして切手の図柄に広くみられ、文化的で国家的な一体感をもたらすための重要な指標だった。紙幣や硬貨、そして切手の図柄として、政府と官僚によって富士山のイメージが選

ばれたのは、富士山が大衆に認識される要素であったからだった。日常生活に欠かせない硬貨や紙幣、切手が流通することで、富士山についての認識と人気は広がり、強化された。つまり、近代日本のシンボルとしての富士山の重要性は、さまざまな形態の硬貨や紙幣、郵便切手にたびたび登場することにより示されたのである（あわせて、明治初期から昭和二一年（一九四六）まで、皇室の菊の紋章も、すべての日本の紙幣に記されていた）。

近代以前の日本では、何世紀にもわたって、主に硬貨は中国、朝鮮、そして他の国々からの輸入に頼っていた。そして、日本で鋳造された硬貨は、外国のものを真似たものだった。江戸時代には、非公式に鋳造された硬貨や、幕府による硬貨も流通した。そして、多くの大名はそれぞれの藩札を用いていた。近代初期における日本の貨幣には、富士山が描かれたものはなかった[12]。近代の貨幣についてここで注意しなければならないことは、国家的な為替の基礎として、明治政府が「円」を制定したのが明治四年（一八七一）であるということである。というのも、貨幣と郵便切手が、国家的なアイデンティティの意識を高めるための重要な道具となったのは、明治期においてだったからである。近代において、富士山は日本を表現するものとして、硬貨と紙幣の両方において重要な図柄になった。

明治初期の日本の紙幣には、龍や鳳凰、そして大黒と恵比寿といった伝説上の題材が用いられた。その後、重要な為政者、政治家、文化人や、有名な社寺が紙幣に描かれた。近代において、紙幣に富士山の形が初めて現れるのは、明治五年（一八七二）の横浜で発行された、「By Government Permission」と英語で書かれた洋銀券であった[13]。この紙幣の発行については、二つの要素が注目できる。まず、洋銀券は五ドルから一〇〇〇ドルまでの種類があった。そして、その紙幣に書かれていた言語が日本語と英語の二ヶ国語だったということである。この紙幣が示すドルの量は、この紙幣が国際的な取引に使えることを示し、富士山の絵を用いることで、各国に日本の象徴をより強く意識させることを意図していた[14]。ただ、国内で流通する紙幣に富士山が登場するのは、昭和一三年（一九三八）まで待たなければならなかった。それは五十銭紙幣で、富士山は金色の太陽に照らされ、その側面には雲と桜が配されている。「見たままの」あるいは写真のような富士山によって、日本という国の成り立ちが神話的であることを連想させる構図となっている[15]。「このように国家的なシンボルとして富士山に頼った時期というのは、明治時代から始まる外国との交流を経て、積極的な植民地の拡大が続き、日中戦争と太平洋戦争という大きな戦争へと進んでいく時期だった」（Clark 2001, 23）。つまり、紙幣の題材としての富士山の出現は、一九三〇年代後半のナショナリズムの高まりの時期と重なっているように見える（また、富士山は日本の自然美のシンボルとして、観光の推進にとっても重要な媒体であり、日本が「建国」されてから二六〇〇年目にあたる昭和一五年〈一九四〇〉に、海外から多くの旅行者を期待する目的で用いられた）。しかしながら、昭和六年（一九三一）から昭和二〇年（一九四五）にかけて続いた十五年戦争の真っ只中である昭和一七年（一九四二）には、五十銭紙幣の富士山は、靖国神社の画像へと置き換えられてしまう[16]。戦後の昭和四四年（一九六九）には、富士山が再び五百円紙幣に現れ[17]、昭和五九年（一九八四）からは、五千円紙幣の裏面に用いられている[18]。このように、一九三〇年代後半から現代にかけての紙幣において、富士山が図柄として用いられたということは、特に十五年戦争の間と戦後の国家を象徴するうえで、富士山が顕著な役割を有していたことの明白な証拠である[19]。

外国由来の硬貨は先史時代から日本に存在しており、江戸時代までのほとんどの時代においては、中国から持ち込まれた硬貨が主だった。また、日本で鋳造された硬貨は、中国のそれを真似たものだった。古代から中世の時代においては、下層階級では、物々交換が主要な交易の形であり続けたため、取引に硬貨を用いるということはなかった。硬貨と紙幣がより広く用いられるようになるのは、江戸時代のことだった。しかしながら、国内外の硬貨、幕府と民間の硬貨など、さまざまな重さや純度の硬貨が混在しており、個人間取引と商取引の両方にとって厄介な問題であった。つまり、幕府は、外国の硬貨を用いるか、国内の貨幣鋳造を管理する対策を確立しなければならないという難題を抱えていたのである。紙幣とあわせて、明治政府による国家的な通貨の基礎として「円」を確立させるということは、金融政策と国家的なアイデンティティを結合させる手段だった。その結果、古い貨幣や硬貨は流通から除かれていった[20]。

近代日本の硬貨は、紙幣と同様に、龍や鳳凰といった、中国からのイメージを取り入れるとともに、太陽や稲穂といった日本的なテーマも取り入れている。硬貨もまた、日本のイメージ付けのために、富士山の図柄を採り入れた。その最も早い例は、おそらく、昭和一六年（一九四一）の一銭硬貨で、富士山の頂の上に菊の紋章を配したものである[21]。また、終戦直前の昭和二〇年（一九四五）半ばには、国内の金属が欠乏したことから、政府は硬貨の素材として焼成粘土を使わざるをえなくなった。その一つが表面に富士山を象《かたど》った一銭陶貨だった[22]。紙幣と同様に、硬貨に刻まれた富士山は、戦争や軍事的な目標に人びとを駆り立て、戦時体制にするための試みとして現れた。一方で、硬貨の富士山が戦後に果たした大きな役割は、記念硬貨のなかに見いだすことができる。その最初の例は、昭和三九年（一九六四）の第一八回夏季オリンピックの際に発行された千円銀貨である[23]。この硬貨の表面には、オリンピックのロゴである五輪があり、裏面には、半円形に並んだ花の装飾のなかに富士山があしらわれている。もっと目を引くのは、昭和四五年（一九七〇）の大阪万博の際に発行された百円記念硬貨である。このなかには、小さな形であるけれども、北斎の富士山のイメージが象られ、その周りを北斎風のリボンのような形をした雲がたなびいている。次に富士山が硬貨に現れるのは、平成天皇の即位一〇年を記念して平成一一年（一九九九）に発行された硬貨であり、このなかには、菊の花束の上に富士山がそびえている[24]。紙幣と同じように、硬貨においても、富士山を図柄に用いたものが最初に登場したのは戦時中であったが、戦後には菊の紋章が外され、富士山のみが国家的なイコンとして目立つようになった。

郵便切手は、貨幣よりも頻繁に新しいものが発行され、図像としてより大きな可能性があることから、国家的なシンボルとしての富士山の役割について、より豊かな歴史を有している[25]。明治四年（一八七一）の最初の日本の郵便切手は、当時あまり一般的ではなかった幾何学的な図柄が採用されていた。この幾何学的な図柄から離脱し、明治四一年（一九〇八）に発行された切手に採用されたのは、伝説的な神功皇后（一七〇―二六九）の肖像だった。神功皇后は、「第一四代天皇の仲哀天皇の皇后」で、天皇が死に、新羅への遠征を続けられなくなったとき、神功皇后が男に変装して、遠征に踏み出し、敵を征服したとされる[26]。日本の郵便切手に肖像画が初めて用いられたのは、明治三七年（一九〇四）から翌年にかけての日露戦争が終わったすぐ後の時期で、海外の戦地において劇的な勝利を収めた指揮官の姿が描かれている。他の国々と同様に、日本においても郵便切手は国威の発揚に用いられてきた。大正一一年（一九二二）から昭和一二年（一九三七）にかけては、皇室の菊の紋章と富士山、そして鹿という三つのモチーフを描いた切手のセットが用いられた[27]。その結果、皇室の紋は、天皇と国を象徴する視覚的な権威を富士山に与えたともいえるのである。

大正一二年（一九二三）の関東大震災によって郵便切手の印刷局と印刷機が破壊され、切手の需要のために応急対策が必要とされ、民間の印刷所で切手が印刷された。その新しい切手には、両脇に桜を配した富士山が描かれ、富士山の上には菊の紋章が配されるというもので、国の復興を願う国家的なシンボルのように見える[28]。昭和元年（一九二六）には、富士山の風景を描いた郵便切手が発行された（Yamamoto

1962, 52)。この切手は「風景シリーズ」の一つとされた（「さくら」1997, 25）[29]。そして、昭和一二年（一九三七）からの「第一次昭和切手シリーズ」では、桜の背景に富士山が描かれている（「さくら」1997, 26）[30]。

一九三四年、「逓信記念日制定」にちなんで発行された四種類の航空郵便切手のセットは、発動機を三基搭載する航空機を特集したもので、航空機の着陸装置の下に遠く富士山が描かれている[31]。別の航空郵便切手である「鎌倉大仏」[32]には、左側に大仏が大きく描かれ、右上に小さな飛行機と、その下に小さな富士山が見られる。

昭和一〇年（一九三五）、年賀状のやり取りが七億枚に達したとき、「新年にふさわしい図柄」が考えられた。その図柄の一つは、優雅な富士山が、古代からの祝い事の象徴である松、竹、梅に装飾された枠に囲まれたものだった[33]。昭和一一年（一九三六）には、国立公園シリーズとして、富士箱根国立公園を取り上げて、富士山を題材にした四枚の切手が発行された[34]。このように、明治時代から一九四〇年代にかけての日本の郵便切手は、幾何学的な図柄から、肖像画や風景を描いたものへと推移していき、そのなかで富士山は国家的なシンボルとして描かれたのである。富士山を描いた郵便切手のうち、一九四一年以前に発行されたものは、戦時中に再発行された[35]。

日本の郵便切手をさまざまな角度から分類した山本与吉は、「プロパガンダ切手（一九四二―四八）[36]」という特別な分類を設けている。それによると、「昭和一六年（一九四一）から昭和二〇年（一九四五）にかけての太平洋戦争の間、日本政府は人びとの戦意を向上させて、戦争を遂行するための機運を盛り上げるために、一二枚の切手を発行した」。そして、これらの一二枚のうち、「四銭切手の図柄は、富士山と、天孫降臨の舞台となった日向地方（現在の宮崎県）にそびえ立つ記念塔（八紘之基柱《あめつちのもとはしら》）が取り上げられている。この記念塔は、天皇の先祖の伝説的な揺籃の地として、昭和一五年（一九四〇）の祝賀を記念して建造されたものである」[37]。この塔は、「日本の最初の天皇である神武天皇の即位二六〇〇年」を記念したものである。神武天皇は、各地の「皇室に対しての強固な抵抗」を征して建国した人物である[38]。八世紀に記された『古事記』や『日本書紀』に見られるこの神話的な記述は、明治政府とその後の政府によって利用され、天皇による支配を正当化し、また天皇への忠誠を通して国を一体化し、太平洋戦争での動員をもたらした[39]。昭和一七年（一九四二）の切手では、富士山の頂と八紘之基柱の頂点が対になっており、（皇室の菊の紋章とあわせて）これらの三つのシンボルは、皇室の意匠、聖なる頂、そして戦争遂行を支える八紘之基柱の力を合成したものである[40]。

富士山と八紘之基柱との結びつきから、富士山が皇国主義のプロパガンダの役割を与えられていることは明らかである。第二次世界大戦中、日本がフィリピンを占領していた時期に発行した一連の切手のなかには、フィリピンの火山と富士山を対に描いたものもあり、そこでは富士山は植民地政策や愛国心の高揚の道具として用いられていた[41]。昭和一八年（一九四三）四月一日、フィリピンで一四種の普通切手が発行され、そのうちの三種について、山本は単純に「マヨン山」と分類している。しかしながら、これらの切手には、明らかに二つの山の絵が描かれている。右側には、熱帯のヤシの木から現れている少し低い山が描かれ、左側には、雲の帯の上にやや高い山が描かれている。高いほうの山は富士山であり、この切手は、「さくら日本切手カタログ」では「富士とマヨン山」とされている。この絵の舞台は「フィリピンの島々」であるが、マヨン山と対になっているやや高く描かれた富士山は、「兄」＝日本に従属する「弟」＝アジアの国々は日本に協力すべきであるという、アジア大陸における儒教のイデオロギーを日本政府が利用したと考えられる。この富士山という題材は皇国主義の宣揚の性格が顕著であり、十五年戦争（一九三一―四五）の間に日本の植民地となった国や地域においてこのような郵便切手が用いられたのだった[42]。

同じフィリピンのシリーズとして、「昭和一八年（一九四三）五月七日、二種類の切手がバタン半島とコレヒドール要塞陥落の一周年を記念して発行された。そのデザインは、地図、日章旗、戦闘機、軍艦、そして兵士を組み合わせたものだった」[43]。この切手は、富士山とフィリピンの山を対にしたものと比べて、軍事的な植民地支配を明示している。富士山の植民地支配への関わりはフィリピンに限らない。「昭和一八年（一九四三）五月、モルッカ諸島と小スンダ列島にある日本の海軍本部によって、一一種類の切手が発行され、そのうちの四枚は、富士山、金鵄、日章旗、そして東インド諸島の地図を取り上げたものだった」[44]。これらの切手では、文字よりも富士山の存在感が際立っており、切手の上半分に富士山が描かれ、「日章旗」を真ん中、東インド諸島の地図を下のほうに配している。より早い時期の他の植民地の切手は、昭和一〇年（一九三五）の「満州国皇帝陛下訪日記念」シリーズである（『さくら日本切手カタログ』では「満州国切手」とラベリングされている）。この切手は、富士山のゆるやかな傾斜の上にふわっとした雲が描かれており、カタログでは「富士山の上のめでたい雲」としてラベリングされている。そしてそれは新しく植民地となった満州国と日本との密接な関係を暗示しており、富士山＝日本にとってよい前兆とされた[45]。また、富士山は満州国の傀儡の皇帝を歓迎し、認めているように見える。一九三〇〜四〇年代の富士山の切手のイメージが果たした役割は、富士山の絵は「国体の統一の道具」であるべきだと主張した江戸時代後期の思想家たちの考えを思い出させる。このように、富士山はたしかに、皇室、植民地、軍事的な目的の道具として機能したのである[46]。

切手収集における富士山について、興味深い説明がある。公爵三井高陽が昭和一五年（一九四〇）に発表した短い記事「Japan Portrayed in Her Postage Stamp（郵便切手に描かれた日本）」である。半官半民の英文業界紙「Tourist」に寄稿されたもので、この短文は日本に訪れる西洋人を惹きつけるために書かれたものである。そのなかで郵便切手を「日本の風景、歴史、そして国民生活の注目に値する点を描いたもの」として宣伝している。記事は、「日本に訪れたことのない西洋人でさえも、日本の自然は富士山によって象徴され、日本人の特徴は桜によって象徴されるということを知っている」と始まる。彼は、切手を飾る火山や富士山の重要性を強調している。なぜなら、「それらは男らしい力を明示したものであり、温泉の生みの親であり、雪をかぶった富士山、可愛らしい桜の花、霜に耐える梅の花、これらは、単なる装飾用としてよりも、高い内包的な価値を持っているからである」(47)。自らの態度や文化的な素養に基づき、切手に現れる富士山の美点として三井が褒めていることは、本書の序盤で述べた富士山のイメージととても近い。つまり、自然の特徴、国の象徴としての美しさと、火山の火と水の力に非常に近いのである。大戦前夜にあった、このような富士山への非・政治的なまなざしは戦後すぐに再来し、復活することになる。

戦後の日本には、多くの変化が起こった。特に、超国家主義的、軍事的な政策を禁止することや、それに伴う国家神道の廃止、信教の自由の普及である。昭和二一年（一九四六）四月一五日の新聞記事には、この過程における切手の変遷に関する興味深いコメントがある。それによると、「一円切手は靖国神社の図柄で、これは戦争で死んだ魂を崇めるために採用された。この切手の販売は、発行から一ヶ月後の五月一五日に禁止された」(48)。戦中には靖国神社を崇める類似の切手が発行されていたが、戦後、靖国神社は郵便切手から追放された。さらに、菊の紋章は皇室や国における最高権威を象徴するものだが、これも占領改革期に除外された。

これに対して、富士山のイメージは、戦時中プロパガンダとして用いられていたにもかかわらず、その図柄は消えることはなかった。実際、再登場すると、以前よりも人気を博し、平和のシンボルにすらなった。ある日本の切手カタログによると、「戦後の郵便切手製造の取り組みは、平和を希求する国を象徴する方向へデザインを改訂する計画の実施として特徴付けられる」[49]。このように明言された目標の達成に向けての第一歩は、昭和二一年（一九四六）八月一日の一円切手の発行だった。その図柄は、『富嶽三十六景』やその他の浮世絵で名高い葛飾北斎（一七六〇―一八四九）の代表作の一つである「山下白雨」（口絵1）から取られたものだった。

いくつかの点が、この切手の重要性を目立たせている。発行の日付は重要であり、敗戦を契機として、郵便切手が戦時中の軍事的な主題から、平和的な主題へシフトする最初の動きであった。平和を促進するためのシンボルの一つとして富士山が選ばれたことは、富士山が日本を象徴し続けるという事実を立証している。浮世絵を選んだということは、わかりやすい試みではなかったかもしれないが、切手を平和的な目的にかなうものとする過程のなかで、北斎や富士山に対する西洋のロマン主義的な愛情を利用した、逆のオリエンタリズムを賢く使ったのだった[50]。この切手において、皇室の紋章は中央から左上へと移動したとはいえ、天皇はいまだ日本の名目上の長であることを認めていた。けれどもこれは翌年に変更され、その年に天皇は国の「象徴」であり、非神格的なものであるという新しい憲法が施行された。切手から「大帝国」の三文字が削除されたことで、天皇と富士山は戦争を想起させるシンボルから、戦いに敗れ、五〇年間拡大し続けた植民地をすべて手放し、かつて敵対していた相手と平和的な関係を結んでいくことを模索する国家を象徴するものへと変容した。もっとも、今日では神社としての靖国神社は栄え、再び力を持っており、戦前よりも壮観となっている。しかしながら、象徴としての靖国神社は国内外から批判を受け続けており、戦争問題について矢面に立たされ、論争が続いている。

これに対して、富士山は大戦後もそれほど痛手を受けたり汚名を着せられてはおらず、よりしぶとく、順応性のあるイコンとして表されている。実際、占領期の昭和二三年（一九四八）に、北斎の没後一〇〇年を記念した記念切手が、再び北斎の富士山の絵を利用して発行されている（Yamamoto 1962, 175-76）[51]。翌年には、昭和一一年（一九三六）に発行され、戦時中に中断されていた国立公園シリーズの切手に続く形で、富士箱根国立公園の切手が再び販売された。結局、戦前において日本と自然を象徴するものであった富士山は、戦後も同じ役割を果たしたのだった。戦後の平和な時代において、富士山は再版や改訂版として何度も何度も切手に取り上げられた。写真や絵画、そして北斎や広重の複製としてである[52]。

国としての要求を満たすための富士山に対する江戸時代のイデオロギーの遺産は、明治時代以降に硬貨、紙幣、そして切手において表現され、実現した。戦時中においても、平和な時代においても、富士山は国のために尽くしたのだった。

## 注

（1）Toby（2001, 17-19）。

（2）Ayusawa（1953）に掲載されている“the types of world map made in Japan's Age of National Isolation”（日本が国際的に孤立した時代に作成された世界地図の分類）も参照。

（3）Beasley（1984a, 563）、Burns（2003, 3）、J. A. Sawada（2004, 211）、Iida（2002, 11-13）。

（4）Gluck（1985, 286）、Beasley（1984a, 564）。

（5）Beasley（1984a, 556）、Gluck（1985）、Fujitani（1996）、Bix（2000）。

（6）狩野（1994, 55-56）、French（1983b）、Roberts（1976, 88）。

（7）Graham（1983）。Melinda Takeuchi（1992, 192n53）によると、「竹洞は自ら富士山の並外れた自然主義的な絵画を描いた。そしてそれは、日本人による西洋絵画に対する初めての挑戦のように見える」。

（8）Uhlenbeck and Molenaar（2000, 13, plate 5）。

（9）Robinson（1982, 144-45）および Smith（1988, 60, 61, 215, plate 73）を参照。
（10）Toby（1986, 415, 423）。
（11）同書（424, plates 1, 2, 6）、Singer with Carpenter et al.（1998, 297, plate 155）。
（12）現代以前の硬貨の絵柄に富士山を確認できる実例は一つもない。*Kodansha Encyclopedia of Japan*, 5: 242-43）、Kodansha（1993, 2: 999-1000）および Pick（1994-95, 2: 671-72）を参照。
（13）カタログには、"#S205-211 Mt. Fuji in frame of 2 facing dragons at top ctr." と記されている（Pick 1994-95, 1:676）。
（14）日本銀行のウェブサイト（http://www.imes.boj.or.jp/cm/English_htmls/feature_gra2-7.htm）（二〇一〇年一二月一七日閲覧）では、この「横浜為替会社」を銀行券として記述している。
（15）Pick（1994-95, 2: 678n58）。
（16）同書（2: 678, no. 59）。
（17）同書（2: 680, no. 92）。
（18）同書（2: 681, no. 98）。
（19）Pick（1994-95）や日本銀行のウェブサイトでは、日本軍や占領軍の通貨に富士山を用いたものは存在しないとしている。
（20）*Kodansha Encyclopedia of Japan*（5: 242-43）、Kodansha（1993, 2: 999-1000）。
（21）Krause and Mishler（2004, 1229, no. 59）。
（22）同書（no. 110）
（23）一九六四年の東京オリンピックは、国際的な名声を取り戻す助けとなった。日本は一九四〇年に第一二回夏季オリンピックを開催する準備を進めていたが、戦争の勃発によりキャンセルしていた。一九四〇年のオリンピックのために制作されたポスターは、富士山を顕著な題材としていた。このポスターについては、D. C. Earhart（2008, 54 and illus. 25）を参照。Krause and Mishler（2004）は、一九六四年のオリンピックの記念硬貨（1236, no. 80）、一九七〇年の大阪万博の記念硬貨（1234, no. 83）を掲載している。

（24）Krause and Mishler（2004, 1236, no. 123）。

（25）Horodisch（1979）。Hyman Kruglak には、"Mount Fuji Prominent on Japanese Stamps"（Rogers 1993）を寄贈いただいた。記して御礼申し上げる。この記事では、Robert Spaulding Jr. の "Fuji from Various Viewpoints," *Japanese Philately* 20, no. 1 を引用しているが、筆者は原著を確認することができなかった。

（26）神功皇后の肖像画の切手については、Yamamoto（1962, 43-44）に掲載されている R93 and R94 を参照。以下、Yamamoto（1962）に掲載されている切手については、「さくら日本切手カタログ」（以下さくら）1997 と Scott Standard Postage Stamp Catalogue, 2005, vol. 4（Scott 2004 での引用）の該当部分についても併記する。神功皇后については、さくら（1997, 21）の切手 87, 89, 88, 90 および Scott（2004, 18）（"Jingo"）の切手 A33 に掲載。Yamamoto の著作は一九六二年という比較的早期に発行されたものであるが、切手を分類するために非常に便利である。Scott の著作は、世界の切手を参照するための基礎的な英語の文献である。この文献には、初期から近年までの日本の切手も含まれている。Yamamoto の著作は、切手をやや低解像度な白黒画像で紹介している。Scott の著作は、Yamamoto と比べて良い解像度の白黒画像を用いており、後の号では、カラー図版へと変更されている。「さくら日本切手カタログ」は、発行年の一九七七年に至るまでの切手の高画質なカラー画像を含んでいる。さくらは主に日本国内の切手を紹介しているが、イギリスのいくつかの一般的なカテゴリーの切手も含まれている。

（27）Yamamoto（1962, 49）の R123, R124, R125 およびさくら（1997, 24）の「富士鹿切手」すべておよび Scott（2004, 18）の切手 A49。

（28）Yamamoto（1962, 54, 55）の切手 R126-32 およびさくら（1997, 25）の「震災切手」160-66 および Scott

（2004, 19; "Cherry Blossoms"）の切手 A51。

（29）Yamamoto（1962, 49）の切手 R138 およびさくら（1997, 25）の切手 173, 176 および Scott（2004, 19; "Mt. Fuji"）の切手 A56。

（30）さくら（1997, 26）の切手 192 および Yamamoto（1962, 59）の切手 185 および Scott（2004, 20; "Mount Fuji and Cherry Blossoms"）の切手 A94。

（31）さくら（1997, 55）の切手 C56, A2-5 および Yamamoto（1962, 241）の切手 A-M1-A-M5（1929, 1934）および Scott（2004, 102; "Passenger Plane over Lake Ashi-AP1" に含まれている）の切手 C3-8（1929-34）。

（32）さくら（1997, 48）の切手 A33-36 および Scott（2004, 103; "Great Buddha of Kamakura-AP6"）の切手 C39-42。なお、この切手は Yamamoto には掲載されていない。

（33）Yamamoto（1962, 237-38）の切手 N-Y1（237）およびさくら（1997, 189）の切手 N1 および Scott（2004, 19; "Mt. Fuji"）の切手 A70。

（34）Yamamoto（1962, 201-2）の切手 N-P1, N-P2, N-P3, N-P4 およびさくら（1997, 177）の切手 P1-4 および Scott（2004, 19）の切手 A71-74。Kondō（1987, 169）は「一九三四年に国立公園法が制定された頃、富士山は指定されなかった。その後、富士山が国立公園に指定されるまで、二年以上かかっている。その主な理由は、日本軍が富士山の東麓で演習を実施していたからであった」としている。

（35）Yamamoto（1962, 62-63）の切手 R193（63）、R212（65）を参照。この切手と同じデザインで別の名称のものが一九四六年に発行されている。この切手については、Yamamoto（1962, 65）の切手 R13 およびさくら（1997, 27）の切手 220, 229, 230 および Scott（2004, 22）の切手 A52 を参照。

（36）"1942-1948" という日付は、"1942-1945" の誤植のようである。

（37）Yamamoto（1962, 68-69）の切手 R188 およびさくら（1997, 27）の切手 209 および Scott（2004, 21）の切手 A146。

（38）Yamamoto（1962, 135-36）。この塔は一九四四年の十銭紙幣にも用いられているが、紙幣には富士山は描かれていない（Pick 1994-95, 2: 678, “50, 10 sen, ND [1944]. Black on purple unpt. Tower monument at r”）。

（39）さくらでは、この切手を「第二次昭和切手」に分類しており、この分類には富士山と桜の木が描かれた切手が含まれている（さくら 1997, 27 の切手 220）。そして、「この切手は 192 の改版である」と書かれている。また、この切手は山本の著作においては “Propaganda Stamps (1942-1948), a. Wartime Issues” には含まれていない。Scott（2004, 22）の切手 A152 を参照。

（40）さくら（1997, 222-23）の「フィリピン」は、Yamamoto の著作とも一致するシリーズが掲載されている。一方で、これらや日本が占領した地域の切手は Scott の著作には含まれていない。

（41）さくら（1997, 222）の切手 18, 20, 24, 26。この識別は、日本語の「富士とマヨン山」という表記から判明した。Yamamoto（1962, 290）の切手 7, 9, 13, 15, 25。富士山とマヨン山の外観は非常に似ている。この切手は、一九四三年に水害救済のために再発行されている（Yamamoto 1962, 293 の切手 25）。さくら（1997, 222）の切手 38 も参照。

（42）この一例として、Scott（2004, 22）の切手 A156 を参照。この切手は、「日本と満州国の少年」が描かれたもので、満州国の建国一〇周年を記念して一九四二年九月一五日に発行された。一九四二年の日本政府の書類では、「東アジアのさまざまな国々は、親と子、あるいは兄と弟といったような互恵的な関係で結び付けられるだろう」と記しており、「しばしば他のアジアの国々と日本との関係のモデルケースとして引用される満州国の傀儡政府は、「分家」あるいは「子国（child country）」などと表現された（Dower 1986, 283）。『写真週報』二六六号（一九四三年四月七日号）一七頁では、マヨン山が「フィリピン富士」と呼ばれている記事が掲載されている（D. C. Earhart 2008, 289, illus. 74）。

（43）Yamamoto（1962, 289, 291）の切手 18, 19 およびさくら（1997, 222）の切手 29-30。

（44）Yamamoto（1962, 296-97）の切手 8-11 およびさくら（1997, 221）8-11 の切手は、「海軍民政府」のカテゴリーに含まれている。

（45）さくら（1997, 206）の切手 71, 73。このシリーズの二番目のグループとされている 72 と 74 の切手は、「双鳳に瑞雲」とラベリングされている。これらの著作を細かく調べてみたが、上記のもの以外に富士山が描かれたものはなかった。

（46）第二次世界大戦（太平洋戦争）において、軍隊と富士山の結びつきは、空において続いていたのかもしれない。「日本の海軍は、アメリカ本土を爆撃できる超長距離の重爆撃機である「富嶽」を発注していた。富嶽の爆弾搭載量は短距離では二万 kg、アメリカ本土を目標にした場合は、五千 kg であった。この情報は、以下のサイトから入手している。http://en.wikipedia.org/wiki/Attacks_on_United_States_territory_in_North_America（二〇一一年一月三一日閲覧）。富嶽を含む日本海軍の戦闘機の一般的な名前については、Mikesh（1993, 180）を参照した。他の文献では、「明治時代のエリート層は、富士山が国家を一つにするために便利なシンボルであることを発見し、第二次世界大戦中には、大東亜共栄圏の考えを広げ、また、そのなかで祖国を認識させ、勇気付けるために、富士山を用いた」としている。この情報は、以下から入手している。

（47）Mitsui（1940, 9-10）。この記載は、David C. Earhart による日本の戦時中（一九三一―四八）の出版物のコレクションに基づいている。http://metropolis.japantoday.com（二〇一一年一月三一日閲覧）。

（48）Yamamoto（1962, 73）の切手 R216. この切手は、さくら、Scott の著作には所収されていない。

（49）Yamamoto（1962, 75 ― 77）。さくら（1997, 28）の切手 239, 240 および Scott（2004, 22）の切手 A167 を参照。

（50）これは、切手に富士山を描いた浮世絵が初めて用いられた例かもしれない。

（51）Yamamoto（1962, 175）の S-S10 およびさくら（1997, 58）の C115 および Scott（2004, 23）の A189 を

（52）参照（さくらとScottは、この切手を一九四七年発行としている）。
さくら（1997）とScott（2004）に所収されている富士山を用いた近年の切手は、以下のとおりである。さくら64のC201、Scott, 27のA285、さくら71の297、Scott, 31のA412、さくら72のC319（国会議事堂と北斎の「凱風快晴」を重ねたもの）、Scott, 32のA435、A436、さくら73のC346、Scott, 32のA437（画像なし）、さくら76のC399（北斎の「神奈川沖浪裏」）、Scott, 34のA506、さくら78のC422、Scott, 35のA525、さくら78のC423、Scott, 35のA530、さくら79のC434、Scott, 79の"Design: No. 850"（画像なし）、さくら80のC462、Scott, 37の5oy（画像なし）、さくら81のC482、Scott, 38のA593、さくら81のC483、Scott, 38の5oy（画像なし）、さくら85のC544、Scott, 41の5oy（画像なし）、さくら88のC595、Scott, 43のA723、さくら100のC776、Scott, 50のA914、さくら100のC783、Scott, 50のA921、さくら105のC836、Scott, 52のA967、さくら118のC1077、Scott, 60のA1239、さくら133のC1301、Scott, 65のA1571、さくら138のC1378、Scott, 67のA1625、さくら140のC1399、Scott, 68のA1644b、さくら153のC1577、C1579、C1581、Scott, 73の2541、2543、および2545（画像なし）。

　さくら（1997）による特殊な切手は以下のとおりである。国立公園のものは、さくら177のP1-4、さくら179のP 45-48、さくら182のP91-94。新年の切手は、さくら189のN1。外信用はがきは、さくら230のFC16-17、FC20-21、FC22-23、231のFC34-35、FC26-37、FC38。年賀状については、さくら234のNC13、さくら235のNC59。「JPS郵趣活動マテリアル」については、さくら248のJUP2（葛飾北斎の「神奈川沖浪裏」と郵趣会館）、さくら249のJUP22（万里の長城、天安門と富士）およびJUP28。これらの暫定的なリストは、いくつかの切手を見落としていることは間違いなく、今後確実に追加されていくであろう。

# 第四部　近現代日本の富士山信仰

明治から大正にかけて、富士講は江戸期の隆盛の惰力で生きてきた。新しい講の台頭はほとんどない。そして、壊滅的な打撃をうけるのが第二次大戦の空襲である。これによって東京及び周辺の都市は焼野原となる。古くからの住民の大半は四散し、復興成った町には帰ってこない。新しい東京は新しい人によって構成される。そこに古きものへの訣別が生じる。もう富士山を懐しむ者も、拝む人もいない。富士見町、富士見坂、富士見橋の地名も、高層建築の乱立によって実質が失われてしまう今日である。道路を歩いていて富士山の見える所の皆無に近くなった東京に、富士信仰は無縁のものになるのだろうか。

岩科（1983, 8）

# 第一二章　近代化と富士講

## 近代における富士講の衰退

富士山の霊性は江戸時代の中後期に頂点を迎え、その後は、いくつかのグループがそれまでの富士山の宗教的な性格を残そうと懸命に試みたものの、この聖なる象徴の輝きは、次第に霞んでいくこととなる。今日の富士信仰のより詳しい状況は、現存している富士登拝をおこなっているグループのなかに見出される。そしてそのグループは、現代の環境において、過去の宗教的な実践をそれぞれ独自の手法で保っているのである。

明治維新の後、富士講は、国家神道のもとで国を統一しようとする新政府の政策に悩まされた。また、その過程のなかで、仏教は一時的に迫害を受け、修験道は仏教に所属させられたのであった。明治の初期、廃仏毀釈の動きが最高潮を迎え、仏教的な施設や芸術品が破壊や略奪の対象となった。富士山も例外ではなく、こうした遺産が混在していた富士山の聖地の多くの場所は、同じような廃仏毀釈の標的となった。実際に、その際に貴重な仏像や芸術品が動かされ、失われ、破壊されたために、富士山の歴史の一部は、はっきりとしないものとなっている。公式には禁止されなかったけれども、富士講[1]は勢いを失い、完全に復活することはなかった。しかしながら、富士信仰と富士講の黄金期であった江戸時代には、幕府の弾圧をもってしても、彼らの成長や活動を妨げることができなかった。明治時代、高圧的な政府の政策が富士講に深刻な影響を与えたという事実は、この国が社会的、政治的、そして宗教的に大きく進展したことで、これらのグループがすでに衰えていたことを示している。

江戸時代後期の富士講には、人びとの心や精神を豊かにするように努めた競争相手が数多くいた。仏教や神道の教えと実践を複合した道教の倫理を説く「心学」のような大衆的な運動は、多くの信奉者を引きつけていた[2]。そして、富士信仰に基づく実践を説く不二道もその影響を受けていた。特に、一九世紀初頭には黒住教、天理教、金光教といった先駆的な運動である民衆宗教に多くの人びとが加わっていった。この時期の潮流は、講組織といったような、ゆるく組織された近所付き合いのグループからはっきりと分かれ、より強固に構成された全国的規模の自発的な組織へと向かっていったのである。

昭和二〇年（一九四五）の太平洋戦争の終焉により、国家神道が廃止された。国家神道に基づくすべての宗教集団の活動は、国土の壊滅的な破壊により後退した。しかしながら、信教の自由という政策は、生き残った新宗教や、戦後に発展した新宗教を、驚くべき発展の時代へと導いていった。修験道の禁止が解かれることにより、いくつかの集団は正式に修験道教団として再組織化された。このような状況のもと、新宗教や修験道と同じように、残っていた富士講は、彼らが望むように自由に組織し、活動することができた。しかし、当時の状況は彼らの復活にとって好都合ではなかった。

戦前は、まだ富士塚で「山開き」の儀式がおこなわれていたが、戦後にはほとんど見られなくなった。地元の鎮守に付属したこれらの富士塚は、いまだ存在している。研究者たちは、富士講とその活動の衰退の理由は主に、特に東京の富士講の拠点で、地域住民のつながりが失われたことによると指摘している（岩科 1983, 8）。戦後、東京には高層ビルが乱立し、東京の人びとが富士山の姿を見ることは難しくなった。おまけに、新しい人びとの流入により、古い慣習が失われていった。これらのことにより、富士講を再組織化することは厳しい状況となったのである。また、東京以外の戦争の痛手を受けていない地域でさえも、富士講と富士塚は栄えることはなかった。というのも、変化した社会の状況や新宗教の勢いによって、すでに重要性を失っていた富士信仰は衰退せざるを得なかったのである。

富士登拝についての皮肉の一つは、富士講の講員として宗教的な理由のために登山する人がほとんどいなくなったのに反して、多くの人びとがレクリエーションや観光として富士山に登山するようになったことである。大正九年（一九二〇）の『山梨日日新聞』には、その年に四万八三〇〇人が富士山に登ったとの記事が掲載されている（岩科 1983, 20-24）。富士吉田市役所に電話で聞いてみると、昭和五六年（一九八一）から昭和六三（一九八八）までの毎年、一〇万人弱から二〇万人強の人びとが吉田口を経て六合目の安全指導センターを通り過ぎたとのことであった。初期の人数は入手できなかったが、昭和三九年（一九六四）のスバルライン開通後は、同じくらい多数の登山者の記録が残されている。一方、富士宮市役所が提供した富士宮口からの登山者の数は、昭和四〇年（一九六五）から昭和四四年にかけては、二万人から四万人の間であったが、富士宮口の五合目へと至る富士山スカイラインが開通した昭和四五年（一九七〇）には三〇万人へと急増している。翌年から昭和六三年にかけては、一五万人程度であった二年を除けば、毎年二五万人程度を維持していた。高速道路の開通と、バスでの移動が容易になったことにより、登山の形だけではなく、登山者の種類や数が劇的に変化した。同様に、富士山の状況や登山の体験も変化したのである。この章と次の章では、富士信仰に基づく登拝をおこなっている現代の集団を三つ取り上げるが、まず、最も伝統的な例として、宮元講について見てみたい。

## 宮元講

戦後の数多くの変化にもかかわらず、最も古い富士講の一つである宮元講は、江戸時代の宗教的熱意に基づく富士信仰や実践を、現代でも維持することを誇らしげに試みている。私は、最も古く、最も「伝統的」な富士講がいまだ残っていたことから、フィールドワークと参与観察の対象として宮元講を選んだのである。丸藤宮元講の先達、井田清重氏は、最初の富士塚を造営した高田藤四郎の富士講とその家の子孫である。七一歳の時点で、「彼は一四六回の登拝をおこなっていた。彼の最初の登拝は、七歳のときに先代の先達であった父に連れられてであった。富士吉田からの伝統的な登山道の入口にあたる北口本宮冨士浅間神社の脇には、登拝姿の石像が一つ立っている。この石像は、井田氏の父親の一五〇回の登山を記念して建立されたものである。井田氏の祖先の一人は、富士山のレプリカを作成した最初の一人である」[3]。井田清重氏は控えめな人物であったが、喜んで自らの「富士マンション」の一室で四時間にも及ぶインタビューを受けてくれた。この部屋には、富士山に関わる注目すべき品々が陳列されているだけではなく、宮元講の会合場所でもあり、独特な富士山の祭壇が設けられていた（第七章を参照）。昭和六三年（一九八八）におこなったこのインタビューは、現代の東京において、富士講の古くからの慣習を残そうとする勇敢な試みの背景にある、個人的な動機に関わる深い洞察を提供している。

井田氏は、彼の講の祈禱書であり、明治以前の言葉が使われている『お伝え』を誇らしげに見せてくれた。一方で、明治以降、（政府による仏教の抑圧と教派神道の設立によって）富士講の多くは、彼らの祈禱書を、神道の祈禱者を見習った神道スタイルの祭文へと変えていった。彼のいくつかの発言のなかで最初に言われたことは、丸藤宮元講がより古い伝統的な（本当の）慣習を残しており、人集めやお金を得るため、あるいは政府の圧力に負けて、新しい実践を導入するような妥協はしなかった、ということであった。彼は、火災報知器があり、すぐに壁が汚れてしまう近代的な建物に住んでいることを後悔していた。それは、彼のグループが古い時代の火の儀式である護摩木による「お焚き上げ」を諦めて、シンプルに線香を用いるようになったことを意味していた。

井田氏は、月々の会合と年一回の登拝について概説するとともに、近隣の地域からやってくる幹部のことや、会員のことを述べた。もし、廃れてしまった他の富士講から人びとが入ってきたらどうするかと尋ねると、彼は非常に驚いて、宮元講の人びとの大部分は、初めから講にいた人びとで、何世代も世襲してきたと答えた。彼は何度も、彼の講は「ビジネス」ではないと強調した。自宅という非公式の場において、彼は、僧侶は金のための宗教に夢中になっているということや、このところ人びとは金のために何でもするようになったために、彼や講員がもし金のために活動すれば、この富士講はもっと繁栄していたかもしれないと言って、日本の諸宗教を酷評した。

近くのテーブルに、明治六年（一八七三）に宍野半（一八四四―八四）が富士講を結集して創設した教派神道である扶桑教のチラシが置かれていたことから、会話は扶桑教についての話題に移っていった。井田氏によると、扶桑教は北海道から九州に至るまで会員を勧誘する活動に忙しいという。しかしながら、宮元講のような「純粋な富士講」はほとんどない。富士信仰のグループのリーダーの何人かは、単なる「拝み屋」に過ぎず、扶桑教にはそのような人びとが加入しているという[4]。彼は、自らは拝み屋ではないということと、宮元講は扶桑教に加わるつもりはないことを強調した。多くの話題にわたったとりとめのない会話のなかで、彼は二つの点を何度も主張した。一つは、商業的や金銭的な理由のために宗教に熱中する人がいて、彼らのなかでは、信者の数や貯めたお金が「成功」を示す尺度であるかもしれないが、宮元講はそのようなことには興味を抱いていないということ。二つ目は、扶桑教のリーダーやその他の富士信仰のグループでは、多くの信者を集め、大きな組織（教団）へと発展させることに興味を持つ人もいるが、このような集団は、富士信仰という包括的な名前を保ってはいるけれども、彼らの古くからの富士信仰の実践の効果を弱めてしまうことが多々あるということであった。井田氏自身も、グループとしての宮元講も、金銭的な欲望や、集団を拡大していくことを拒絶していた。この意味では、井田氏と宮元講は、反体制的に見えるかもしれない。

井田氏によると、明治時代には政府の圧力のために、宮元講は一時扶桑教の管理下に入ったときがあったという。しかし、決して公式に扶桑教に入ることはなかった。なぜなら、宮元講は純粋な富士講であり、現在も扶桑教に入るつもりはないという。彼は、扶桑教は富士講と直接的な結びつきはないと強調して、扶桑教の意図は、自らの組織を強化するために周辺の富士講を取り込んでいるだけだと指摘した。宗教的な位の付与について尋ねると、扶桑教では、見たところメンバーを惹きつけるために、先達や信者に対して宗教的な位を授けているが、宮元講ではそのような位を授けていないと答えた。

会話は、宮元講が保っている伝統的な実践についての話題へと移り、井田氏は、古くからの慣習や実践の多くが、すでに失われていることを認めた。その原因の一つとして、大先達といったような称号を講員に与えていた富士吉田の御師が衰退したことを指摘した。かつて御師は伝統的な称号を信者に授けたが、そのようなことは現在おこなっていない、もしお願いすれば、御師は多分称号を授けてくれるだろうが、近年そんなことを頼む人はいないという。彼は、今日御師を務めている人は、伝統的な意味での御師ではなく、単なる神主となっていると指摘した。神道スタイルの御師は、伝統的な称号を講員に授けることもできたが、誰もそのようなことを依頼しないので、このことはあまり現実的ではないと語った。初期の富士講の先達やメンバーは、富士山で並々ならぬ経験を得ていたが、井田氏によると、今日ではそうした先達は非常に稀だという。なぜなら、今では御師や先達はそのようなことを取り仕切ったり、強いることをしなくなったからだという。

初期の富士講では山開きにあたって、それぞれの講にとって重要な江戸の神社や聖地を参詣する七富士参りと称する儀式をおこなっていたが、近年、丸藤宮元講以外に七富士参りの儀式をおこなっている富士講はほとんどない。以前は、宮元講の講員は、歩いて七つの聖地を巡って七富士参りをおこなっていた。ただ、私が調査した昭和六三年（一九八八）の宮元講は、講員の数が、宮元講の研究者やテレビの取材班の人数と同じくらいに減少しており、二台の車に収まるかたちでこの儀式はおこなわれた。この日の最初の二つの立ち寄り場所は、神社ではなく、宮元講の開祖を葬った二つの墓であった。それは、日行（高田藤四郎）の墓と、その次の先達の墓であった。そこでの儀式は、短時間のものであったが、要を得たものであった。一般的な日本の慣習では、墓石を綺麗にするために木のバケツを使い、新鮮な榊を供え、線香に火をつける。そして、短い祈りの言葉を唱えるのである。

二番目の墓から出発し、彼らは千住の氷川神社のなかにある千住富士塚に向かった。ここで宮元講一行は、富士塚の隣の小さな神社に参拝した。そして境内の富士塚に登った後、神主からお神酒を受け、続いて緑茶が出された。そして、彼らは近隣の商店で大きな花束を求めてから富士浅間神社へと車で向かった。ここでは、講員は短時間の祈禱をしたが、富士塚に登ることはなかった。

その後、一行は次の目的地である小野照崎神社に向かった。この神社の入口で、彼らは神社から撮影許可を得ていたテレビの取材班から挨拶を受けた。取材班は、一行に対して、もう一度神社に入ってもらうように頼んだ。この入場の場面の撮影を終え、一行が神社の境内に到着した後、テレビの取材班は絶好のアングルで神社の前での講の儀式を撮影し、一行に続いて富士塚を登り降りしたのである。ここの富士塚は、このような祭の機会を除けば普段は立ち入ることができなかった。そのため、近くの家族連れは、この機会を最大限利用して、山の上ではしゃいでいた。子どもたちは、地元の名所に現れた白装束の一行に驚き、面白がった。そして、講員が結ぶ印を真似て楽しんでいた。テレビの取材班は、即席の交通整理員となり、講員へのインタビューの間は子どもたちを静かにさせ、人びとを講員のそばから追い払った。インタビュアーは最後に、講員たちが列を組んで境内へ入ってくるときに良い映像を撮影できなかったために、もう一度入ってきてほしいと頼んだ。というのも、私が調査のために講員の前に立って撮影しており、テレビのカメラに入り込んでしまったために、「伝統的な」富士講の儀式を撮影することができなかったのである。結局、宮元講の講員は三回も神社に入ることになった。この「見世物」の要素は井田氏と講員たちを少し不愉快にさせた。彼らは車に戻ると、テレビ会社や日本がお金にあふれている事実とかけて、どこへ行っても「みるみる」だと冗談を言い合っていたのである。

この逸話が示したように、宮元講の講員は、百年前から大きく変化した社会的、地理的な条件のなかで、昔ながらの慣習や実践を続けるために真摯な試みをおこなっていた。彼らは、先祖から受け継いだ伝統を伝えるために、テレビやカメラといった現代的なメディアなどによって、彼ら自身が利用されることを許容していた。しかしながら、もしテレビのスタッフが、このイベントを放送用に改作したり、選択的に編集し、過去の「伝統的な」出来事の残滓として放映したら、宮元講は、百年間の信仰と実践の積み重ねであるこの儀式をやめていたであろう。このように、富士山への宗教的慣行は、その本質主義の危機に加え、現代と伝統との間の緊張関係を示す良い例である。なお、このテーマは、本書の最終章において再び取り上げてみたい。

さて、この日の最後の目的地は、駒込富士神社であり、ここでは、賑やかな市と祭りが開かれていた。込み合った神社の敷地内は、祭りの屋台が並び、自由に移動することは困難であった。宮元講は、そこに入っていって、まず急な石段の下にある小さな神社に参詣した。そして、その石段を上って、本殿に参拝した。神社の神主は、一行が参詣を終えるとお茶を出した。他の神社でもそうであるが、神主たちは、宮元講の歴史的な性格と名声をよく知っているが、祭りの参加者の多くは講員たちのことを無視して、宮元講にとって祝いの行事であることや、富士山の登山の時期の始まりを意味していることは気にも留めていないように見えた。

この七富士参りは富士登拝の期間が公的に始まったことを示すものだが、富士山へ登拝する月日はそれぞれの講によって異なっている。昭和六三年の宮元講の登拝に際しては、毎年の登拝者の見送りの儀式として、長い「お伝え」の朗読とお焚き上げが八月一日の夕方に井田氏の富士マンションの祭壇の前でおこなわれた。二、三気づいたことを記すと、当日の祭壇は、さまざまな寄付者からの大きな酒瓶が何本も飾られていた。その寄付者のなかにはＮＨＫも含まれており、これまでの撮影のお礼、もしくはこれからの協力のための依頼のように見えた。約一時間にも及ぶ朗読の終わり頃には、陽気な会話や冗談などが出るようになっていた。井田氏の隣に座り、人びとにバスのなかで食べる昼ご飯を持ってくるようにと伝えたり、山での食べ物は店がたくさんあるから心配しなくて良いといったようなことを助言していた人物は、「山は高い、それは物の値段もだ」と警告していた。彼の素朴なユーモアは一九世紀の旅日記を思い出させるものである。その日記には、「借金は富士の山ほどある故に、そこで夜逃を駿河者かな」（Jippensha

1960, 369）と記されていた。[5]

江戸時代の徒歩による登拝については、すでに取り上げた。現在の登拝者たちは、近代的な高速道路のおかげで、豪華なバスを貸し切って直接五合目へと向かうのである。宮元講の登拝は、井田氏の自宅を八月四日の午前七時半に出発し、道中で何人かの人をピックアップして、最終的な乗客は四三人となった。午前九時五五分、富士吉田の大黒屋と呼ばれる御師の家へと到着した。ここで彼らは、衣類、雨具、軽食類といった、山で必要になるものを除いて、身の回りのもののほとんどを預けた。この登拝に先立ち、私は、井田氏に調査用の簡単なアンケート用紙を配る許可を得ていた。そのため、大黒屋で井田氏からの登山と安全対策に関する説明があった後に、彼は講員にアンケートに対して協力するように伝え、アンケート用紙を配布してくれた。彼らは、午前一〇時四〇分に大黒屋を発ち、北口本宮冨士浅間神社に向かった。そして神前で一列に並んで、神主からお祓いを受けた。そのあと、井田氏が代表して玉串奉奠をおこない、皆で御神酒をいただいた。かつての「古道」では、この神社から九つの合目を経て、山頂へと向かっていた。昭和六三年（一九八八）の井田氏のグループは、古道の入口とそこに祀られている井田氏の父親の像の両方に拝礼した。井田氏は、父の一五〇回に及ぶ登山を記念した像の台座に登り、古いハチマキを新しいものへと交換した。[6]

午前一一時三〇分、彼らは神社を発ち、下山のときに参拝する船津の胎内を通過して、バスで五合目へと向かった。一合目から四合目までは、標識が示されており、バスは、宿泊所やレストラン、お土産屋が騒がしく立ち並ぶ五合目へと到着した。彼らは、何人かの撮影者の被写体となりながら、五合目の小御岳神社に参拝し、近くの店で弁当を食べた。やがて、午後一時前に、三九人のグループは五合目から山頂に向かった。このなかで最高齢の人物は、八八歳であった。井田氏とその他の何人かは、「六根清浄」と唱え続けた。時折休憩をとりながら、ゆっくりであるが、安定したペースで登っていった。そして、六合目、七合目を過ぎて、午後六時に七合五勺にある元祖室と呼ばれる小屋に到着したのである。

この元祖室は、身禄が入定した烏帽子岩の場所にある。井田氏は、この場所の重要性を以下のように説明してくれた。身禄は死を覚悟してここにこもるとき、富士山の神の名前である浅間という言葉を刻んだ鏡を運びあげた。そしてそれを、入定するための場所の前に安置したのである。身禄は、この場所を山全体のなかで、最も聖なる特徴のある場所と見なした。爾来、ここは非常に重要な場所となった。身禄がここで断食をしているときに弟子の田辺十郎右衛門に書き取らせた「三十一日の巻」によって、お互いに世話をし合うことなどを人びとに教えたのである。井田氏はまた、「登拝中で最も重要なことは、精神的な強さと、お互いに助け合うことで、それさえあればそれほど肉体的に強くなくても、富士講のメンバーは全員山頂に到達することができる。我々の宗教的な観点からすると、富士山は来る人をすべて受け入れる山なのである」と語ってくれた[7]。

宮元講の人びとからの依頼を受けて、近くの祠から扶桑教の管長が小屋に入ってきて、講員を祠のなかへ招き入れた。二〇人から三〇人の講員が祠に入り、そこで彼から富士登拝の話を聞いた。その話では、かつての登拝がいかに困難なものであったかが強調され、苦行をおこない、浅間やもとのちちはは、山の源泉からの神性の啓示を受けた開祖である末代や役行者の話から始まった。そしてすぐに富士山での修行が下火になった明治時代の話に移って、明治一一年（一八七八）に扶桑教という名前になった富士一山教会の組織について述べた。また、彼は「扶桑」という言葉について説明した。それは、もともと中国で生まれて、中央から東にある山のことを示しているという。この「宝の山」は扶桑の山と呼ばれ、富士山は日本と同一視されたとのことであった。

また、彼は扶桑教の観点から富士山の霊地を詳しく説明し、身禄が烏帽子岩で入定したために、実際の山の頂から、ここを「小さな頂」と呼んでいると主張した。話の後に、彼はすべての聴衆に、浄化、守護、癒しの儀礼に参加するように招いた。その儀礼は、薄暗い部屋で、祭壇にあった小さな木の箱〔神棚〕を、各自の頭の上に置くというものであった。[8] この祠での儀礼の後、彼らは小屋に戻って夕食をとり、棚にしつらえた寝床についた。翌日、一行は午前四時一五分に起床し、ご来光を拝んだ。しかし、この日は、これから風が強くなり、これ以上の登山が危険になるとの予報が出ていた。五合目では、チャーターしたバスが彼らの帰りを待っており、彼らは風が収まるまで登山を遅らせることができなかったため、午前六時に一夜を過ごした元祖室を出て、頂上には向かわずに急いで下山を始めた。午前八時に五合目に到着し、そこで待っていた井田氏を含む数人と合流したのである。

休憩と食事の後、一行はバスに乗り、五合目を午前一〇時に出発し、船津の胎内へと向かった。胎内へと向かうバスのなかで、井田氏は胎内の歴史的背景や伝承について説明した。それによると、烏帽子岩で死んだ身禄が最初に修行したのがこの船津の胎内であったという。宮元講の開祖である高田藤四郎は船津の胎内に毎日向かい、身禄の世話をした。そして日行という法名を授かったという。日行はまた、現在早稲田大学のある高田馬場に最初の富士塚を建造した。井田氏は、胎内は「女性の体のなか」そして、「子どもが生まれる場所」を意味しており、それは洞穴を見れば理解できるだろうと言った。バスは午前一〇時三〇分に船津の胎内に到着し、人びとは神社に参拝した後、洞穴へと入った。以前に来たことがある何人かの人は、なかに入らないで、外で他の人びとが出てくるのを待っていた。何人かは、胎内神社で、安産の護符を購入していた（口絵4参照）。

彼らは午前一一時に船津の胎内を発ち、予定にはなかったが、白糸の滝へと向かった。そして多くの土産物屋があり、よく知られた観光地をぶらぶらと歩いた。井田氏は、講員を滝の近くにある、「食行身禄」と刻まれた石へ連れていった。彼らは、滝を背に記念写真を撮影し、近くの店で昼食をとって、午後二時に出発した。そして、午後三時には大黒屋に帰着した。そこで風呂に入った後、何人かは近くの身禄堂に行き、身禄や木花開耶姫の像などの歴史的なものを見学した。その夜、大黒屋の大きな座敷で、宮元講の講員に豪華な夕食が出された。井田氏は、頂上に到着できなかったことについては何も語らず、来年はもっと良い天気であることを望んだ。このような団体の行事で恒例になっているカラオケを歌いながら、ビールや酒を楽しんだ。

翌朝、朝食の後、バスを待っている間、七富士参りに参加した女性は、小野照崎神社で、テレビ番組のために富士塚を二回登り、神社の境内に入り直したことに対して不満を述べた。彼女は、富士山に一度は登ってみたかったと言った。彼女は、富士山に登ることができないのではないかと恐れていたけれども、宮元講のおかげで富士山に向かい、登山したことを感謝していた。彼女と一緒に来た他の女性たちは、講の定例の会合や月の会費、七富士参りについて話し、講に参加するためには、時間、お金、そしてエネルギーが必要であることを強調した。また、この講のなかで深い信仰を見つけることができなければ、続けることはできないだろうと述べた。講員の間では、富士山の信仰は当たり前と思われているために、登拝の間にこのような宗教的な関わりについてはっきりと述べることは稀であった。しかし、彼女たちの姿は、積極的に一つの宗教に改宗することなしに、講というものに惹きつけられる人がまだいるという重要な証拠だといえる。

一行はバスに乗り、富士吉田の博物館へと向かった。そこで彼らは富士山の映像を見た。その映像では、いくつかの場面で、宮元講による以前の富士登拝の様子が収録されており、笑い声や拍手を引き起こした。

映像の終わりのコメントの一つでは、富士山は日本人の心のなかに存在しているからこそ、富士山が見えないと、まるで何か重要なものを失ったと感じてしまうと述べられていた。

博物館を出発した一行は温泉へと向かい、その後昼食をとった。この楽しい雰囲気のなかで、講員はリラックスして、より打ち解けてきた。また、ある女性は、四〇年前に「古道」で登ったことがあり、それは五合目から頂上へ至る道とは違って、「この世のものではない」(9)経験であったと述べた。講員のなかでも年配者であり、富士山の写真集を出版している男性は、彼女に心から同意した。講の先達の一人が他の人に富士山の印象を尋ねたが、他に答える人はいなかった。というのも、彼らは、カラオケに熱中していたのである。温泉を出発して、東京までの最後の立ち寄り場所であるぶどう園での「ぶどう狩り」に向かった。講の先達は、この娯楽に少し困惑しているように見えて、私の傍に来て、かつては一合目から山頂まで登って東京へと戻ったが、それはとてもくたびれるもので、最近の人びとは、少しリラックスを求め過ぎていると語った。旅行の機会がほとんどないなかで、近頃は富士登拝をぶどう狩りの口実にうまく利用する人もいるという。登拝の間、井田氏が温泉やぶどう園によって旅を「面白く」して乗客を惹きつけることに不平を漏らしている場面が何度かあった。このように、現在の富士登拝は、より妥協しない「富士修行」と、よりリラックスした「富士信仰」との間の緊張関係が続いていることを示している。井田氏の理論的説明はまた、彼の反権力的で反商業的な批判と、富士登拝の本当の目標である自己修養とともに、「富士信心」の倫理的な意味が多く含まれていた(10)。

バスは東京へ到着し、彼らは解散した。「感謝」の会合であるお焚き上げは、八月一〇日におこなわれた。この会合は、浄化のために衣類や荷物をお焚き上げの火にかざすことをおこなわなかったということと、お焚き上げの後に祝いの食事があったということを除けば、出発前の会合と似ていた。井田氏は、大黒屋でも言っていたことを何度も繰り返した。それは、頂上に辿り着けなかったことの後悔であった。しかし、彼は「何か目的を成し遂げるために富士山に登り、そのときに頂上に辿り着かなかったとしても、より重要なことは登るという意志である」と述べた。

## 注

（1）富士山へ登拝する集団の衰退は、相模大山における似たような集団の消滅と並行している。その背景には、「大規模な社会変化を反映した相互に関係する要素がある」（Ambros 2008, 242）。
（2）Bellah（1985）、J. A. Sawada（1993）。
（3）Bernbaum（1990, 67）。これは、早稲田大学のキャンパスに建物を立てる際に壊された富士塚である。この調査のあと、井田氏は逝去され、講の代表は彼の息子へと引き継がれた。
（4）このようなフリーランスの実践者の記述については、Dore（1958, 368）を参照。
（5）筆者は、他の参加者と同額の二万七千円を支払った。この金額には、バス代、富士山の山小屋の宿泊代、翌日の富士吉田市の御師宿の宿泊費、温泉代、そしてほとんどの食事代が含まれている。
（6）この像については、筆者のドキュメンタリービデオ“Fuji: Sacred Mountain of Japan”を参照。
（7）Bernbaum（1990, 67）。この鏡を用いた儀式について、一九八八年には筆者は観察することができなかった。この儀式がおこなわれなかったのは、井田氏が体調不良のため五合目に戻り、グループの戻りを待っていたからかもしれない。
（8）この儀礼を最初に観察したのは、一九六九年に筆者が扶桑教の人びとと初めて富士山に登ったときである。七富士参りに参加した宮元講の参加者の一人が、前年から初めてこの儀礼に参加していると言っていた。井田氏によると、彼らは一九八八年の数年前までは、太子館と呼ばれる山小屋に宿泊していたという。元祖室に変更したのは、彼らがこの儀礼に参加できるようになったおかげのようである。この儀礼は、修験道でおこなわれる加持祈禱に相当するものである。

（9）彼女の言葉は、「気味が悪い」というものであった。筆者も古道を歩いた際に彼女と同じような気持ちになった。慶應義塾大学の宮家準教授と彼の学生たちとともに富士山にフィールドワークに出かけた際、五合目から上がひどい霧になり、警察が登山道を閉鎖したため、私たちは麓へ古道を使って降りることになった。学生たちはこの不思議な場所に怯え、（民俗的な呪いの印として）二本の鎌が交差して木に打ち付けられているのを見たときには、ショックを受けて、口々に「呪いだ！」と声を挙げていた。

（10）岩科（1973, 244）も参照。

# 第一三章　富士山と新宗教

## 丸山教――メッカとしての噴火口

「山に登る道は数多くあるが、それらはすべて頂上へとつながっている」という有名な格言がある。富士山は、この格言に異論を投げかける。つまり、頂上は、富士山では必ずしも最も重要な場所ではないということ、すべての登拝者にとって頂上が同じ意味を持っているわけではないということ、そして、登拝を遂行することは、自身を内省したり、精神的な目標を達成することよりは重要ではないということである。たしかに、富士山に登るうえでの個別の根拠と個々の手順は、それぞれのグループが持つ富士登拝に対するそれぞれの考えと直接関係している。富士山を崇拝する活動はどれも、宗教的な登拝を強調する点で共通しているけれども、それぞれのグループは、富士山の精神性に関してかなり異なる考えを持っている。これらの考えは、各々の山への接し方、登り方の様式に反映されている。

　丸山教[1]は、富士講の一つである丸山講から生まれて、大きな宗教的な組織となった新宗教である。この発展は、組織化された宗教への妥協によって束縛されない「純粋な」富士信仰を守るという、宮元講の井田氏の基本的な主義とは相容れないものである。丸山教の歴史の逆のパターンが、解脱会と呼ばれる新宗教に包摂される形で第二次世界大戦後に成立した十七夜講に見られる。丸山教の場合、富士講が新宗教を生んだのに対し、十七夜講の場合、新宗教から新たな富士講が生まれたのである。宮元講との大きな違いとして、丸山教と十七夜講は新宗教としての組織形態は共通しているが、登拝においては、それぞれ異なる儀礼形式を有している。

富士講と新宗教との間の密接な関係は、丸山教が、丸山講という富士講が名前のルーツになっていることから、比較的に簡単に推測することができる。丸山講は、地域に根ざした小さな自発的な組織であったが、それが新宗教として知られるより大きな、全国規模の組織へと展開していった。新宗教は、一律の信条や儀式と、官僚的な組織が特徴である。多くの新宗教に当てはまるもう一つの特徴は、その信奉者のグループを徐々に作り出し、集団での崇拝についての教義や儀式を確立した強力な開祖の存在である。丸山教の場合、開祖である伊藤六郎兵衛（一八二九―九四）は、講から大規模な宗教組織を作り上げたカリスマ的なリーダーである。伊藤は、江戸近郊の川崎登戸の丸山講で先達を務めた家の出身である。富士信仰の家に育ち、富士山の力で難病が癒えるという深い宗教的な経験をしていた。彼は、難病から回復した後に、二五歳のとき熱心な信者となった。この経験の後、彼は病中に授かった「精神」を意味する「光空心」[2]（虚空心）という言葉について、熟考するようになっていった。

しかし、伊藤は自らの宗教的な実践を始めたのは時間が経ってからであった。明治三年（一八七〇）に彼の妻サノが重病を患った。不動明王を崇拝するある行者が、サノの回復祈禱をおこなったとき、その儀式のなかで、行者は富士山の神性である浅間大菩薩に乗り移られてしまった。この後、サノは回復したが、伊藤が神への感謝のために祈り続けていると、今度は彼自身が浅間大菩薩に乗り移られた。神は「不吉」

な不動行者の体を使わなくてはいけないことへの不満をこぼし、それからは伊藤に神の「仲介（取次）」となるようにとの啓示を授けた（J. A. Sawada 1998, 117）。

宗教的な活動として、伊藤はさまざまな修行を実践し、癒しの技術を発達させた。そのなかのいくつかは、富士山の霊性から得たものであった。たとえば、「彼は、『世界と人間の本来の状態』を回復するために「シキミ」の苦行をおこなった」。この修行は、「天下泰平」と書いた旗を持って一四日間富士塚の周囲をつま先立ちで歩き回るというものであった。これは、富士山の神によって意図された本来の世界を儀式的に再創造するものであった。そして、これが新しい丸山講の教えの始まりを知らせるものとなった[3]。伊藤は、単に彼の家の富士講の信仰や実践に参加し、それを伝えるというところを超えていかなければならないと感じ、新宗教である丸山教の設立へとつながる第一歩を歩み始めたのであった。

富士山の信仰と実践に専念した伊藤は、浅間大菩薩からの啓示を実行するために思い切った方法をとった。彼は明治六年（一八七三）と翌年に、「違法な宗教活動」をおこなったとして検挙され、親族によって家業をおろそかにしていると批判されたが、自らの理想を追い求めることを貫いた。そして、「これらの信仰の危機に直面した伊藤は、明治七年（一八七四）に再び富士山に登り、そこで断食入定することを決意した。これは、食行身禄（一六七一―一七三三）に影響を受けたものであるのは疑いがない」。しかしながら、もう一人の富士山の帰依者であり、さまざまな富士講を結集して富士一山教会を設立した宍野半が伊藤と会って、断食をやめるように説得した。「伊藤は以前から富士一山教会とつながりがあり、宍野が明治一一年（一八七八）に扶桑会と呼ばれる富士信仰の教団を作ると、彼はその指導者の一人となった」。同教会は明治一五年に、扶桑教として政府に公認された。このように、政府が公認している宗教教団に加入することは、伊藤を迫害から守ることとなった。しかしながら、明治一八年（一八八五）の宍野の死後、伊藤は扶桑教を離れ、「彼のグループは神道事務局に所属した」(J. A. Sawada 1998, 118)。

伊藤は、修行の実践だけではなく、社会的な運動にも熱心であった。彼自身は参加していなかったものの、彼の組織のメンバーのなかには、「銀行家や豪農に対する反乱」を手伝うものもあった。彼はまた、「天皇には社会文化的な混乱の責任がある」との主張までおこなった。こうしたことから、丸山講の繁栄は、初期の成功から一気に下降することとなった。明治二五年(一八九二)の丸山講のメンバー数の概算は、十万から百万以上に及んでいた。「しかし、丸山講には確たる内部組織が欠如していたことからすでに衰え始めており、明治二七年(一八九四)に伊藤が死去すると急速に力を失っていった」。「共通の倫理的な価値」を強調して、国家に対する批判的な態度は避けたが、メンバーの数は減少していった。「現在、川崎市登戸に本部を持つ丸山教には、約一万一〇〇〇人のメンバーがいる」。大部分の日本の宗教団体がそうであるように、丸山教は複合的な伝統を有している。過去の富士信仰と修行の多くを受け継ぐとともに、富士山と太陽、そして豊穣との関係を強調している。伊藤はまた、富士山での修行の伝統を受け継いで実践したが、「彼は人生の大半を明治初期の反仏教的な思潮のなかで過ごしており、著作には当時の仏教制度や考えに対する批判が生き生きと記されている」(J. A. Sawada 1998, 118-20)。

伊藤の宗教的な発展や主な活動、そして主要な教義は、富士山と丸山教の関係についての文脈を提供するものである。伊藤と彼のグループは、「丸山教はすべての宗教に対して独立したスタンスを取っており(…)仏教から距離を置くとともに、長く続く神道の伝統に対しても明白な批判と再解釈をおこない(120)(…)儒教的な倫理観を強調している」(125)。一方で、伊藤の教えでは「人間の心は根本的に富士山、あるいはもとのちちははの神の心と同じである」(121)。このように、富士信仰の長い伝統の考え方に照らしてみれば、丸山教には富士修行、富士信心、富士信仰のすべてが見られる。もちろんそれに加えて、より古い共同体である丸山講には、角行や身禄の系譜、彼らの修行の実践、そして、伊藤やその信奉者が讃え、伝えてきた無数の信仰、慣習、倫理的な考えが盛り込まれていた。丸山教における富士山については、多くの役割が見受けられる。崇拝すべき霊山であり、世界が現れたとする宇宙の発生の源であり、修行の場、啓示を受ける場であり、神と先祖がいる場所であり、そして、登拝と信仰を続ける神聖な場所である。これらの特徴は、筆者が丸山教の富士登拝に参加した際に見られたものである。

ある午後、私は、現在の丸山教の教主である伊藤光海氏[4]と、二人の代表者を加えた関係者三人から、彼らの考え方を聞く機会に恵まれた。この機会によって、丸山教の登拝の実践を理解するための背景を知るとともに、宮元講の井田氏の発言との興味深い比較が可能となった[5]。

宮元講の家庭的な応接場所と比べると、丸山教は、一般的な新宗教よりもやや小さいけれども、本堂を含むいくつもの大きな建物からなる、大規模な本部を有している。この取材は、正式な応接室でおこなわれ、教主と一人の代表者は伝統的な和服を身につけていた[6]。伊藤六郎兵衛についての著作を持つもう一人の代表者は、カジュアルな洋服であった。取材の冒頭、洋服の人物が、伊藤六郎兵衛の一生について語り始めた。それによると、丸山教は厳しい農村での暮らしから生まれたものであり、人びとの求めに応じてこの宗教が発展してきたと強調した。また、伊藤六郎兵衛の苦行と苦しみを強調して、彼らは他の新宗教や他の教祖の多く、例えば天理教の中山みきや、大本教の出口王仁三郎は伊藤のような多様な苦行をおこなっていないと批判した。この人物は、伊藤の生涯について、特に苦行の実践として、八合目の暗い洞穴での断食について取り上げ、そこで伊藤が生まれ変わりを経験したことが[7]、一般の人びとにとって非常に重要なものとなったと指摘した。

この人物による長い話の後、自由な質疑応答の時間となり、大部分は教主が答えた。この宗教において、なぜ国旗が目立っているのかという質問に対して教主は、明治維新の前から丸山教は日の丸を讃えてきたと述べた。また教主は、丸山教の目的は、人間の心を変えることであり、単なる浄化ではなく実際に人びとの心を改心させることであると述べた。彼は、丸山教は「山から降りる」宗教であると強調した。つまり、山頂に行くという経験よりも重要なことは、山から降りてきた後に心のなかで何が起きるかであると述べた。そして、これは伊藤六郎兵衛にも当てはまることであり、現在の信者の経験にも当てはまることであると主張した。

教主によれば、扶桑教からの分離は、丸山教が急速に発展したが、扶桑教が行き詰まって、扶桑教の教主の宍野が、伊藤にとって邪魔な存在になったことから起こったという。丸山教は、扶桑教から離れ、単なる富士山を信仰するグループであることをやめた。つまり、丸山教はそれ自体として宗教になったのである。丸山教に先立つ当初の丸山講について尋ねたとき、教主は丸山教ではまだ地元の神社（浅間社）にある富士塚を参詣しており、毎年の祭りをおこなっているのを認めた。これは伊藤が子どものときに遊んでいた神社と富士塚である。洋装の代表者が再び口を開き、伊藤は当初は富士山とつながっていたが、断食を断念して富士山を降りてからはそれほど登ることはなかったと述べた。言い換えれば、丸山教は平地の宗教となり、「富士山から離れた」のである。丸山教の儀式と祭礼について大まかに話した後[8]、教主と二人の代表者たちは、丸山教による富士山の登拝について概要を述べた。それによると、本部からスタートし、富士山の火口での儀式が最も重要であるとのことだった。

私が参加した丸山教の富士登拝は、昭和六三年（一九八八）八月八日の午前七時三〇分から、川崎市の丸山教の本部で始まった。この毎年の登拝には、県外からの参加者もいて、彼らのなかには、前日に本部へ来て一晩過ごしたものもいた。このときは六名が一晩過ごし、三六人乗りのバスに加わった[9]。愛知県からのもう一台のバスが、富士吉田市の丸山教の施設である起元道場で、本部からのバスの一行と合流するとのことであった。

丸山教の登拝は、宮元講や十七夜講のものと比べてシンプルである。登拝の始まりの儀式は本堂で開かれた。そこで神職が本堂の前に集まった人びとに対して、神の恩恵を祈り、清めの儀式をおこなった。そして、彼は本堂から紐の付いた筒を慎重に持ち出し、教主に渡した。そのなかには、伊藤六郎兵衛の肖像を描いた軸が入っていた。教主は道中その筒を背負って登拝するのである。バスに乗る前に、人びとは本堂から敷地を横切って伊藤六郎兵衛の記念碑へと向かい、お参りをした。バスが富士吉田に向かう途中、教主はマイクで登拝のアドバイスや行程について説明した。そして、伊藤の富士山における苦行や、断食による入定を諦めたことについて言及した。さらに、これからおこなう登拝の意義は、伊藤の後を辿って富士山に行き、神を信仰し、ご来光を拝むことであるといったことを語った。また、教主のアシスタントは、筆者が依頼し、事前に認められていたアンケートを参加者に配布し、富士山から帰ってくるまでに記入しておくように依頼した[10]。バスには、さまざまな人たちが乗っていた。特別な浅黄の行衣を着た人もいれば、普段の服装の人もいた。また、最も顕著な特徴として、親子や夫婦が多かったことがある。

一〇時三〇分、バスは富士吉田市の起元道場へと到着した。この道場は丸山教の会合と修行に用いられる建物として昭和六〇年（一九八五）に建てられた。本部からの一行は、愛知県からのバスが到着する前に軽い昼食をとった。愛知県からのバスには、六歳から一〇歳の多くの子どもたちや高校生、若者が含まれていた（宮元講が高齢の人が多いのとは対照的である）。正午少し前に、すべての参加者に向けて、教主が扇子を広げて神の恩恵を祈るという、簡単な儀式がおこなわれた。その後、道場の外で記念写真を撮影した後、人びとはバスに乗り、北口本宮冨士浅間神社や船津の胎内に停車することなく、直接五合目へと向かった。

しばらくして五合目に到着し、一行は少しトイレ休憩を取ったが、小御岳神社には参拝しなかった。また、一行は起元道場にて、丸山教の聖句である「天明海天」を唱えるように指導されていた(11)。登拝中も常時この聖句が唱えられた。現在のように高速道路で直接五合目に向かうようになる前は、北口本宮冨士浅間神社で何か宗教的な実践をおこなっていたのかと教主に尋ねると、彼はこの質問にやや驚いて、古くは本部の登戸から全行程を歩いていたが、そのときも神社は素通りしており、敬って頭は下げたかもしれないが、丸山教は浅間神社の信仰とは関係がないと答えた。

午後七時過ぎ、彼らは七合目の上にある山小屋のトモエ館に到着し、夜を過ごした。トモエ館では、なかにある祭壇で、開祖の死を覚悟した修行を讃えて天明海天と唱えた。彼らが起元道場を出発してから、道中でおこなった儀式や信仰は、「天明海天」を唱えることだけであった。宮元講では山頂よりも重要な場所と考えていて、身禄が最後の断食をおこなった場所である元祖室を過ぎるとき、筆者は身禄を讃えるためにここで止まらないのかと尋ねたが、教主は止まらないと答え、この場所は何も関係がなく、異なる系統の信仰だと述べた。登拝中におこなわれた唯一の儀式は、先達と呼ばれた人物が具合の悪くなったメンバーに対しておこなった「身祓い」と呼ばれる治癒の儀式だけであった。それは、先達が具合の悪くなった女性の腹に教典を押し付けて、リズミカルに呼吸するように言い、彼女の背中を何度か教典で軽く叩く儀式であった。

一行は、棚のような寝床に入り、上着を体にかけて眠った。彼らは翌日の午前二時一五分頃に起床し、三時頃に山頂に向けて出発した。まだ周囲は真っ暗であったが、細い登山道は混み合っており、移動はゆっくりであった。教主は人びとに、安全が最優先であり、急いで山頂に向かわなくても、どこでも日の出を見ることができると伝えた。それゆえに、夜明け前に山頂に到達できるか心配する必要はなかったが、彼らは、日の出前に山頂に到達することを熱望した。登山者の長い列のなかの脇には、岩に座って日の出を待っているような人が何人かいた。教主や先達たちは、道を開けるよう大声で言い、混み合った登山道を縫うように通り抜けて日の出直前に山頂へと到着した。そして並んでご来光を拝み、「天明海天」を唱えた。

ご来光を拝んだ後、彼らは売店で休息をとった。その際、筆者は丸山教の登拝について、教主にいろいろと尋ねた。教主は、この登拝にとって最も重要なことは、火口でおこなわれる天拝式であることから、他の組織が実践しているような儀礼は丸山教ではおこなっていないと述べた。また彼は、売店の裏は富士山の火口であり、神の世界であると言った。富士山の重要性は、ここで開祖が直接苦行を経験し、神から直接啓示を受けたということであり、伝統的な富士講の人びとが崇めている富士信仰の要素は、単なる付随的なものであると語った。休息の後、彼らは店の裏に向かい、火口の縁を越えて、ちょっと下って平らな場所へと進んだ。そこに、天拝式のための仮の祭壇が設置された(12)。教主は、富士山に登る道中ずっと背負っていた箱から、開祖の肖像を描いた巻物を取り出し、金剛杖に開祖の肖像を掲げて、祭壇の近くに立てたのである。

教主は、この場所は火口内側斜面の「万年雪」と向かい合っている場所であり、もとのちちははが開祖に啓示を与えた場所であると説明した。布の上に跪き、開祖の肖像画を通して、万年雪に拝して開祖の啓示を振り返るという信仰の儀式は、開祖と先祖すべての魂を讃えることだという。教主は、簡単な講話のなかで、人生を豊かにするために富士山から持って降りるものは、山の重要性、開祖に啓示を与えた神の重要性、そして先祖と会うことであると述べた(13)。開祖の肖像画の掛軸の下には、山に持ってきていた小さなスイカと酒の瓶が供えられており、教主の講話の後に、それぞれのメンバーに小さくカットしたスイカが配られ、小さな器に入れられた酒が回された。儀式が終わると、掛軸はていねいに巻かれ、箱に戻された。また、残った酒は祭壇の周りの岩にまかれた。そして、教主は閉じた扇子でグループを祝福し、メンバーは生まれ変わったと宣言した(14)。

この儀式をもって丸山教の登拝は終了し、お鉢巡りをしたい人は、それをおこない、他の人は五合目に向けて下山した。お鉢巡りが終わろうとするとき、グループのなかの若い人が筆者に以下のような話をした。彼はヨーロッパのアルプスやマッターホルンに登ったことがあり、富士山が日本のシンボルであると考える筆者の研究の目的について尋ねた。彼自身は、二年前に丸山教に参加するまで仏教や神道などの信仰をまったく持っていなかったが、彼の両親は丸山教に属していた。なぜ丸山教に入ったのか尋ねると、いろいろな理由があったと答えた。三〇歳を過ぎて、多くの疑問を感じるようになり、そのことが加入へとつながったと語った。それ以上のことは語ろうとせず（おそらくこのときに別の男性が私たちに加わり、一緒に歩いて話を聞いていただからだろう）、話題を変えて、ベルリンフィルハーモニーの有名な指揮者であるヘルベルト・フォン・カラヤンが日本に来て、新幹線で東京から京都へ移動したとき、窓の外の富士山を見て思わず大きな声で歓声を挙げたということを聞いたことがあるといった(15)。彼のようにヨーロッパを旅して、いくつかのアルプスの山々を登った人でも、ヨーロッパの有名人が熱狂的に富士を見ることについて大喜びしているように見えた。この短い逸話は、彼のようなかなり国際色の強い、比較的若い人を丸山教はメンバーとして惹きつけることができるということの証明であった。

お鉢巡りや下山の途中、そして五合目でも、特筆すべき儀式は何もおこなわれなかった。そして、五合目に到着した一行はバスに乗り起元道場へと向かった。一行のなかには、浅黄の行衣を身につけていた人もいたが、宮元講や無宗教の登山者にさえも見られるような、行衣に朱印を押してもらう慣習をおこなう人は誰もいなかった。その一方で、金剛杖に山頂や道中の焼印を押してもらう人は少なからずいた。一行が正午過ぎに起元道場に到着すると、簡単な儀式があり、教主がもとのちちははと先祖の重要性を繰り返して説明した。その後、教主と側近の人びとが、家に持って帰るようにと護符を参加者に配布し、祝宴が開かれた後、一行が乗ったバスは出発した。午後四時三〇分に丸山教の本部に到着して解散し、それぞれ帰途に着いたのである。

筆者が最初にインタビューした、丸山教についての著作を記した人物は、この宗教は「山を降りた」宗教であり、「富士山とは離れた」と何度も強調していた。大部分においてこれは正しいが、どの宗教組織においても、公の声明と実際の実践との間にはいつも相違がある。起元道場での祝宴の後、ある人が、丸山教には長い歴史があって、日本のシンボルである富士山と深く関連していることを強調した。たとえリーダーがこの活動が「富士山から離れた」ものであると示しても、何人かのメンバーのなかには、民間信仰や富士信仰の痕跡が残っているように見えた。丸山教は、一言で説明できるものではなく、かなり複雑である。しかし、宗教と富士山との関係だけを見れば、二つの結論が見出せる。一つは、宮元講が会合場所に富士山を模したものを供えているのに対し、丸山教はそのようなことはしない。独自の祭壇と、即席の祈禱場所を富士山に設けている。二つ目として、宮元講が富士山中心である一方、丸山教は開祖中心、先祖中心の信仰だと考えられ、富士山の重要性は、開祖がそこで修行をして啓示を受けたこと、そしてメンバーの先祖がそこにいることに見出している。開祖がここで生まれ変わったように、メンバーも富士山の山頂で生まれ変わりを経験できるとしている。このグループでは、富士の火口をメッカと呼んでいることからもわかるように、メンバーは開祖が受けた啓示を想い、開祖と触れ合うために登拝をおこなう。そして、開祖に啓示を与え、まだ富士山の火口にいるとされるもとのちちははに近づき、信仰する。さらには、生まれ変わりの儀式のなかで、自らの先祖を讃え、再会するのである。

## 解脱会――新宗教に残る伝統

富士の長い歴史からみれば、新宗教である解脱会の中野支部によって、昭和に入ってから組織された十七夜講は最近の富士講である[16]。同支部の支部長である大塚家の先祖は、江戸時代の富士講の購元を務めていた。大正時代以降、その講は活動していなかったが、昭和初期に解脱会を創設した岡野英三（一八八一―一九四八）の助言で復活した組織である。反体制的な宮元講や、組織化された丸山教の歴史的な発展と比べると、十七夜講は異質であり、新宗教によって登拝組織が生み出されたという点において、新宗教と古くからの講の両方の信仰と実践を維持しているという特徴を有している。

解脱会は、埼玉県の富士講の先達を父に持つ岡野によって組織された[17]。岡野は当初、自らの父の富士信仰に関心を持っていたようで、また当時流行していた儒教の倫理観や、地元の神への信仰、仏教の仏への信仰を受け入れていた。彼は、中年で病気になるまでは、特定の宗教的な傾向はなかったと述べている。けれども、父の死後間もなく、自らの死と再生についての展望を得て、人生を宗教に捧げるための啓示を受けたという。彼は多くの神社仏閣を訪ね、多くの宗教者と語り、やがて神秘体験を求めて丹沢山系[18]にこもった。この体験と、氏神から受けた啓示により、伝統的な宗教的価値へ回帰して昭和三年（一九二八）に解脱会を創設し信者を集めたが、政府から弾圧され、苦しめられ、短期間であるが拘留されもした。しかし、彼は自らの仕事を実行するために真言宗醍醐派に所属して得度を受けてまでも、新しく見つけた宗教的使命を達成した。

太平洋戦争の後、解脱会は真言宗から独立して新宗教となった。岡野は昭和二三年（一九四八）に死去したが、彼の新宗教は発展し続けた。特に、岡野の一番弟子である岸田英山の組織的な指導のもと、多くの新しい支部が開かれた。本部がある埼玉県の北本宿には、岡野が決定的な啓示を受けた岡野家の氏神があり、「御霊地」と呼ばれ、聖地化されている。解脱会は、人びとを伝統的な宗教的価値に回帰させようとするという意味で、自らを「超宗教」と呼んでいる。解脱会では、自分たちの神社への信仰と、自分たちの仏教寺院への帰依とをあわせて、孝行といったような儒教に基づく道徳が重視された。岡野と信者たちは、これらをもとに、独自の教義と儀式の体系を作り上げていった。その基本的な教義は、恩に報いることであり[19]、独特な実践の一つに、先祖を敬うために毎日二回、自宅で甘茶を使った供養の儀式をおこなうということがある。

解脱会においては、富士山は山としても象徴としてもその役割は小さいということが、御霊地に反映されている。解脱会の御霊地には、神道の神社、仏教の講堂や他の石碑、記念碑などの目をひく建物に紛れるかたちで、高さ数メートルの小さな富士山が造られている。解脱会では、これを「浅間神社遥拝所[20]」と呼び、遠く離れた富士山の浅間神社を信仰する場所であると説明している。この複製された富士山は教祖の父が持っていた信仰を裏付けるものだが、解脱会の教義や実践においては主要な役割を有してはいない。

解脱会において最も古く、勢いのある支部の一つである東京の中野支部[21]は、同会で唯一富士講を中心として活動している支部である。その活動に富士講を取り入れた契機は、この支部をたびたび訪れていた岡野が、支部長の祖父も富士講の先達であったということを知り、支部長に講を復活させて、富士山への登拝の長い伝統を再興するように助言したことにある。現在の支部長は、富士講の具体的な実践について詳しいわけではないが、仕事を通じて宮元講の井田氏と関係があり、井田氏とそのグループが、最も古く伝統的な富士講の実践者とされていることを知っていた。彼は、井田氏から、お焚き上げの儀式など富士講の基本的な実践を学び、お焚き上げの定期的な実行と毎年の富士登拝を中心とした、彼自身の富士講を作り上げたのである。そして、中野支部のメンバーから参加者を募り、解脱会の実践と、彼が知っていた富士信仰の要素および井田氏から学んだ慣習とを混ぜ合わせた。そして、先祖の講の名前である十七夜講という名称を自らの講の名前として採用したのである。この十七夜という言葉は、身禄が死んだ月命日である十七日を讃えたものである(22)。

　中野支部と十七夜講に関する調査の段取りは、このグループについての情報を最初に提供してくれた解脱会の幹部がおこなってくれた。解脱会の東京事務所での面会の数日後(23)、中野支部の支部長(24)との面会が、彼の家の近くで設定された。彼の家へとつながる道には、小さいものの手入れの行き届いた五柱《ごしゃ》五成《いなり》神社があり、そこに、弁財天を祀る小さな祠や富士塚があった。高くそびえるイチョウの木は胴回り約九mにもおよび、近年修復された祠の長い歴史をしのばせる自然の目印であった。富士塚にある石碑には、昭和一一年（一九三六）の年記があった(25)。

　支部長の家は、東京の喧騒のなかの静かな一角にあった。家には、定期的な支部の会合のために、多くの靴やスリッパが置ける大きな玄関があった。その家は、一般的な解脱会の祭壇を祀っているだけではなく、祭壇の上には、解脱会の教祖の直筆を安置した「小さな祠」があった。筆者が自己紹介し研究について説明した後、支部長は、富士講に対する自らの考えを述べた。彼は、戦後には富士講の信仰や実践に関する多くの出版物が発行されたが、それらは古来の伝統を捉えていないので、まったく信頼できないと言った。光清派や身禄派の系統を含む富士山の信仰について取り上げた多くの書籍を持ち出してきたが、富士山の精神性、そして自らの富士講については無知であると謙遜した。そして、専門的なアドバイスが必要であれば、宮元講の井田氏が適任であると推薦した。支部長によると、彼の講は一年に四回富士山に行くという。一回目は、山開きの日でもある、六月三〇日の北口本宮冨士浅間神社における大祓式。二回目は、年によって日は異なるが、夏の終わりの登拝。三回目は、山じまいとなる八月二六日の吉田の火祭り。そして四回目が正月の、北口本宮冨士浅間神社への初詣であるという。

十七夜講は、毎月一七日に、解脱会中野支部で開催される解脱会の感謝の日の後に集まって、儀式をおこなっている。[26] 支部長は、先達でもあったが、かつての先達のような威厳は持っていなかった。なお、彼らの講ではお焚き上げの際に木の代わりに線香を用いている。話のなかで、彼は誇らしげにとても古い十七夜講のマネキと、登拝のときにいつも持っていく三本の掛軸を見せた。その掛軸のうち、身禄と角行、そして木花開耶姫が描かれた掛軸を中央に掛け、その両側にいくつかの神道の神々が描かれた掛軸が掛けられていた。彼は、前年の山開きには五つの富士講が参加していたが、信仰よりもツーリズムに興味を抱く集団になってしまったことを嘆いた。十七夜講はかつて富士山で一晩過ごし、次の夜は温泉で過ごしたが、それはとても高価になり、参加できる人はほとんどいないという。今回は、山で一晩過ごすだけで、温泉には行かないだろうとのことだった。[27]

支部長は、解脱会の支部と富士講の両方を維持することが、ときに「対立」を生む難しさなどについて、とりとめなく語った。そして、十七夜講から北口本宮冨士浅間神社へと大きな額を奉納した際のビデオを見せてくれた。その奉納額には、大きな字で「感謝」と書かれていた。この言葉は、人生とその恩恵に感謝するという解脱会の教えの要諦であった。ビデオのなかで支部長は、開祖の岡野や、彼の父がどのようにして富士講に入ったのか、そして御霊地における富士塚についての長い話をした。そこで、浅間神社、十七夜講、富士、教祖、そして彼の父との因果的な相互関係が語られ、実際に「感謝」の額は、その恩恵へ報いるものであった。また支部長は、戦後、若い人たちが講に加入しなくなった困難な時期があったと語った。昭和四三―四四年（一九六八―六九）になって初めて、彼らは十七夜講を再興した。そこには、教祖による富士講再興への希望の実現をより強く願っていた解脱会幹部の励ましもあった。支部長は、戦後すべてが変わってしまったと語った。もはやわずかになった年老いた先達を除いて「行」はおこなわれなくなった。かつては修験者と同じように、厳格に修行をおこなう人びとが数多くいたが、支部長はこの修行を受けていなかった。そして、厳しい修行を経験しないで、単に登拝をおこなっているに過ぎないと語った。

支部長は、富士講の三つの基本的な要素を強調した。それは、登拝、行、そして拝みである。けれども、この三つはひどく衰退している。登拝はまだおこなわれているが、それは現在、信仰があってもなくても誰でも登る観光のようなものになってしまい、今日の多くの講は行と信仰を無視したり、省いてしまった「登山講」となっていると指摘した。また、行（禁欲行為）はほとんどなくなってしまい、拝みがおこなわれるような稀な機会であっても、それは、心からの言葉というよりも、機械的な詠唱のようなものになっている。彼はこのように実践がなされなくなっていることを率直に認め、自身も、講の信仰、実践、そして歴史についてよく知らないことを悔やんでいた。しかし、彼は教祖の岡野に従って、浅間神社に対する信仰と、十七夜講を維持するために最善を尽くしていた。ビデオは、支部長の決意のように見える教訓で終わっていた。それは、「十七夜講の講員は、実践が最も活発におこなわれていた頃のかすかな面影である伝統を維持しながら、富士山に対して心から無条件に感謝すべきである」というものであった。

中野支部では、毎月の解脱会の感謝の会合を五月一七日に開き、それに続いて十七夜講のお焚き上げの儀式をおこなった。会合に参加したすべてのメンバーが、最初に五柱五成神社に参拝し、そして、その右手にある小さな神社である弁財天社に参拝し、最後に富士塚に向かった。彼らはそれぞれの場所で頭を下げて四回柏手を打つという解脱会独特の作法で参拝した。ただ、これらの活動の際、中年の女性と若い女性は子どものように笑顔で声を挙げて笑うなど、陽気な振る舞いが見られた。六〇〜七〇人が参加した解脱会の感謝の会合は、午後一時三〇分から四時三〇分まで続いた(28)。

解脱会の公的な会合に続いて、茶菓子を食べた後の午後四時四五分から、十七夜講のお焚き上げが、支部長の家族の部屋でおこなわれた。支部長の他に、男性が九人と女性が七人残っていた。そこにあった祭壇には、前述した三本の掛軸が掛けられていた（そのうちの一つは、富士山の登拝に持っていく）。筆者がお焚き上げの儀式をビデオカメラで撮影していることに気づいて、ある女性は、肌をあらわにした女性の写真が載っているカレンダーを、映像にふさわしくないと言いながら、ひっくり返して壁に掛けた。そのとき、ある人が「女神も写真の女性のようなものだ」と言うと、別の人は、「たとえ写真の女性が女神であったとしても、木花開耶姫が好まないからここには居られないよ」と茶化すなど、グループは冗談を言い合っていた(29)。十七夜講のお焚き上げは宮元講をモデルにしたものであるが、その時間は二五分ほどと短かった。お焚き上げは、「般若心経」の読経、教祖への賛辞、そして特徴的な四度の柏手で終わった。このように、十七夜講の会合は三時間に及ぶ解脱会の会合の後に、希望者を対象に約一時間実施されたが、その間他の人は誰も来なかった。

六月三〇日、支部長と十七夜講のメンバーの何人かは、北口本宮冨士浅間神社の「開山式」へ行った。支部長は、六月一九日にも、解脱会が富士吉田市に建立した、神変大菩薩を顕彰する石碑の除幕式のために同じ神社に行ったと話してくれた(30)。十七夜講のメンバーは、北口本宮冨士浅間神社に到着して本社や境内にある小さな神社、登山道の入口にある宮元講の井田氏の父の像、そして新たに建てられた神変大菩薩の記念碑に参拝した。その後、午後三時に神社の儀式が始まった。その儀式は、人型に切り抜いた紙を体にこすりつけて、不浄なものを取り除くという清めの儀式であった（なお、この人型は後に燃やされる）。この後、彼らは拝殿前にある茅でできた大きな輪を三度くぐりぬけた。[31] この日は他にも九つの富士講が参加していた。また、猿田彦命に扮して仮面をかぶった人物が、古い登山道へと続いている鳥居に設えられた藁縄を木槌で「切る」ところを撮影しようと、テレビの取材班が待っていた。富士山の各登山道では、それぞれの儀式があるが、これは、吉田口からの富士山への登山が公に開かれるということを示すものであった。この儀式は、標準的な神道の清めの儀式のようだった。山開きは、富士講と取材班の双方のために、後付けで譲歩しているように見えた。

富士登拝の事例については、すでに宮元講と丸山教という二つのケースを述べてきたので、七月の二七日から二八日にかけておこなわれた十七夜講の登拝については、より特徴的な点についてだけ記したい。この登拝は、支部長の住居へと続く路地から始まった。そこで参加者は個々に五柱五成神社や富士塚、そして弁財天社へ「お参り」[32]したうえで、支部の会合とお焚き上げに参加した。支部長は、バスに乗る前にグループでお参りする参加者を整列させた。このように、個人でのお参りとグループでのお参りを繰り返すことが、登拝全体の基調となっており、メンバーはお参りできるすべての神社、寺、記念碑を参拝した。支部長は、手短に富士山と解脱会の教祖とのつながりを述べ、富士山に行くことは先祖にとって重要であり、それは変わることがないと強調した。四四名がバスに乗ったが、若い人は三人だけであった。支部長によれば、普段はもっと若い人が多いが、この年は解脱会による毎年の三聖地巡拝[33]の日が、十七夜講の富士山への登拝の日と近く、メンバーは両方に時間とお金を使うことができなかったという。北口本宮冨士浅間神社に到着すると、本殿に行く前にメンバーは手と顔を洗い、本殿では神主からお祓い、お神酒の振る舞いなどを受けた。記念写真の後、グループは神変大菩薩の記念碑を拝し、そしてめいめいに境内の各社に参拝していた。

その後バスは、北口本宮冨士浅間神社から船津の胎内へと向かった。そこでは、一五分だけ、胎内に入ったり、神社に参拝して護符を買う時間が許された。この神社でも、北口本宮冨士浅間神社と同じように、一行の入場料として、お供えが神主に渡された（そして皆が護符を受け取った）。バスは船津の胎内から五合目へと向かい、そこでは二つの主要な神社に全員で参拝した。参拝後に、個人的に五合目にあるその他の小さな神社に参拝する人もいた。このときは、グループのなかの一〇人だけが山頂へ向かうことを予定しており、彼らの目的の一つは、五合目のホテルで残る人びとの分まで、山頂で受けた護符を持ち帰ることであった。

山頂へ向かった一〇人は、八合目にある山小屋の蓬莱館(34)まで登り続けた。山小屋の料金には、登りと下りの「ガイド」の料金が含まれていた。そのガイドは、伝統的な御師ではなく、夏休みの間にお金を稼いでいる大学生だった。ガイドのなかの一人は、面白いだろうと思ってこの仕事についたと話したが、毎日富士山に登ることはウンザリするとこぼした(35)。いくつかの合目で焼印を受けたほかは、特筆すべき儀式は何もなく、蓬莱館には夕方早くに到着した。一行の何人かは、蓬莱館のなかにある精巧な祭壇にお参りをしていた(36)。蓬莱館を経営している女性は、十七夜講の支部長たちは、この小屋に三〇年ほど来ていると話していた。この小屋に来る他の富士講について尋ねると、女性はすぐに四つの富士講の名前を挙げた。そのうちの二つは三〇人、一つは五〇人、そしてもう一つは一〇〇人でこの小屋を予約するという。その他にも、「一般の登山者」に混じっている富士講の人たちもいるという。女性は、この小屋は明治時代のものであり、宮さんと呼ばれている小屋の祠は、もともと角行によって作られたものだと誇らしげに言った。彼女は祭壇に祀っているさまざまな神の名を教えてくれた。その祭壇は、彼女の「お客さん」（講員）による供えたての奉納物で飾られていた。

彼らは午後七時三〇分頃に、山小屋の寝床で、頭と足を互い違いにして眠りについた。ぐっすりとは眠れなかった夜が明け、彼らは午前一時三〇分に起床して登り始めた。何も儀式をせずに元祖室や烏帽子岩を過ぎ、ご来光に間に合うように四時三〇分頃に山頂に到着した。休憩の後、一行のうちの二人が、富士山本宮浅間大社奥宮の社務所に行った。彼らが、社務所の神主に、ここに毎年どれくらいの講が来るのか尋ねると、約二〇との返事があった。なかには、独自の唱え言を唱える講もあるが、それは例外で、ほとんどはお参りをするだけとのことであった。神主によると、かつては約五百の講があったが、近年はそのいくつかが復活しているという。大部分の登拝は、スバルラインができた後は特に吉田から来るが、河口や須走から来るものもあると語った。

二人が戻ってくると、一行はあらためて久須志神社に向かった。ここでも、いつもと同じ解脱会の拝礼が繰り返された。神主による護符の授与、三本の掛軸のお祓い、一行のお祓い、そしてお神酒の振る舞いがあった。一行は、奥宮の朱印を「最も良いもの」として薦めた。頂上での滞在を終えると、五合目へと下山して、食事中の他のメンバーに合流する前に、直接五合目の小御岳神社にお参りした。合流後は、北口本宮冨士浅間神社へと戻り、登拝の始まりのときに行ったお祓いと榊の奉納、神変大菩薩の石碑へのお参り、そして前のような個人のお参りを繰り返した。この十七夜講の登拝の精神は、なぜ富士山に登るのかというアンケートの問いに対する、あるメンバーの答えにまとめられる。それは、「日本人は富士山に登ることに理由を必要としない」ということである。

帰りのバスでは皆疲れていたが、何人かは熱心に話し合っていた。解脱会の職員は、グループの登拝に対して祝いの言葉を述べ、良い天気であったことを喜んだ。支部長もまた、良い天気であったことに感謝し、ご来光が素晴らしかったと言った。そして、将来温泉への寄り道を含めるかどうかという議論について長々と語った。彼は、今のメンバーは、温泉に行きたい人と行きたくない人が半々であり、それゆえに来年は、今年のように温泉なしの一泊を維持して、その次の年には温泉に行く二泊の形にしたいと提案した。また彼は、かつては四台あったバスが、二台となり、今は一台となってしまったと思い出を語った。加えて、多くのメンバーが今は高齢になり、参加者が少なくなってしまったことを嘆き、皆に新しいメンバーを確保するように依頼したうえで、この旅に参加している解脱会のメンバーに、十七夜講にも加入するように誘った。最後に、会計報告がバスのなかで皆に配布された。それには、七三人というメンバー数と一〇〇万円の残金があることが記されていた。また、筆者のアンケートを提出するように依頼があった。堅苦しい話が終わると、バスのなかの参加者は、ビールやジュースをあけ、カラオケが始まった。バスは夕方に中野（東京）に到着した。一行は、五柱五成神社と富士塚での最後のお参りをおこない、十七夜講の登拝が終了した。

八月一七日、午後一時三〇分から四時三〇分にかけて中野支部の感謝の集いが実施された。その後、十七夜講は、四時三〇分から五時までお焚き上げの儀式をおこなった。この二つの会合に続いて、私は夕食をとりながら支部長と長く語り合った。十七夜講が、身禄が入定した烏帽子岩でなぜ何も儀式をおこなわないのかを尋ねると、彼は、かつてはそこに拝み屋がいて、十七夜講は掛軸を広げて拝んでもらっていたと述べた。この質問により、現在のグループが古い富士講の慣習をすべて踏襲しているわけではないことを明らかとなった。彼は、宮元講は多くの伝統的な行動を実行しているが、「彼らは教団ではない」ために、そういうことを続けることができるのだと認めた。解脱会は教団であるために、そのなかで古い富士講の儀礼を維持することは困難であった。彼の支部が講の登拝を続けているのは、教祖の岡野が彼らに古い伝統を大事にするように伝えたからであり、それゆえに解脱会でそれを続けている。彼らは伝統的な行事のすべてはおこなっていないのにもかかわらず、古い信仰を守るための解脱会の教えに基づいて登拝の意味を解釈しているのであった。結局のところ、彼らは行者ではない。支部長は、自分は先達の称号を有しているが、かつては、先達は弟子として師から多くのルールを学び、この称号を受ける前に多くの困難な修行を経験しなければならなかったと述べた。

続いて、彼は富士山から中野への帰りのバスで話題となった温泉について語り始めた。グループは考えを変えて、来年は温泉に行くことに決めたという。登拝のなかに修行（「行」）の要素が増えると、楽しくなくなってしまうという。つまり、支部長は、登拝は講員にとって楽しみの一つであるということを認めたのである。このように、十七夜講は、新宗教の枠のなかで、古い伝統を維持すると同時に、聖なるものと俗なものという、大昔から続いている緊張関係のなかで、適切な釣り合いをとることに挑んでいるのである。

## 注

（1）今日まで、丸山教は山という文字を円で囲んだ講紋を用いている。この紋は丸山講でも用いられていたようである。

（2）この言葉については、J. A. Sawada（1993, 2）、および T. Hirano（1972, 115）を参照。

（3）J. A. Sawada（1998, 117）（原典では括弧書きされている）。Tyler（1984, 105）では、「つま立ち行」と記

述されている。また、Tyler（1993, 273-74）を参照。

（4）表記が煩雑になるのを避けるため、開祖については伊藤と記し、現在のリーダーについては教主と記す。

（5）一九八八年の会合は、七月一五日の午後に開催された。

（6）J. A. Sawada が指摘しているように、伊藤は洋服など、日本人が西洋の風習を真似ることに反対していた。

（7）「生まれ変わった」という言葉は、富士山の火口でおこなわれる重要な儀式で何度も繰り返された。

（8）丸山教は、「フルサービス」の宗教であると考えることができる。というのも、メンバーの祖先を顕彰する松霊殿という場所で、結婚式や葬式をおこなうことができるのである。

（9）この旅の費用は、一万三千円であった。教主のアシスタントは、丁重ではあるが頑に筆者からこの費用を受け取ることを拒んだ。その内訳は、川崎から富士山までの往復バス代、山小屋の宿泊費、そして食事代である。

（10）バスのなかでアンケートを配布したことは、調査結果の効率を低下させた。なぜなら、バスのなかでアンケートに記入することは困難であったからである。そして、アシスタントは、バスが起元道場に到着し、乗客がバスから降りる際にアンケートを回収してしまった。そのため、「山に登る理由」という自由回答の欄を埋めた人はほとんどいなかった。

（11）岩科（1983, 376）では、この丸山教の聖なる言葉を「神語」と呼んでいる。『日本思想体系』における「天明海天」の記載（69: 560）を教えてくれた J. A. Sawada に感謝申し上げる。「天明海天」という言葉が採用される以前の初期の丸山教では、「南無阿弥陀仏」と唱えていた（J. A. Sawada 1998, 63, 119-21）。天明という言葉は、もとのちちははとしての太陽の神性を示し、海天という言葉は、海面の明るさと、もとのちちははから生命力を得て熱心に働く人びとの身体を意味している。この言葉は、人間ともとのちちははとの一体化のシンボルであり、一息でこの言葉を唱えることは、天地の一体化に到達するための修行であるとされた。T. Hirano（1972, 123-24）も参照のこと。

(12) 天拝式については、筆者のドキュメンタリービデオ "Fuji: Sacred Mountain of Japan" にも収録されている。
(13) 先祖を崇拝することは、丸山教の信仰と実践の中心であり、それゆえに先祖を祀る松霊殿が宗教的な本部に設けられている。また、日本宗教が死者の霊を崇めることを強調しているために、丸山教の富士山の登拝と先祖とは、直接結びついている。そして、富士山は丸山教のメンバーが、亡くなった家族の霊が存在していると信じている特別な場所となっている。
(14) 「丸山教は明治初期の『世直し』運動の一例であり、江戸末期に現れ始めた農民一揆としばしば連携した」(J. A. Sawada 1998, 118)。この世直しのテーマは、精神的な生まれ変わりだけではなく、社会的な変化も意味しており、伊藤の死後、グループは一般社会の倫理的な価値を強調するようになっていった。この一九八八年の儀式は、現代の丸山教が社会の変革よりも個人的な生まれ変わり（精神的な生まれ変わり）を強調している明確な証拠を示している。
(15) すべての西洋人が電車から見える富士山の姿を好意的に捉えているわけではない。Richie（1994, 99, 98）は「イギリスの作家」オルダス・ハクスリーが富士山をぞんざいに扱ったことを取り上げ、「あっぱれな旅行者」とコメントしている。
(16) 新宗教としての解脱会の概要については、H. B. Earhart（1989）を参照。
(17) 岡野の生涯については、前掲書 13-41 を参照。
(18) 丹沢は、丹沢大山国定公園のなかにある岩だらけの山である。大山については、巡礼の場所として富士山に先立つ場所として第七章で取り上げている。
(19) 報恩感謝。
(20) 遥拝所とは、離れたところから信仰する場所のことである。第一章を参照。
(21) 支部の名前は、東京の中野区に位置していることから名付けられた。
(22) 十三夜講のように、身禄の十三回忌に因んで講の名前を付けているものもある（岩科 1983, 193）。

(23) 解脱会の東京事務所の公的な会合は、一九八八年の四月一七日に開かれた。中野支部の会合は、一九八八年の四月二二日に開催された。
(24) 解脱会の支部のリーダーは「支部長」と呼ばれている。
(25) 支部長によると、石に彫られた文字は、岡野の筆跡をもとにしたものだという。
(26) 解脱会の支部では、通常では月に報恩日と感謝日の二回の会合が開催される。
(27) 一九八八年の登拝の費用は、一万五千円であった。この費用には、支部長の家から五合目までの往復バス代、胎内の参拝料、食事代、山小屋の宿泊費、護符代が含まれていた。
(28) 他の解脱会の支部における感謝日と報恩日の内容については、H. B. Earhart（1989, 121-51）を参照のこと。
(29) これは、山の神は女性であり、山に登る女性に嫉妬するというよく知られた信仰の間接的な言及である。
(30) 開祖の岡野は、聖護院において修験道の修行をおこなって法名を授けられている。解脱会においては、役行者、山での禁欲行為、修験道、富士山そして開祖の岡野の間に結びつきが存在している。
(31) 人型あるいは形代、茅の輪の記述については、Satow（1879, 122）を参照。
(32) お参りとは、神社や寺に行って敬意を払う行為のことであり、解脱会において特に好まれる表現である。彼らは、伝統的な宗教施設を崇め、敬い、信仰することに誇りを持っている。
(33) 三聖地巡拝とは、泉涌寺、伊勢神宮、橿原神宮の三社寺に参拝することである。
(34) この名前は、中国の神秘的な山であり、不老不死の島とも関連している蓬萊山から名付けられている。
(35) 川端康成は、「富士の初雪」のなかで、雪をかぶった富士山に取り憑かれている男に対し「富士山ばかり見ていてもつまらないわ」と述べる女を描いている（Kawabata 1999, 151）。
(36) ここにお参りすることは予定されていたことであるが、山小屋は混み合っており混乱していたため、観察することができなかった。

# 第一四章　現代日本の富士山信仰と実践に関する調査

## 富士山の霊性に関する統計調査

現代でもなお、多くの個人や集団が宗教的な目的で富士山に登っている。しかし、筆者の時間と体力の限界のため、すでに取り上げた三つの登拝集団以外の集団を調査し、その集団とともに富士山に登ることはできなかった。これらの三つの異なる登拝の事例について一般化し過ぎてしまう危険と、彼らの共通の伝統を評価することの難しさが予想されたため、調査計画には、登拝者に対する簡単なアンケートが予定されていた。このアンケートは、参与観察の記録とその逸話を補うような具体性をもたらし、最小限度の数値的な分析が含まれていた(1)。それぞれのグループのリーダーの許可を得て、同一のアンケートがバスのなかで登拝者に配布され、協力への依頼がおこなわれた(2)。このアンケートによって、これらの登拝グループの組織と、彼らの活動、信仰、そして今後の展望についての概観を知ることができる。ここでは、三つのグループの特徴を統計的に議論するために、まずアンケートの全体像を概観したうえで、アンケートの処理方法について論じ、それぞれのアンケート結果の分析から見出された特徴について比較したい。

グループのリーダーを通してアンケートの記入について依頼したことから、アンケートの回答率が一様に高かったことは驚きではない。十七夜講の参加者の六七・六％が女性であるということは、母体である解脱会の構成を反映している。(3) 注目すべきは、宮元講および丸山教においては、男性が多数を占めているということである。宮元講と十七夜講の二つのグループの平均年齢は、まったく同じ五九・三歳であり、丸山教の平均年齢である四〇・六歳と比べると、高齢のグループであることがわかる。居住地を見てみると、宮元講と十七夜講は圧倒的に東京が多いが、丸山教については、東京からの参加者はごくわずかである。

これらのグループについてのメンバー構成の数字は、富士山へと向かうバスで筆者自身が認識できたことよりも多くのことを教えてくれる。富士講を最も古くから続けているという宮元講では、登拝に参加した講員は八名（二七・六％）で、講員ではない参加者は二一名（七二・四％）に及んでいる。このことは、先達の井田氏が、バスを満員にすることは難しいと言っていたことの証左となる。この数字は、メンバー自体にとって重要なだけではなく、登拝の経験者の割合が減少していることを示し、その結果、最初の登拝年の平均を低くしたのである。丸山教はそれよりも高く、六五・二％が組織のメンバーであり、また、十七夜講は最も高く、八六・一％が講のメンバーであった。さらに一一・一％が解脱会のメンバーであった。トータルで、特定の組織に属している参加者の割合は九七・二％という注目すべき数字となっている。この高いメンバー率が、十七夜講における登拝経験の数字を押し上げている。

登拝回数は、三つの団体の注目すべき違いを目立たせている。新宗教の内部組織としての「新しい」富士講という特徴を持つ十七夜講は、昭和六三年（一九八八）に初めて富士山に登った人の割合が八・三％

| | | 宮元講 | 丸山教 | 十七夜講 |
|---|---|---|---|---|
| 回答率 * | | 74.3%（29/39） | 71.9%（23/32） | 84.1%（37/44） |
| 性別 | 男性 | 17（58.6%） | 15（65.2%） | 12（32.4%） |
| | 女性 | 12（41.4%） | 8（34.8%） | 25（67.6%） |
| | 計 | 29（100%） | 23（100%） | 37（100%） |
| 年齢（平均） | | 59.3（n=28） | 40.6（n=23） | 59.3（n=35） |
| 居住地 | 東京（23区） | 24（82.8%） | 3（13.0%） | 30（83.3%） |
| | 東京（都下） | 1（3.4%） | 2（8.7%） | 2（5.6%） |
| | 他の都道府県 | 4（13.8%） | 18（78.3%） | 4（11.1%） |
| | 無回答 | 0 | 0 | （1） |
| | 計 | 29（100%） | 23（100%） | 36（100%） |
| 登拝に参加した講員 | | 8（27.6%） | 15（65.2%）（丸山教） | 31（86.1%） |
| 講員ではない者 | | 21（72.4%） | 8（34.8%） | 1（2.8%） |
| | | - | - | 4（11.1%）（解脱会） |
| 計 | | 29（100%） | 23（100%） | 36（100%） |
| 富士登山経験 | 初めて | 7（24.1%） | 10（43.4%） | 3（8.3%） |
| | 複数回 | 22（75.9%） | 13（56.6%） | 33（91.7%） |
| | 最多登拝回数 | 30 | 30 | 31 |
| | 平均登拝回数 | 7 | 7.6 | 10.3 |
| | 最初に登った年のうち最も古い年 | 1931 | 1937 | 1938 |
| | 最初に登った年の平均 | 1966–1967 | 1962–1963 | 1968–1969 |
| 富士登拝の目的 | 霊山だから | 14（42.4%） | 8（29.6%） | 20（33.9%） |
| | 神仏に近づく | 0（0.0%） | 1（3.7%） | 2（3.4%） |
| | 神仏からのご利益を得る | 0（0.0%） | 0（0.0%） | 2（3.4%） |
| | 自らの心を清める | 9（27.3%） | 12（44.4%） | 14（23.7%） |
| | 修行 | 2（6.1%） | 5（18.5%） | 16（27.1%） |
| | その他 | 8（24.2%）** | 1（3.7%） | 5（8.5%）*** |
| | 計（回答数） | 33（100%） | 27（99.9%） | 59（100.0%） |
| 富士山へ登る理由 | 記述回答あり | 17（58.6%） | 4（17.4%） | 15（40.5%） |
| | 無回答 | 12（41.4%） | 19（82.6%） | 22（59.5%） |
| | 計 | 29（100%） | 23（100.0%） | 37（100.0%） |

* 若いメンバーのなかには回答した者もいたが（年齢についての回答から判明）、ほとんどの若い人たちは回答・提出しなかった。

** 8件の「その他」のうち、「体を鍛える」が2件、「スポーツ」が1件、「娯楽」が1件、4件は理由なしである。

*** 5件の「その他」のうち、4件が「感謝」である。

であったことに対して、複数回登拝をしている人が九一・七％にのぼり、経験を積んだベテランが多いことがわかる。一方、「伝統的な」宮元講において、初めての登拝である人数の割合が二四・一％というのは、講員ではない参加者が大部分を占めていたことを示している。参加者のうち、富士登拝が初めての人の割合が最も高い丸山教では、四三・四％となっており、丸山教では亡くなった両親の魂を敬うために富士山に登らなければならないとされている故に、今後も毎年の富士登拝を維持していくことが想像できる。これらの違いは別として、ほとんど同じ二つの数字に注目できる。それは、各グループにおいて、「最多の登拝回数」が三〇から三一回ということと、「最初に富士山に登った年」のうち、最も古い年代が、昭和六年（一九三一）から昭和一三年（一九三八）という短期間に限定されているという点である。一方で、宮元講と丸山教の登拝回数の平均がそれぞれ七回と七・六回であるのにもかかわらず、十七夜講の登拝回数の平均は、一〇・三回と著しく高い数値が出ている。なお、宮元講においては、メンバーではない人が多かったことにより、登拝回数が少なくなっている。また、最初に登拝した年の平均の結果は、昭和三七年（一九六二）から翌年にかけての時期に丸山教の組織が強化されたことを明らかに示しており、その他の二つのグループについてはそれより数年後の数字が示されている。

富士登拝の目的に対する答えは、これらのグループと結びついた富士信仰の特徴とその強さを示唆している。「霊山だから」という答えは、宮元講で四二・四％、続いて十七夜講が三三・九％、そして丸山教が二九・六％となっている。丸山教の数字が低いことの背景には、彼らの活動は、「山から降りる」宗教、あるいは「山から離れた」宗教であると強調していることからきているのかもしれない。しかしながら、それぞれのグループにおける登拝の目的として、「霊山だから」という答えが高い割合を構成しているということは、リーダーの主張やメンバーの活動の結果として、（少なくともこれらのグループでは）統計的に今日でも富士山が霊山として考えられていることを示している。一方、「神仏に近づく」や「神仏からのご利益を得る」という答えは、筆者が期待していた数値よりも低く、統計的に目立つ数字ではない[4]。そして、「自らの心を清める」という答えが二番目に高い比率で、丸山教で四四・四%、宮元講で二七・三%、十七夜講で二三・七%となっている。また、「修行」という答えは、十七夜講が最も高く二七・一%、続いて丸山教で一八・五%、そして宮元講ではかなり低く六・一%であった。十七夜講が最も高いという結果は、特に支部長が、彼と彼のグループは本当の修行を実践していないと何度も弁明していたことを考えると予想し得なかったことだが、これは現実は修行をしていないが、それを熱望していることを反映しているのかもしれない。

もともとアンケートとは曖昧さを有するものであり、あらかじめ決められた回答から選ぶことのデメリットは、回答がきれいに分類されてしまうことである。しかしながら、日本における過去の研究では、以下のような理由からアンケート調査の必要性、実用性、有効性が示されてきた。それは、簡単に比較できる意見を集めてその分布を明確化できるということ、回答者がすぐに回答できて簡単に回収できる点などである。一つだけ回答者に対して用意した自由回答の質問は、「富士山へ登る理由」であった。この回答率は宮元講が良く、十七夜講が極めて高かった。前述したように、丸山教では代表者が急いでアンケートを配布して回収したので、結果としてこの問題についての回答はほとんど記入がないか短いものであった。いずれにせよ、これらの自由回答は、富士山に対する三者の考え方を組み立て、はっきりさせるうえで役立った。

## 富士山への三つの視点

前述の統計によって、三つのグループにおいて富士山の精神性が現在どう捉えられているかの事例と、その差異や共通点が明らかとなった。以下では、富士山とこれらのグループとの関係を、理解、認識、現実化、再生、そして組織化の観点から分析してみたい。

これらの三集団はいずれも、日本で最も高く「一番」の頂を持つ富士山を、霊山とする理解を共有している。これらのグループにとって、富士山の自然的、国家的な性格が重要であると同時に、富士山を第一に宗教的な実体として見ている。アンケートで尋ねた「登拝の目的」と自由回答の「登拝の理由」が、これらの人びとが富士山を霊山として見ていることをはっきりと示している。それぞれのグループは、それぞれ富士山における特定の場所を最も聖なる場所として強調しており、それらは、グループの歴史における開祖と、入定や修行といった開祖による影響力の強い出来事と必然的に結びついている。

この霊山についての定義はそれぞれ異なるが、各グループは、富士山の聖なる存在に対してほぼ同様の認識を持っている。その認識は、広く人間一般の生活を変える手段となり、具体的に個人の人格を変えるための手段となる。登拝の目的で最も高い割合であったのが、「自らの心を清める」というものであった。このような登拝者の認識によって、富士山を霊山として定義付けることができる。そして、この聖なる存在としての富士山に対する彼らの認識は、人間生活へ救済的な変化をもたらすものへとつながっているのである。言い換えれば、霊山と一体になることにより、自らの人格を変えることができるのである。

もう一つ三者で共有されているのは、この認識の結果として現実化が起こり、実際に変容がおこなわれるということである。富士山の聖なる特徴への認識を実行に移すということは、富士山へ登拝し、礼拝をおこなうことを意味する。登拝の個々の行為や、それぞれの儀式は著しく多様であるが、「登拝」は古来の山における修行の眼目とされる瞑想とは比べものにならないものであると信じられている。登拝者は、制限された状況のもとで、特定のときに富士山に行き、前述した儀式的な活動を実行しなければならない。この活動は、グループにとっては毎年、個人にとっては数年間隔で繰り返される。アンケートの数字が示していたように、回答者は、長い間富士山に登ることを望んでいて、ようやく登ることができたと記している。彼らは、遠くから富士山を見ることが、なおいっそう登拝への思いをたぎらせると書いている。

この登拝の現実化の効果、言い換えれば認識の成就は、人間生活の再生であり、登拝者自らの心の浄化という目的が重視されているように見える。多くの人が記した登拝の「理由」は同じ根拠を示している。例えば、「自らを知るため、自然のなかで平安を得るため」や、「人生を新たにするために登拝する」などである。この登拝の効果は、より具体的かもしれない。つまり、彼らは、神仏の恩恵、物質的な利益、そしてそれらが護持されることに言及している。「登拝の目的」の統計値だけを見ると、回答者が自分勝手に思われるかもしれないために、そのような答えを回答しなかったように見えるが、自由回答では、まさにこれらへの感謝を示している。

これらのグループではそれぞれ、富士信仰の認識や現実化のプロセスは、個人としてではなく、組織の一員としてのほうがより良くなると当たり前に思っている。実際に、何人かの回答者が富士山に登る理由として、他のメンバーをよりよく知るようになること、他のメンバーを助けることだと述べている。そしてそれは、登拝者とリーダーとの会話のなかにも認められる。富士山の精神性に関して最も影響のある組織化については、理解、認識、現実化、再生などの観点のなかでも最も違いが出るところだが、三つのグループは協力して活動することを支持している。

これら一連の観点は、それぞれの項目について際立った対比を示している。霊山として富士山を理解することは、富士山における輝かしい出来事と結びついている。開祖である身禄に立ち返る宮元講では、身禄が入定した場所である烏帽子岩を最も重要な場所としている。丸山教では、富士講が伝統的に崇拝してきた場所を無視して、もとのちちははが教祖である伊藤に啓示を授け、天拝式がおこなわれる火口にすべての注意を集中させている。十七夜講は、三つのグループのなかで、最も包括的かつ持続的であり、できるだけ多くの場所に参拝している。また、宮元講と十七夜講はともに、北口本宮冨士浅間神社を登山の出発点として捉えている一方で、丸山教では、この神社を登拝の出発地点とすら考えていない。このように、「富士山」、「登拝」の意味は、それぞれの活動において異なる意味を持っているのである。

富士山の存在の認識もまた、それぞれのグループにおいて異なっている。宮元講は、富士山に対してより「古典的な」視点を有しており、富士山を開祖身禄の視点と経験から捉えていて、富士山は、身禄の犠牲により聖なるものとされている。このことにより、宮元講は、他の人を助けることを登拝の理想として奨励している。また、宮元講の登拝は、富士山を東京の祭壇へと連れ戻していることから富士山中心的で、丸山教の登拝では、開祖の掛軸を富士山において仮設の祭壇で祭るということから、開祖中心的だといえる。丸山教では、富士山の火口で教祖である伊藤に啓示を与えたもとのちちははの存在の現実化と、家族の先祖への接近を意識することを提唱している。十七夜講では、登拝に対して、富士修行、富士信心、富士信仰といった全範囲をカバーする幅広い関心が見られる。十七夜講の支部長は、修行が失われてしまったことを悔いていたが、アンケートでは、十七夜講のメンバーの登拝の目的は、「修行」が高い割合を占めていた。加えて、十七夜講は、富士山への登拝は心を清めるだけではなく、他の人を助けると教えていることに加え、可能な限りすべての聖地にお参りすることを奨励している。

認識に続いて現実化が起きる。宮元講は、身禄の教えと、身禄が人生を捧げた霊山をずっと大切にするための方法として、古い祭文を唱えることと、お焚き上げの儀式を重視している。そして、講員は登拝を始めるにあたり、北口本宮冨士浅間神社の近くで宮元講の先達である井田氏の父を顕彰し、烏帽子岩で身禄を崇めるのである。丸山教では、古来の富士講の聖なる場所をすべて避け、火口へと直接向かう。火口を、彼らにとっての「メッカ」として認識するだけでなく、そこで実際に一時的な祭壇を作って火口を神聖なものとしている（ある回答者は、登山の理由として、火口での天拝式に参加するためと記載していた）。また、十七夜講の活動を一言でいえば、それは「お参り」となるだろう。十七夜講のリーダーは、彼の講におけるお焚き上げが、宮元講のオリジナルのものより短くて活気がないものであることを認めており、修行はもはやおこなわれていないことも認めている。彼のグループは、聖なる場所をできるだけ多く参拝する、拡散的な「お参り」のパターンに適応していったのである。

再生とは、人びとの精神的な生活を新たなものにすることである。ある宮元講のメンバーは、「古くから富士山は生活とともにあった。そして富士山に登ることにより、肉体的にも精神的にもリフレッシュする」と記している。ここでは、霊山は登拝者に活力を与えているように見える。丸山教においては、この再生とは、特に火口での天拝式のなかで、もとのちちははと先祖に認められて新しい人生を踏み出すことを意味している。それゆえに、「生まれ変わり」という言葉が、丸山教にとって重要な意味を持っているのである。丸山教の回答者は、「人生を新たにするために登拝する」と書いており、彼らは先祖がともに登っているということを理解して登拝に挑んでいる。これらのテーマは、それぞれのグループにおいて重複している。というのも、実際に十七夜講のメンバーは、「富士山に登った先祖や、望んだけれども登ることができなかった先祖など、すべての先祖とともに登拝することを許された」と記している。まさに、十七夜講の登拝中のお参りは、他の二つのグループよりも拡散的で、恩恵の源についても拡散的である。富士山は、一般的に恩恵をもたらす存在であるが、十七夜講は北口本宮冨士浅間神社と密接に結びついている。

組織化という点では、それぞれのグループは明確に異なっている。宮元講は、富士山を中心として、強く反権力を主張する身禄の姿勢に頑にこだわっている。井田氏は、扶桑教が富士講から教団へ移行したことを、開祖の主義への裏切り、儲けるための商業的な欲望であるとみていた。丸山教は、教祖である伊藤を中心としたものと捉えており、実際の富士山や、伝統的な「富士信仰」に関わるすべてのものから離れていると考えている。丸山教にとって、講から教団への変化は、一人前の宗教となるための前向きで非常に重要な変化であった。十七夜講は、講と教団という二つのスタイルがしばしば「一致しない」と認識しているが、実際には講と教団のそれぞれの事情がせめぎ合っている。十七夜講の支部長は、彼の講において、宮元講がおこなっているすべての伝統的な実践を維持することができない理由の一つが、解脱会という教団の事情であるということをすまなそうに認め、自分の立場の皮肉を理解している。ある意味で、十七夜講は、講の復興を後押しした解脱会の教祖である岡野なくして存在できなかった。その一方、十七夜講は、教団としての解脱会の枠のなかで、講の成長や活動を制限する状況を受け入れているともいえる。

信心、信仰、修行、そして登拝という要素を有する富士山の宗教性と、そのさまざまな形態と組織的な構造は、富士山における精神的な活動の多様性を示している。近代の日本社会が激しい変動を経験したのにもかかわらず、富士山は多くの方法で多くの人びとを刺激し続けており、崇拝と信仰の対象としてその永続性を証明している。富士山の宗教的な広がり、霊山としての地位は、日本のイコンとしての富士山の地位を長らく存続させてきた。富士山に登る登山道は数多くあり、どの登山道からでもすべて頂上へと到着することができる。しかし、これらの登山道を登る、あるいはそのことについてじっくりと考えるグループと個人は、（個人的かつ集団的に）富士山のそれぞれ特有の信仰と実践のパターンを身につけているのである。(5)

## 注

（1）日本語のアンケート用紙の作成と印刷したマスターコピーを準備してくれたNakamura Kyokoに御礼申し上げる。

（2）実際には、アンケートの集計は四セット存在していた。というのも、丸山教のグループのバスは二台あり、一つは川崎の本部から、もう一つは愛知県からのものであった。しかし愛知から参加した人びとの大部分は若い人であり、回答はあまり使うことができなかった。愛知からの参加者の回答に見られた記述や補足説明のなかには、興味深いものがいくつかあったけれども、この集計結果には反映させていない。

（3）一九七九年における解脱会の支部の全国的な調査では、女性の割合は六四・五％にのぼっているが、この数値は、新宗教における平均的な割合である（H. B. Earhart 1989, 80）。Reader（2005, 77-78）は、いくつかの研究をもとに、四国のお遍路の女性の参加者の割合は約六〇％であると報告している。

（4）この結果については、明記する必要はないかもしれない。Tanabe and Reader（1998）は、すべての日本宗教において、現世利益が重要であることを示している。

（5）日本の山々と富士山についての現代的な態度や概念が非常に幅広いことの例は、日本の禅文化を世界に広めたことで知られるDaisetz T. Suzuki（1973, 334）の鋭い分析や、キリスト教神学者として著名なKosuke Koyama（1985, 9）を参照。

# 第五部　富士山とプロパガンダ

私は富士山を一つの美と存在の象徴として見、（…）また富士山は民族精神の無料の糧とも考えたりした。

（…）曾つての詩人たち（歌人）が私たちに富士をいくつかのすぐれた文学作品にしておくってくれたように、私も未来におくりたいと思った。そしてまた多くの異なった富士の作品が未来に於て生れることを、いまでものぞんでいる。

——草野心平（深澤忠孝『草野心平研究序説〈研究選書35〉』より）

# 第一五章　戦争と平和

## 戦意高揚と富士山

何世紀にもわたって美的かつ宗教的なインスピレーションの源として、非常に柔軟で永続的だった富士山は、国家的なシンボル、政治的な記念物としても順応性が高く、力強い姿を見せてきた。戦時中に士気を高めるために用いられた富士山が、戦後に平和のポスターとして素早く一新されたことは驚きではない。

戦時中に用いられたプロパガンダは、悪意あるイメージと、誇張された多くの言葉に満ちている。第二次世界大戦を戦ったすべての国は、多様なプロパガンダ装置を有しており、日本も例外ではなかった。プロパガンダは三つのカテゴリーに分けることができる。第一のタイプは、国内の一般人に対して愛国心を求めるプロパガンダである。第二のタイプは、同盟国、友好国、あるいは占領した国の一般人に対して協力を求めるプロパガンダである。これらは、いずれも戦争と軍事に関するサポートを求めるキャンペーンであった。これに対して、三つ目のタイプは心理的プロパガンダと呼ばれるもので、敵対する勢力の士気を弱めるために企てられたものであった。富士山は国内戦線のプロパガンダにとって、お決まりのシンボ

図17　『写真週報』1942年11月11日発行

ルであった。図17に見られる富士山の裾野の姿は、日本の若者に軍隊への入隊を勧めるために用いられた「国内の」プロパガンダの一例である。この写真が掲載された『写真週報』は、政府後援の雑誌であり、他の写真や文章も富士山の力を利用している。この雑誌の昭和一九年（一九四四）の表紙[1]は、戦車から外を見る少年の写真だが、ローアングルで戦車を捉え、戦車が富士山を服従させているようである。写真の説明には、この戦車は陸軍少年兵の鉄牛部隊に属するもので、富士山はこの戦車で戦う少年兵を「見守っている」と記している。このような写真は、文字と比べるとはるかに人びとに訴えかける力を持っている。富士山は保護者として描かれているが、同時にこのイメージは少年兵たちに、この国のシンボルだけでなく、富士山によって示唆される物理的な土地と政治的な体制としての国家を守るよう促し、鼓舞するものである。このより深いメッセージを詳しく説明する必要がないということ自体が、富士山の象徴的な位置付けの力を物語っている。

『写真週報』はまた、日本人が大東亜共栄圏と呼んだ、占領したアジア地域を主導する日本の帝国主義の宣揚者として富士山を描いている（D. C.Earhart 2008, 261-307）。日本政府は、日本の軍隊がアジアを占領することは、ヨーロッパによる植民地支配からアジア人を解放するためであり、同時に、これらの国々を解放して、一〇億のアジア人を日本のリーダーシップのもとに大東亜共栄圏として存続させるためと主張した。昭和一六年（一九四一）の真珠湾攻撃と、それに続く日本の電撃戦の大成功をもとに、大東亜共栄圏確立の手段として練られた計画の一つに、「昭南特急」がある。昭南とは、シンガポールの日本名であり、この「特急」は東京とシンガポールを中国、東南アジアを経由して結ぶ鉄道であった。昭和一七年（一九四二）一〇月一四日の『写真週報』の巻頭言には、日本国営鉄道の七〇周年を讃えて、大喜びで以下のように述べている。「『ぢゃー行ってきます』とカバン一つで乗込んだ列車が下関、奉天、北京、広東、ハノイ、サイゴン、バンコクを経て、つひにそのままスーッと昭南まで行けたら、どんなに素晴らしいことだらう」。同じページの地図にこの夢の旅の経路が描かれているが、この夢を裏付けるものとして、隣に実際の汽車の写真が掲載されている。「表紙の写真には、東京駅に停車し、富士山の形のエンブレムをつけた『特急富士』が見える」（291, illus.79）。このように、富士山は大東亜共栄圏を縦断して走る特急列車のロゴ（シンボルマーク）として選択され、日本の国外に対するプロパガンダを宣揚する大使として採用されたのである。

前述のプロパガンダから離れるが、富士山はエンブレムとして流行する以上に、軍隊における戦意高揚と結びつき、特攻隊のマークとして用いられた。昭和一九年（一九四四）一一月二九日発行の『写真週報』三四九号の表紙には、「伝統的な富士山の三峰と稲妻」が尾翼に描かれた戦闘機の写真が掲載されている。写真の大見出しでは、フィリピンのレイテ湾攻撃の特攻隊を讃えており、小見出しでは、「愛機の尾翼に霊峯富士と雷を描く富嶽飛行隊員」と記されている。[2] この特攻隊のことはWarner and Warnerは以下のように詳しく述べている。「陸軍航空部隊では二つの特攻隊——万朶隊と富嶽隊——を編成した。（…）富嶽隊は特攻用に特別改造された——八〇〇キロ爆弾二発を搭載し、突き出した起爆管を備えた——四式重爆撃機九機（飛龍）でスタートした。四式重爆（飛龍）は双発で、搭乗員は六名ないし八名であった」。このような特攻隊の送別式では、その最後に富士山に対する祈りがおこなわれた点が特筆すべきことである。特攻任務の出発前の儀式では、盃と「万朶隊神兵に宛てた詩」が歌われていた。総大将の冨永中将は、隊員に「諸子は万朶隊の隊員であり、神国日本の精神と正義とをまさに発揮しようとしているのである。そうすることによって、諸子は命名された万朶の桜花となって散華することになるのである。一命は鴻毛よりも軽く、諸子が託されている敵艦撃沈の任務は富士山よりも重い[3]」と述べた。

もし富士山を背景にした少年兵と戦車の写真が、富士山と軍隊による相互保護の関係を示しているのであれば、富士山と空軍機パイロットとの間の結びつきの例であるこの写真も、富士山と空軍が、一緒に敵を攻撃する集団として結託していることを示しているといえる。古代には、噴火する富士山の力は畏敬の念を引き起こし、中世には富士山は侍の陣羽織のモチーフであった（口絵7参照）。しかしながら、一九四〇年代の太平洋戦争では、富士山の力は明らかに歴史上初めて、攻撃を推進する武器として用いられた。

富士山は必然的に、日本とアメリカの双方の国内向けのプロパガンダにおいて、同じ役割を果たした。日本人の煽動者と同じように、アメリカの煽動者も、三角形の輪郭を持つ富士山を、日本の国の目印として用いた。それは説明されず、控えめな存在感だったが、だからこそ「世界中で認識されている説明不要のシンボル」であることを雄弁に物語った。日本のプロパガンダと、戦時中のアメリカの漫画におけるいくつかの例が、敵対する日米で富士山がどのように用いられていたかを示している。日本側では、日本の一般市民にばらまかれた二つのチラシが、政府が戦争を助長するために富士山のイメージをどのように用いたかを示している。アメリカのこれらのチラシは、日本の銃後におけるプロパガンダの使命を果たしている。「その表現の多くは、国内向けのこれらのチラシは、アメリカ大統領やイギリス首相を描いたもので、凶暴な敵を示すグラフィックであった。連合国側の暴虐を主張する日本のプロパガンダが加速した昭和一九年（一九四四）一〇月にそれは現れた。それには、富士山の見えるところで、飲み騒ぐ堕落した鬼のような人としてルーズベルトとチャーチルが描かれている。そして同時に、悪魔のようなアメリカ人とイギリス人を殺すことを勧めているのである」（Dower 1986, 195, fig. 23）。

この絵は、連合国側の大統領と首相を「堕落した鬼」として表現している。鬼とは、日本の民俗においては残忍で、自分勝手な強さを誇示する悪人であるが、桃太郎のように、鬼よりも小さいが、賢くて強いヒーローによって打ち負かされる存在として登場する。この独特な漫画では、ルーズベルトの後ろに笑っているように見える手先がいて、片方の手を大統領の肩において、もう一方の手を絵の真ん中あたり、つまりアメリカ軍が地平線から堂々と立ち上がり絵の上端に届いている富士山に向かって太平洋を飛び越えようとしているあたりをさし示している。この絵では、富士山は優美な曲線を描き非対称的な形をしている。ルーズベルトがいる絵の左側には、不吉な黒い雲が描かれているが、富士山の三角形は真っ白く描かれ、文章がある右側のほうは空が晴れている。この「道徳劇」は理解しやすい。つまり、富士山は日本と潔白を示しており、それが連合国側の指導者と兵士たちの暗い、不吉な力によって脅威に晒されていることを示しているのである（Dower 1986, 208-11）。

昭和一九年（一九四四）一一月の雑誌に掲載された、富士山を含むもう一つの日本のプロパガンダも同じようなメッセージを伝えている。「『日の出』という雑誌のなかの漫画では、アメリカ人について、植民地を切望し、日本国内において人種差別的な非道行為を繰り返すギャングとして描いている。そして、『神の国の日本』の銃剣が、富士山をなげなわで捉えようとしているギャングとして描かれているアメリカを後ろから突き刺している」。プロパガンダは無意識を引き出すが、想像力はほとんど使わない。ここでは、アメリカは富士山を捕まえようとしており、「神の国である日本」が銃剣で応酬している。富士山は、自国の戦意高揚にとって便利な道具であったが、もちろんアメリカや敵国向けに作られた日本製プロパガンダには登場しなかった[4]。

太平洋戦争中における絵や言葉を用いた日米のプロパガンダを見ると、次の二つの点が注目される。一つ目は、米国の大衆メディアは天皇を風刺したけれども、軍による公式のプロパガンダでは、純粋な政治上の理由から、天皇を中傷することを避けていた。二つ目は、両陣営において、富士山のイメージは基本的に同じ流儀に従っていた。一つ目の点では、戦時中にプロパガンダのプランナーとして働いていたアメリカの人類学者や社会科学者は、「連合国側は、日本の文化システムの完全なシンボルである天皇と皇室の施設を攻撃することを控えるように」勧めた。というのも、天皇に対する攻撃が、日本人の「生き方[5]」すべてを破壊するような恐れと見られ、降参に対する日本人の抵抗をより激しくさせることになるとした。プロパガンダがそれぞれの現場で管理されていたため、アメリカの政府と軍の間には、プロパガンダの程度、性質、タイミング、内容について意見の相違があったけれども、一応の原則は、軍閥が日本の理想を腐敗させ、天皇の望まぬ、そして勝つことのできない戦争へと駆り立てているというメッセージを日本国民と戦闘員へ届けるというものであった。二点目については、富士山を軽んじたアメリカの公的な政策はなかったように見える[6]。そして、富士山や桜といったシンボルを単純に無視するか、あるいはこのシンボルを批判しないような暗黙の理解があったようで、アメリカの軍事的なプロパガンダでは、日本を示すものとしての目的だけに富士山を用いたのである。

日本がアリューシャン列島の二つの島を占領した昭和一七年（一九四二）から翌年の間に発行されたアメリカの新聞の漫画は、連合国側の攻撃を富士山の上から監督しながら飲み騒ぐ悪魔のようなルーズベルトとチャーチルを描いた日本の漫画に対する、興味深い引き立て役となっている。そのアメリカの漫画では、視点が反転しており、猿のような日本の兵士が後ろに「アリューシャン」と記された飛込み板の端でバランスを取っている姿が描かれている。この漫画の重要な点は、「KNOCK HIM OFF THAT SPRINGBOARD（飛込み板から突き落とせ）」と記されたタイトルにある。この飛込み板には、日本を示すような煙を出す小さな富士山とミニチュアの鳥居が据え付けられている。この漫画における重要な人物は、猿のような兵士であり、富士山はマイナーな小道具に過ぎない（Dower 1986, 6, fig. 5）。この漫画の表現と、絵の中央下から上部まで富士山がそびえている日本のプロパガンダとは明白な対比がある。しかし、どちらの漫画においても、富士山は、日本と日本人のシンボリックな表現として用いられているのである。

日本軍に向けられたアメリカのプロパガンダは、飛行機からチラシとして市民や兵士に落とされた。このチラシ降下作戦は広範囲に及んでおり、アメリカ国内や戦場で、一ヶ月に一〇〇万枚のチラシを印刷することが可能な高速印刷機が使用された。[(7)]「日本の兵士の士気を挫くために、南西太平洋だけで四億枚のプロパガンダのチラシがばらまかれて、約一万九五〇〇人の日本人が投降した」（Gilmore 1998, 2）。このような膨大なチラシにおいて、富士山は、マイナーながらも、意義深い役割を果たした。アメリカ軍のチラシは四つのカテゴリーに分類されている。それは、不和を起こさせるようなプロパガンダ、破壊的プロパガンダ、啓発的プロパガンダ、そして絶望を与えるプロパガンダである（Gilmore 1998, 11）。なかでも、富士山がそびえるチラシには、裏面に書かれた文章とともに考えると、これらの四つのカテゴリーの大部分か全部が含まれているが、特に富士山がもたらした大きなものは、この後の議論で示すように、ホームシックや郷愁である。[(8)]

「114a のチラシは、前景に日本人の母子を描き、その後方に死んだ日本の兵士と桜の木があり、背景には富士山がそびえている」[9]。この絵は写真のような印刷で、明らかに合成である。絵の裏の文章は、開戦し、「母国を破壊し続けている」軍閥を非難しており、彼らに「母国を明け渡すように」勧めている。富士山を含むこの絵は、「母国」の明白な目印となっている[10]。

同じ絵が1049のリーフレットにも用いられている。「この裏面には、日本のウェーク島守備隊に降伏を勧める長いメッセージ」があり、それは「米軍に投降した日本人捕虜からの手紙の形をとっている」。そこでは、マーシャル諸島において彼が経験した「飢餓と絶望」が強調されており、戦争捕虜として、今は良い扱いを受けていることが対照的に述べられている。両方のチラシの絵のなかで用いられている富士山、桜、そして母と子のペアは、日本軍の兵士が母国を想う気持ちを駆り立て、戦う意志を弱らせるものであった。これらのチラシに用いられた写真のようなイメージは、アメリカの「心理作戦」の専門家が、日本兵に郷愁の感情を呼び起こす適切な視覚的刺激として富士山を認識していたことの明らかな証拠である。

さらにこの他のアメリカのプロパガンダのチラシも、日本を示すものとして富士山を用いており、日本の兵士に向けて、日本軍が大きな損害を被って敗色が濃くなっていた戦争末期につくられた。攻撃する側だった日本はもはや攻撃される側であった。例えば、口絵8のチラシは、多くのアメリカの飛行機や船により攻撃されている日本（富士山によって示されている）を描いている。裏面の文章には、東京から一五〇〇㎞に満たない場所にアメリカの基地があり、アメリカ海軍が日本への上陸作戦を進めており、潜水艦が日本の船を沈めている（ことを啓蒙する）情報が記され、「日本を支配している軍閥の圧政からあなたの国を解放しなさい」というアドバイスで締めくくられている[11]。このチラシでは、富士山が的の中心のように、絵の真ん中にデザインされている。下部には、アメリカの軍艦の大砲と軍艦が密集して富士山を狙っていて、上部には四つのエンジンを持つ爆撃機と、その下には二つのエンジンを持つ多くの爆撃機がすべて富士山に向かっており、さらに二機の爆撃機が出撃して戻ってくる様子が描かれている。このチラシで、空軍と海軍の爆撃を受けている富士山は、アメリカにとって頑固な敵である日本を示している。これは明らかに日本人に恐れと絶望を引き起こすことを目的としたものである。[12]

また、富士山の宗教的な側面を取り上げたチラシもある。「2064のチラシは、非常に殺風景な暗青色と白色で、富士山麓の『義務』と『慈悲』と記した道標が立つ二つの登山道の交差点に立つ日本の登拝者を描いたものである。このチラシの右上部には、『道は二つあるがゴールは一つ』と記されている」[13]。裏の文章は、以下のような文言から始まっている。「日本の人びとは義務という考えを讃え、敬ってきた。本当の日本人は、その義務とは、家族への義務と同じように国への義務であることを知っている」。そして、「真の日本人は、人情[14]を捨て、国にすべてを捧げるべきだ」という古風な道徳に言及し、「あなたの義務は、平和をもたらし、国を破滅から救うことである」と提案し、天皇と平和を讃えている。ここでは、天皇、家族、そして国を大切にすることが兵士の義務であるとし、戦争の責任は軍閥にあるとしている。その図柄は人目を引くもので、絵の上半分を白い空と大波のような雲のなかにそびえる三峰の富士山が占めている。絵の中央には、菅笠をかぶった伝統的な衣装の登拝者が配されている。背中を向けている彼は、富士山の頂上につながっている二つの登山道の入口に置かれた道標のそばにいる。明らかに、彼は頂上を「ゴール」と見ている。このリーフレットは、霊山としての富士山という日本人の認識や、個人的、社会的、国家的な価値と結びついた登拝という慣習について、アメリカ人がいくばくかの知識を有していたことを示している。[15]

アメリカの心理作戦の専門家の視点では、富士山は日本を示す便利なシンボルであり、実際にアメリカの大衆を対象としたメディアでも同じ目的で用いられた。日本の軍隊に向けて投下されたチラシにおいて、富士山はサインとシンボルの両方として機能した。それは日本を示すサインにとどまらず、母国への思いを呼び起こすとともに、天皇や国家的なアイデンティティと同じように、家族や社会的絆と結びついた感情を呼び起こすことを狙ったのである。富士山は、日本国内では、軍国主義や戦意を向上するための愛国的なロゴとして用いられたけれども、この富士山の役割自体は、アメリカの心理作戦の当事者たちからは決して攻撃されず、彼らは富士山を日本を示すものとしてのみ用いた。激しい爆撃のパノラマ写真から、平和的な浮世絵の風景に至るまで、また、死んだ兵士が描かれた「母と富士山」の図像から帰郷の呼びかけに至るまで、富士山は言葉と図像における日米の戦いに加わったのであった。日本の霊山である富士山は、太平洋戦争において日本とアメリカのプロパガンダの両方に取り入れられ、二重の役割を果たした。戦争における富士山の間接的な役割について、このうえない皮肉が一つある。それは、富士山そのものがアメリカの爆撃機にとって、東京やその周辺の目標に達するための道標となっていたと同時に、空襲の間、近所の人びとや家族を破壊や怪我から守るために、富士山の精神的な力を祈願する富士講の先達もいたということである。(16)

## 平和の象徴としての富士

アメリカの日本に対するプロパガンダにおける敵意は、特に軍閥と軍のトップである東條英機へと向けられた。しかし、ドイツのナチの鉤十字と同じような、日本を表象する唯一のシンボルというものはなかった。日本国旗に描かれた太陽（日の丸）は、日本の帝国主義の象徴であり、今日においても、それは軍国主義の拡大／復活として考える日本の平和活動家やアジアの国々の人びとにより忌避されている（Field 1993, 33-104）。また、戦後の日本において、天皇および天皇制は、連合国側の代表のなかに廃止を希望する者もいたくらいで、かなりの批判を受けている。しかし、「国家の象徴」として天皇制を維持し、戦争責任から天皇を除外したことは、主に連合国による占領とその司令官の現実的な政策によるものであった。つまり、ダグラス・マッカーサーは、日本国民を統制し、日本を新しく作り直すために、天皇を戦略的に利用したのである（Dower, 1999, 292-301）[17]。東京裁判の不完全な正義とあわせて、天皇の復権は疑わしい遺物を残している。そして、今日に至るまで戦争責任、戦争犯罪とその処罰に関する議論が続いている。戦後すぐに、国家神道は廃止され、天皇は自らの神性を放棄させられた。そして、国家神道の神話や儒教の倫理をもとに、日本人の優位性と天皇および国家に対する絶対的な忠誠心を強要する狂信的な愛国主義者の解釈は、学校教育から排除された。丸山眞男は、「『国体』は国内国外の根底的な批判にさらされつつ変革せられ、それに附随した諸々のシンボル（神社・日の丸・君が代等）の価値は急激に下落した」と指摘している（Maruyama 1969, 148）。

しかし、戦後のすべての追放行動、そして改革においても、富士山のシンボルは手をつけられず、大衆の目から一時的に隠されただけであった。連合国最高司令官（ＳＣＡＰ）の本部内の占領検閲官は、日本の映画作家が富士山を映画に取り入れることを許さなかった[18]。この禁止は自己矛盾をはらんでおり、それによって一人の映画作家が抗議をおこなうに至った。

日本の国体の象徴であった富士山を登場させるのも、タブーとされた。戦争中、日本政府はこの山の神聖で神話的なイメージを宣伝したとはいえ、占領軍が富士山を国家主義、軍国主義と結びつけるのは行きすぎの観もあった。マキノ正博監督は、一九四六年『粋な風来坊』に富士山の場面があるということで、ＣＩＥの二世の検閲官と論議したことを記している。この映画は、富士山麓の開墾を舞台にしていて、富士山を場面に入れないようにするのはむずかしかった。マキノは、富士山は軍国主義の象徴ではなく、人民の象徴であると論じたが、検閲官は同意しなかった。マキノは尋ねた。「それなら、なぜ原爆を富士山に落とさなかったのか。広島や長崎に落とすことはないだろう」[19]。（…）検閲官は、たしかにマキノの言っていることは正しいが、それでも、富士山を撮らないでくれと頼んだのである。占領中、日本の映画に富士山が登場するのは松竹の会社のマークとしてのみであった[20]。

アメリカの占領による富士山の使用禁止は、富士山の映画の役割を検閲し、コントロールした最初の例ではなかった。太平洋戦争の開戦当初の昭和一六年（一九四一）には、左翼的な反戦主義の映画監督である亀井文夫は「富士の地質」（一九四一）の脚本で、帝国日本の象徴とされている富士山を地質学的、科学的に捉えようとしたため、映画化は許可されなかった（K.Hirano 1992, 116）。戦時中は、日本の検閲から国家主義的ではないという理由で富士山の映画が差し止められ、戦後は、アメリカの検閲から、富士山の麓を開拓するという「自然的な」シナリオでさえも、国家主義を思わせるという理由で、スクリーンから完全に排除された。両方のケースにおいて、富士山は自動的にナショナリズムをもたらしかねないとされたのである[21]。

占領中、富士山は映画から締め出されたとしても、他のメディアからは排斥されることはなかった。富士山の写真は、昭和二一年（一九四六）の元旦の新聞に用いられ、社説では、「帝国主義、侵略、そして圧政の時代の国家的な悪は厳罰された。そして今日、日本全体は大西洋憲章で約束された『民主主義と四つの自由』の到来への希望を熱心に抱いている。富士山の頂の輝きは、平和で素晴らしい未来の到来を予知させるものである。その未来とは、日本が立派で尊敬される国際社会の一員として、再び世界の国々の集まりに参加する絶好のチャンスを摑もうとする未来である」と述べている[22]。

太平洋の反対側では、必ずしもすべての西洋人が富士山を民主主義の前兆として好意的な目で見ていたわけではなかった。戦後の『デトロイト・ニュース』のある新聞漫画では、富士山を民主主義の自発的な担い手ではなく、渋々ながらの受け手として描いている（Dower 1988, 121）。この漫画の左側には、『民主的な生き方』と題した本を開いて手に持つアメリカ兵が、人差し指で、日本刀と花を両手に持つ背の低い日本人を力強く指導する様子が描かれている。漫画の右側には、日本的な種々雑多なものが描かれている。それらは、石灯籠、鎌倉の大仏のような仏像、お稲荷さん、鳥居、神主、提灯、そして、雪をかぶった富士山であった。ここでは、富士山を含むすべてのものが、アメリカによる民主主義の指導を必要としていることが含意されている。また、小柄な日本人は、下駄を履いており、アメリカが近代的で文明化されている一方で、日本は未開で文明化されていないということも強調されている（Dower 1988, 110）。

日本兵士を猿のように描いたお決まりの表現も、戦後はより柔らかなものへと変えられている。つまり、『レザーネック（*Leatherneck*）』誌の昭和二〇年（一九四五）九月号の表紙では、日本の降伏を祝い、戦時中のステレオタイプが順応性のあることを示していた。そこでは猿の諷刺画が、苛立ってはいるもののすでに飼い慣らされ愛嬌さえあるペットに早速変身していた（Dower 1986, 186, fig. 9）。

もっとも、富士山は、動物的な兵士のような形で中傷されたり、悪魔のように扱われることは決してなかった。たしかに、富士山の戦後の歴史にこうしたことがなかったのは異例であり、それは富士山に対する戦後の処罰が軽いうえに一定でなく、そしてその期間が短かったことによる。もちろん、占領軍は、日本軍の指導者たちや政府機関（そして宗教組織）に、戦争責任を課すべきだと考えていた。しかし、組織化された機関でもなく、特定の個人でもない富士山は、西洋のジャポニスムと、日本における「逆のオリエンタリズム」の両方によって、より容易に操作され（そして脱悪魔化され）たのであった。総じて、富士山や桜のお決まりの組み合わせのような非制度的なシンボルは、太平洋戦争中の戦意高揚に一定の役割を果たしたけれども、連合国側から除外の対象にされなかった。[23] たしかに、桜の花は国家的なアイデンティティと密接に結びついていたため、必然的に国の軍拡運動に取り込まれていった。[24] けれども、富士山のシンボリックな意味が、その唯一性や優越性により、侵略戦争を正当化させていたところから、民主主義を推進する平和や普遍主義の先駆者へと容易に変化しえたということは、控えめに言っても皮肉なことである。

戦後の富士山において最も一貫していないことは、日本の国家主義・軍国主義とのつながりにより検閲で禁止されることもあった富士山のイメージが、その後すぐに日米の国家的、軍事的協力関係を象徴する表現に選ばれたことである。戦後日本に駐在したアメリカ軍は、富士山を取り込み、記章の一部にさえ採用した。アメリカ軍の記章に富士山が採用されるということは、「支配」と「馴致」を暗示している。つまり、戦前のジャポニスムが、戦後のエキゾチズムに上書きされたかのように見える（そして植民地支配への憧れと幻想の痕も残っている）。

富士山を取り入れたアメリカ軍の記章にはいくつかの種類がある。ある米軍の公式文書が詳しく述べているが、そこではまず在日米軍の歴史の概要が記された後、記章についての細かい記述がある。

しばしば「ユニットクレスト（unit crest）」と呼ばれる在日米軍の部隊章〔図18〕は、金色の金属とエナメルのもので、直径は二・五〜三センチ程度、富士山は明るい青で描かれている。背景は青で、赤い半円状の太陽が白い山頂を照らしている。そして、その富士山は五つの部分からなる金の輪に囲まれている。この五つの部分のうち、上の三つには、青いエナメルで、「OMNIA FIERI POTEST」（あらゆることは可能だ）と記されている。このように、日本における在日米軍の地位は、日本のシンボルとして世界に知られている富士山の表現を借りて象徴されている。[25]

日本における他のアメリカの軍隊もいくつかの形で富士山を取り入れている。日本に駐留するアメリカの潜水艦隊である第七艦隊潜水艦部隊の帽子のバッジには、背景に明るい青と白で表現された富士山（雪をかぶった三峰の伝統的な表現）、その前に赤い鳥居、そして一番前に二匹のイルカと並んで潜水艦が描かれている。[26] つまり、ギリシャ神話のポセイドンの従者であるイルカと、伝統的な日本のシンボルである富士山、そして神道の聖なる象徴である鳥居が、日本に駐留する潜水艦隊を監督しているのである。

図18　在日米軍の部隊章
（アメリカ陸軍紋章研究所HP）

富士山はまた、日本に駐留するアメリカ軍の少なくとも五種類のコインに見ることができる。これらは、一般的に「チャレンジコイン」「ユニットコイン」と呼ばれ、隊員によって設計・使用された非公式なものである（図19）。これらは、富士山が日本を象徴していることを認識しているそれぞれの部隊の隊員によって作られた。あるコインは、「在日米軍チャレンジコイン」と記述され、[27] 下部には雪をかぶった富士山、中央にオレンジ色の太陽、そして上部に鳥

**図19　チャレンジコインの例　表（左）と裏（右）（訳者蔵）**

居を配している。そして、太陽の周りを囲む五つの輪は、それぞれ陸軍、海軍、空軍、沿岸警備隊、そして海兵隊を示している。このコインの発行は、表の「Yokota Air Base」と裏の「Tokyo Japan」からわかる。そしてこのコインに取り入れられた富士山は、前述の在日米軍の記章と似ており、「伝統的な」三峰の富士を持つ第七艦隊のバッジとは似ていない。他の四つのチャレンジコインは、それぞれ富士山の形、兵器、そして隊の名前が異なっている[28]。公的な軍の記章、潜水艦部隊のバッジ、そしてチャレンジコインは、戦後の米軍において、富士山が公式のレベルだけではなく、一兵卒の間でも日本を象徴するものとなっていたことを示している[29]。

ある意味で、これらのアメリカ軍の記章やチャレンジコインは、富士山が平和の使者としての日本をどのように支えているのかを示すものである。また、別の意味では、これらのエンブレムは、必ずしもアメリカの日本に対する慈悲の気持ちや、曖昧さを伴わずに用いられたわけではない。一九世紀のペリー提督の記念誌の表紙に富士山が描かれていたように、アメリカ軍による富士山の採用は、日本の卓越したシンボルの「占領」として受け止められるかもしれない。このことは、「富士山を捉えようと試みる風刺漫画の凶漢としてのアメリカ」（Dower 1986, 249）を描いた日本の戦時中のプロパガンダを思い出させる。つまり、日本が戦時中に最も恐れていたことが実現している。富士山は勝利を得たアメリカ人にトロフィーとして与えられたのである。

戦時中にアメリカで作られた富士山のドラマチックな写真のなかに、アメリカの潜水艦の潜望鏡を通したカメラによって「捉えられた」富士山の写真がある。ウィンストン・チャーチルは、魚雷を受けて沈んでいく日本の戦艦の写真とともに、この写真を選んで、第二次世界大戦について記した自己の著作の一つに掲載している。この二枚の写真には、「海からの大きな大爆発」というタイトルが付けられており、その下に、「潜望鏡からの富士山（上）と沈む日本の駆逐艦（下）、これらの写真は第二次世界大戦の間ずっと日本を悩ましていた二二六隻の巨大で大胆な潜水艦の遠距離攻撃を思い出させる」と記されている（Charchill 1959, 2: 570）。この写真は、日本の駆逐艦を沈めるアメリカの潜水艦の威力と、「捉えられた」富士山を示しており、勝利の土産として家へ持ち帰られた。

別の書物でも、この潜望鏡から見た富士山の写真について次のような注釈をつけている。「この珍しい写真は、ぼんやりと日本の有名な山である富士山を捉えている」として、この写真を戦争画としてでなく風景として描き出している（Steichen 1980, 117）[30]。戦時中に潜水艦の潜望鏡から見た別の富士山の写真では、スケートという潜水艦の名が記されており、あるウェブサイトでは、そのことを誇らしげに語っている。「あるパトロールのとき、彼らは潜望鏡からの富士山の写真を撮るために日本の沿岸に近づいた。この写真（と潜望鏡の十字線）は、雑誌『ライフ』に掲載された[31]」。潜水艦「アイスフィッシュ」に関するウェブサイトでも、以下のように同じような説明がなされている。「アイスフィッシュの士官による日本の海岸への大胆な接近は、潜望鏡から撮影した富士山の、雑誌『ライフ』の表紙を飾った有名な写真によって証明されている[32]」。これらの大言壮語は、アメリカ原住民の「カウンティング・クー（counting of coup）」と似ている。この語は、アメリカ原住民が敵を殴ったり叩いたりすることで自分たちの勇気を示すとともに、敵の力を奪うというものである。これらの潜水艦の大胆不敵な行為は、写真を通して日本のシンボルへと近づき、捕まえることを示している。

潜望鏡による富士山の「捕捉」は、昭和一八年（一九四三）にワーナー・ブラザースによって「Destination Tokyo」というタイトルで映画化された。この映画にはケーリー・グラントが主演し、脚本家スティーブ・フィッシャーはアカデミー賞にノミネートされている。この映画の大部分はフィクションで、日本に対する初めての空襲である昭和一七年（一九四二）のドーリットル作戦の準備のためにアメリカの潜水艦が東京湾に接近するというものであった。映画のなかで、潜水艦が最終的に東京湾に入って、乗組員が位置を確かめるために潜望鏡を上げたとき、大きな富士山が彼らの右前に姿を現す（ここで音楽が次第に大きくなる）。この映画は、ドーリットル作戦に参加した爆撃機が東京を空爆する際に、空から撮影した写真と同じように、潜水艦の潜望鏡を通して見た富士山を、日本を示すものとして用いているのである[33]。

潜望鏡から撮られた富士山の写真は、戦中戦後にアメリカの軍用機によって空から撮影された数多くの富士山の写真と同様なものといえる[34]。「富士山越しの夕日、東京湾のアメリカ艦隊、一九四五年八月二九日」と題した写真があり、そのキャプションには『東京と日本列島のシンボルである富士山は、見る人を惹きつけるロマンチックな存在である。アメリカ海軍の軍人はすべて、海から富士山を見るのを望んでいた』と記されている（Steichen 1980, 124-125）。アメリカの戦艦が大挙する東京湾の向こうに、赤く輝く富士山の輪郭を捉えたこの写真は、富士山のイメージと、一九世紀のペリー提督の記念誌における「黒船」を思い出させる。実際には、アメリカの船が富士／日本を支配しているとはいうものの、キャプションでは、「ロマンチックな存在」という記述や、すべての船員が富士山を見たいという、（ある種推定された）願望の記述により、征服という要素が弱められている[35]。

日本を負かしたことと、富士山を捉えるということを同時に表現した最もリアルな実例は、富士山を背景に置いて東京湾上のミズーリ号でおこなわれた降伏文書の調印式であった。太平洋方面統合情報センターによって発行された「ミズーリ——日本降伏の光景」と題された八ページの小冊子は、日本の降伏すぐに、海軍の兵士へと配られたものである。[36] この冊子のなかには、ミズーリ号を上から捉えた航空写真と、降伏文書へ署名した日米の面々の集合写真が掲載されている。また、このパンフレットの裏表紙には、富士山の奥に沈む太陽と東京湾のアメリカ艦隊が写った写真が掲載されており、「沈む太陽」というタイトルが付けられている。そこでは、戦争の終結と、「日出る国（日本）」の終焉をかけた巧みな語呂合わせがなされている。この写真はたしかに、アメリカの艦隊が東京湾と富士山を占領したという、ペリー提督の記念誌のイメージを思い出させる。そしてこの写真によって、アメリカが再び富士山によって象徴される日本を占領したというメッセージが伝えられているのである。

欧米において、日本の特殊性と優位性を主張する考えと富士山との関連性が、国家的なアイデンティティと超国家主義（いわゆる帝国主義と植民地主義）の両方と結びついているということは、主に日本史を学ぶ学生たちによく知られている。富士山に関する戦後のイメージの大部分は、戦前のジャポニスムの続きであり、それが「奇跡的な経済成長」の要素によって更新されたものである。旅行会社の宣伝や絵葉書で人気の図柄は、雪をかぶった富士山の前を新幹線が通り過ぎるというものである。これは、ハイテク工業と伝統的でロマンチックな自然主義の両方の世界において富士山が頂点であることを示している。ある日本の郵便切手には、北斎の「神奈川沖浪裏」を改変したものがあり、その切手では、富士山は郵趣会館の画像に入れ替わっている。すでに述べたように、戦後最初の切手の一つでは、日本の平和的な側面を示すものとして、富士山の浮世絵が用いられた。ジャポニスムの長い歴史を通して浸透し、戦後の平和と友好の新時代において蘇った富士山の国際的な名声は、自然の美の驚異、そして自然との調和の美しい象徴である山として再生したのである。

**図 20　日本開国 100 周年記念切手**（1953 年発行）

この富士山の「再興」が最もめざましいのは、世界の郵便切手における富士山の写真や浮世絵のイメージにおいてである。実際、「日本」を象徴するイメージが、切手によって日本以外の国へ伝えられていった（内藤 2003, 4-5）。戦後において、興味深いデザインの数多くの郵便切手が作られるという新しい潮流が、切手収集の市場と一致し、その結果、多くの「フジヤマとサムライ」の郵便切手が海外の国で販売された。一九五三年にアメリカの郵便局は、ペリー提督の日本開国一〇〇周年を記念した切手を発行した（図20）。この切手が発行されたタイミングは、昭和二〇年（一九四五）から昭和二七年（一九五二）にかけての日本占領が終わった一年後であったという点でも重要である。この切手のデザインは、浦賀沖（東京湾）に碇を下ろしたアメリカの軍艦と、ペリーの肖像が配され、中央には富士山、右下には侍が描かれている。これらは、一八五六年に発行されたペリーの日本への使節団の記念誌の表紙に描かれた要素と同じである。この切手はまた、第二次世界大戦の勝利後における、アメリカ合衆国による地政学的な優位も示唆している。日本からすれば、日本の開国は安政五年（一八五八）のハリス条約（日米修好通商条約）であり、ゆえに日本では開国一〇〇周年の記念切手は昭和三三年（一九五八）に発行されている。ペリーの記念誌の画像（図15）や、アメリカの戦時中のプロパガンダと戦後の記章の両方における富士山の利用に関するこれまでの議論に照らし合わせると、昭和二八年の切手は、富士山や日本の国土、日本の人びとに対してアメリカが優越しているということの無意識的な力強い声明と考えられるかもしれない。

「フジサン」という言い方がより一般的なのだが、外国切手における富士山についての内藤の議論は、西洋でよくある「フジヤマ」という理解（誤解）をわざと取り入れている。それは西洋の観点をより強調するためであり、結果的に西洋のステレオタイプを「フジヤマ・サムライ」として嘲っている。戦後の経済復興と、国際的な結びつきを強めたいという日本の意図を背景にした工業的・商業的な力を受け入れることにより、日本を題材とした大量の外国切手が生まれた。シャルージャ〔アラブ首長国連邦を構成する首長国の一つ〕の政府が一九六六年に発行した浮世絵の切手は、アラブの国々だけではなく、日本以外のすべての国にとって初めてのものであった。皮肉なことには、この切手の下部には「Govt. Printing Bureau Tokyo」と記されている。つまり、実際には日本の政府印刷局で作られた外国の切手であった。

一九七〇年代から、日本に関わる切手を発行する国が増えたが、その多くは富士山を描いた浮世絵のものであった。このような切手の登場は、ジャポニスムの復活と日本の「エキゾチック化」の結果であり、それは小さな国々が、熱心な切手収集家の財布から容易にお金を抜き取ることができるという発見と同時であった。こうした切手の題材は、西洋の国々における日本のイメージを反映したものであり、それはいまだ北斎や広重の視点を通して理解されていた。日本においては、この二人の絵師は必ずしも「日本」を象徴していなかったけれども、切手のコレクターたちは象徴だと考えていたのである。富士山は浮世絵の主な題材の一つであり、他に人気があってよく売れる題材は、オリンピックや日本風のディズニーキャラクターであった。題材は玉石混淆で、昭和三九年（一九六四）の東京オリンピック記念切手は、富士山にオリンピックの聖火トーチを重ねたものであった。一九九一年のガンビア共和国のディズニー切手は、「日本の鷹狩の格好をしたミッキーマウス」が描かれている。鷹が遠くの富士山の上を舞っている絵である。また、一九七〇年の大阪万博を記念したニューカレドニアの切手には、雪をかぶった富士山の前に高架を走る新幹線の先頭車両が描かれ、これも日本の技術と伝統とをおり混ぜた例である。[37] 商業的な動機で作られたため、これらの切手のデザインすべてが優れているというわけではないが、確実に売れるのは、単純に版画を複製したものや、写真を使ったものであった（フランスではルーブル美術館所蔵の初期浮世絵コレクションから版画のシリーズの切手が発行された）。これらは、日本のイコンとしての富士山を示すいかがわしい、最近の事例のいくつかである。

この章では、一見異なる素材について論じてきた。日本とアメリカの戦時中のプロパガンダ（特にアメリカのチラシ）、戦後のアメリカの軍隊の記章、戦後の日本を取り上げた海外の切手である。それらに共通するものは、日本を都合よく、効果的に表すものとして、富士山のイメージが利用されてきたということである。富士山というシンボルが戦争と平和の両方で用いられ、そして一つの国の国際的に普及するマークへと変容したことは、富士山の多様性と力を示している。

**注**

（1）『写真週報』三四一号（一九四四年八月四日）。この写真は、D. C. Earhart（2008, 210）に掲載されている。戦時中や戦後における富士山の役割を示すその他の写真については、拙著 “Mount Fuji: Shield of War, Badge of Peace” で紹介している。H. B. Earhart（2011）を参照。

（2）D. C. Earhart（2008, 440, illus. 51）。富士山と軍国主義との結びつきは長く、近代日本の初期の戦艦には「富士山」の名前を持つものがある。Nihon Shashinka Kyōkai（1980, 264, 381, plate 377）には「合衆国で一八六八年に建造された戦艦『富士山』の甲板に立つ水兵と将軍の家臣」とある。これは戦時中であっても、平和な時代であっても同様で、日本最大の外洋航行客船は「富士丸」と名付けられている。写真は『朝日イブニングニュース』（一九八八年一二月九日金曜日付、三面）に掲載。

（3）Warner and Warner（1982, 123）。これらの引用文献について情報を提供してくれた David C. Earhart に御礼申し上げる。

（4）Dower（1986, 249）および Gilmore（1998,Rhodes 1976）を参照。また、Herbert A. Friedman のウェブサイト psywarrior.com では、"Vilification of Enemy Leadership in WWII" "Japanese Psyop during WWII" "OWI Pacific Psyop Six Decades Ago" "The United States PSYOP Organization in the Pacific during World War II" "Sex and Psychological Operations" などが掲載されている（定期的に更新されている）。アメリカの心理作戦の専門家であり、米軍の退役軍人である Herbert A. Friedman は、アメリカのプロパガンダのリーフレットで、富士山のイメージが用いられているものを提供してくれた。ここに記して御礼申し上げる。

（5）Dower（1986, 121-22）。当時の学者たちによる日本人の性格の過度な単純化について、酷評する人類学者もいた。Dower（1986, 128-29, 138）、Leighton and Opler（1977, Winkler（1978, 142-46）および Friedman "Vilification of Enemy Leadership in WWII" を参照。Kyoko Hirano（1992, 108）は、アメリカのプロパガンダ映画が家庭内での消費へ変化したことを指摘しており、一九四二―四三年の映画では、日本の軍国主義のシンボルとして天皇を描いていたが、一九四四年からはこのテーマは避けられたという。

（6）Herbert A. Friedman との個人的なやりとりに基づく。彼によれば、どのように富士山を扱うのかについての公的な政策は存在せず、富士山は日本を表象するわかりやすい目印として利用されたと考えている。戦時中のアメリカの民間の文献については調査をおこなっていないが、一九四二年のある印刷物の風刺画は、火山としての富士山と日本人の暴力性、そして表面的な美しさとその奥に潜む狂乱との結びつきを比較している。「お行儀をしたり、笑いを押し殺したりする表面的な社会性の裏には、富士山のように巨大でどす黒い凶悪さが隠れているのだ」（Simon Harcourt-Smith, *Japanese Frenzy* [1942], p. 6, Littlewood 1996, 163 での引用）。

（7）Friedman “OWI Pacific Psyop Six Decades Ago” および Winkler（1978, 146）を参照。Dower（1986, 337）の注1では、「この問題における最も優れた研究は、鈴木明と山本明による『秘録・謀略宣伝ビラ――太平洋戦争の〝紙の爆弾〟』（一九七七年、講談社）である」としている。この著作は入手できなかった。一九九〇年に発行された『紙の戦争・伝単――謀略宣伝ビラは語る』を確認したところ、ウェブサイト（psywarrior.com）に取り上げられているリーフレットの大部分が掲載されていた。

（8）Friedman は一貫してこれらのビラについて、日本の兵隊に郷愁とホームシックの念を生じさせ、降伏させることを試みたものであると解釈している。

（9）これらのビラについては、Friedman “OWI Pacific Psyop Six Decades Ago” において付されている番号を用いている。

（10）同前。翻訳については同サイトを参照。

（11）同前。このビラはまた『紙の戦争・伝単――謀略宣伝ビラは語る』一一五頁にも掲載されている。

（12）これ以外にも「日本兵を投稿させるためにデザインされ」たビラがあり、富士山の風景を用いている（五二〇番、番号は Herbert A. Friedman によるウェブサイト、Psywarrior Web site 内の “OWI Pacific Psyop Six Decades Ago” に付されたものである。http://www.psywarrior.com/OWI6oYrsLater2.html（二〇一一年二月二一日閲覧）。そのビラでは、二千人もの日本兵がロシアに捕虜にされた日露戦争を描いている。一〇一番のビラも、郷愁の念を引き起こすような富士山の画像を用いて、降伏をアピールしている。このビラは、*Psychological Warfare*（Linebager 1948, 134, fig. 29）に掲載の、降伏を促す一ページの文章に似ている。このビラでは、二列三段の挿絵で日本兵に降伏へのプロセスを説明し、ビラの下部の大きな絵では、富士山を背景にして、日本兵が故郷の家族に戻る様子が描かれている。

（13）Friedman “OWI Pacific Psyop Six Decades Ago” による。

（14）ビラの原文では、［　］（ブラケット）で示されている。

(15) 二つの登山道の先に義理と人情を強調することは、戦時中に「国民性研究」をおこなった文化人類学者の一人であるルース・ベネディクトの認識に似ている。この研究についての議論や批評は、Dower（1986, 338-39n5）を参照。

(16) 岩科（1983, 276-78）は、空襲の最中、富士山に登るときに唱える掛け声と同じ言葉を唱えながら暗い道を歩いて、富士山に祈りを捧げていた先達の例を取り上げている。第二次世界対戦中の飛行士に関するウェブサイトには、戦闘機や爆撃機から撮影された富士山が多数掲載されている。これは、太平洋の島から日本に向かう際には、富士山が最初（あるいは唯一）の目に見える目標であったことがうかがえる。

(17) K. Hirano（1992）は、占領と占領下の映画政策についてバランスよく概観している。漫画についての議論は、Sodei（1988, 93-106）および Dower（1986, 107-23）を参照。

(18) K. Hirano（1992, 44-45）は、「禁止された映画の主題」として、軍国主義、国家主義、愛国主義、外国の排他、差別を挙げている。富士山のような具体的な事物は挙げられていない。

(19) マキノは、ある資料に残っている「米空軍が、巨大な自然の爆弾としての（…）可能性を利用するため、富士山を爆撃して噴火活動を再開させるというアイデアをもてあそんでいた」ことまでは知らなかっただろう。この逸話を文献で確認することはできなかったが、ウェブサイト（http://archive.metropolis.co.jp/tokyofeaturestoriesarchive349/327/tokyofeaturestoriesinc.htm（二〇一九年二月一八日閲覧））を参照した。“An alternative to the atomic bomb?”というキーワードで検索すると、Lisa Katayama の“An altanative to the atomic bomb?”という記事（二〇一〇年三月一二日）が出てくる。彼女は、「一九四四年一月の雑誌『ポピュラーサイエンス』で、地質学者が戦争に勝つために日本の火山を爆撃することを提案していた」という戦時中の記事を紹介している。アメリカの爆撃機が（仮説的に）火山を爆撃するという白黒の絵には、「海から大挙してやってきたアメリカの爆撃機が噴火を引き起こすために、日本の火山の火口へ超大型爆弾を落としている様子」とキャプションが付されている。https://boingboing.

net/2010/03/12/an-alternative-to-th.html（二〇一一年一月三一日閲覧）を参照。占領中の検閲はかなり恣意的におこなわれており、マキノの映画を検閲する理論的な根拠は、富士山のイメージだけではなく、マキノ自身に対する疑いの目と結びついたものだった。

(20) K. Hirano（1992, 52-53）。また、Richie（2001, 10）および Richie（1997, 12）を参照。一九四二年の『写真週報』（二三二号、一九四二年八月五日発行）の一四～一五頁には、戦場に戻ることができない片足を失った兵士が、国と戦争を支える活動として勇敢に富士山に登る様子が描かれ、日本の戦士による献身を思わせるとともに、市民の模範として見習わせている。この情報を提供してくれた David C. Earhart に御礼申し上げる。

(21) 亀井文夫については、K. Hirano（1992, 33, 104-45）を参照。戦前において彼は、富士山への「自然な」見方によって罰せられた唯一の人物であっただろう。しかし、このような視点で富士山を見ていたのは彼だけではない。例えば、一九〇八年の夏目漱石の『三四郎』では、主人公の三四郎が電車に乗って東京へ向かう際に、富士山について他の客から以下のように話しかけられている。「あなたは東京がはじめてなら、まだ富士山を見たことがないでしょう。今に見えるから御覧なさい。あれが日本一の名物だ。あれよりほかに自慢するものは何もない。ところがその富士山は天然自然に昔からあったものなんだからしかたがない。我々がこしらえたものじゃない」。Washburn（2007, 74-75）は、この小説の人物は、「列強と対等になろうと盲目的に戦っている日本を貶すために、日本で唯一自慢できるものとして富士山を取り上げている」と指摘している。また、川端康成の戦後の物悲しい短編「富士の初雪」も参照されたい。

(22) 『ニッポンタイムズ』一九四六年一月四日号、一頁。太平洋戦争中の日本の一次資料のコレクションからこの記事を提供してくれた David C. Earhart に御礼申し上げる。

(23) 占領期に関する日米の歴史家たちは、特に芸術分野における戦後の検閲の矛盾点について指摘している。諷刺画家の扱いにおける矛盾点については、Sodei（1998, 94-95）、Sodei（1988）、Burkman（1988）、

(24) 国家的なシンボルと、愛国的な利用や操作との間の並行関係は、他国についても見出すことができるため、決して日本のケースが独特というわけではない。Ohnuki-Tierney (2002) は、桜の美術的利用 (27-58)、桜の軍国主義化 (102-24)、「桜の花が散ることが兵士の死を意味すること」(111-15) を取り上げている。Mayo and Rimer (2001) を参照。

(25) この情報は、以下のサイトから入手した。"History of the US Army in Japan," http://aboutfacts.net/Wan3.htm (二〇一〇年一二月一七日に確認)。サイトを探してくれた David C. Earhart に御礼申し上げる。在日米軍の「ユニットクレスト」では、富士山だけではなく、「赤い半円の太陽」が平和目的のために再利用されるようになった。

(26) この帽子は筆者の個人的なコレクションの一つであり、タイピンも同じデザインである。これらは息子の Kenneth C. Earhart が贈ってくれた。

(27) これは eBay にあったコインに関する記述である。

(28) eBay にリストアップされていたコインの名称は、"Camp Zama Japan Challenge Coin Red," "Camp Zama Japan Challenge Coin Orange," "US Japan Challenge Coin," and "Yokota AFB Japan Challenge Coin" であり、これらのコインはすべて eBay で購入した。

(29) 日本の自衛隊の記章についていろいろなウェブサイトを探したが、富士山のイメージを用いたものは一つだけであった。それは、以下のサイトで "Japanese Opinion Medal" とされていた (http://diggerhistory.info/pages-medals/jap_medals-ww2.htm (二〇一〇年一二月一七日閲覧))。

(30) この写真は、一九四三年五月二四日にアメリカの潜水艦「USS Trigger (SS-237)」の哨戒中に撮影したものとされている。http:// americanhistory.si.edu/subs/history/subsbeforenuc/ww2 (二〇一〇年一二月一七日閲覧) を参照。

(31) http://www.subsim.com/ssr/simcomm1998.html (二〇一〇年一二月一七日閲覧) を参照。

(32) http://www.ussicefish.com/Pages/officers.html（二〇一〇年一二月一七日閲覧）を参照。戦時中に発行された雑誌『ライフ』の表紙を確認したところ、富士山が用いられているものはなかった。バックナンバーすべてについては調査していない。

(33) 映画「Destination Tokyo」については、Morella, Epstein, and Griggs（1973, 164-67）を参照。また、インターネットの映画データベース http://www.imdb.com/ を参照。

(34) 例えば、Steichen（1980,116）は、写真に「一九四五年二月には、富士山を越えて五二機の艦載機が東京を爆撃した」というキャプションが付けられている。

(35) この出来事についての記録がなければ、このような写真を撮影した写真家の「意図」を再構築することは不可能である。第一次世界大戦の退役兵で、老齢にもかかわらず徴兵に志願したSteichenはその動機を以下のように明らかにしている。「もし戦争の本当の姿を写真に撮って、世界に示すことができれば、戦争の恐ろしさを終わらせることに貢献できるかもしれないと、だんだんと信じるようになっていった」（Steichen 1980, 12）。Steichen の著作（潜水艦の潜望鏡から撮影した富士山の写真も含まれている）は、もともと海軍兵に向けたお土産用の出版物として一九四六年に発行されたという点で、非常に意味深い。

(36) これは降伏のときにミズーリに配属されていたKenneth H. Earhart（筆者の父）から贈られたもので、個人的なコレクションの一つである。

(37) 内藤（2003, 64, 図 1-13）および、内藤（2003, 91, 図 1-30）。内藤は言及していないが、一九七一年に日本で開催されたボーイスカウトの世界ジャンボリーでも数多くの記念切手が発行されている。ウンム・アル＝カイワイン、フジャイラ、セネガル、マリ、モーリタニアの国々で発行された、富士山を背景にしたボーイスカウトを用いた一二枚の切手については、http://www.iomoon.com/fujideaux.html（二〇一〇年一二月一七日閲覧）を参照した。なお、これらの切手はScottの著作には掲載されていない。

# 第一六章　富士山の将来像

## 富士山のロゴマークと商業利用

現代における富士山のイメージはあまりに豊富であり、どこにでもあるために、それらに関する完全な目録を作ることは困難である。膨大な量の「雪をかぶった富士山」——オリジナリティがほとんど、あるいはまったくない——が機械的に再生産されたため、多くの作家や研究者が、高くそびえる富士山は商業的なステレオタイプへと落ちぶれたことを認めている。江戸時代においてさえも、北斎の『富嶽百景』のなかには、「ふじや」という店が登場している。[1]古代や中世の富士山のイメージは、江戸時代の遺産や近代のジャポニスム、日本に逆輸入されたオリエンタリズムといった考え方と相まって、二〇世紀に入ると、国際化を目指す日本政府の念入りな計画によって展開され、育てられていった。一九三〇年代の例を挙げれば、政府は『Nippon』という雑誌を通して、「真の日本」を知ることができるというツーリズムを推進するために富士山を用いた。また、この『Nippon』に記された日本についての多様な視点は、富士山という国家的なシンボルによって示される、緑豊かな永遠の土地を擁する日本の姿を定着させていった。友好的な地域住民（地方や植民地で理想化された「幸せ」な人びと）、洗練された文化感覚、都市的で工業化され、拡張主義的な天皇制の力――。「富士山麓」と題された見開き写真は、「地方の人びととの生活と、日本の最も大切で精神的かつ、シンボリックな目印である富士山麓の荘厳な環境」を示している。そしてその写真には、以下のように「崇高な山」によって鼓舞された幸せな農民による、とてもロマンチックな文章が添えられている。「富士山は、農村生活の導き手であり、老若男女がその神秘的な影響を受けて幸福な日々を送っており、彼らはその幸せをもたらしてくれる富士山への感謝を決して忘れたり無視することはない」（Weistenfeld 2000, 747, 759, 760-761）。

プロパガンダの表現と同様に、ステレオタイプ化された富士山の図像や文字表現は、戦時中や平時、植民地主義や商業主義を問わず極めて順応性、柔軟性が高く、巧みに適応しており、富士山の姿は、戦前のツーリズムにおいてと同じくらい、戦後においてもよく目にする。「富士山はまさに国家的なシンボルであり、芸者と一緒にまとめられて『フジヤマゲイシャ』という言葉が生まれた。そして、この言葉は日本のステレオタイプとして乱用された」（Cutts 1994, 35）。その結果、あまりにもありふれたイメージとなったために、「日本のシンボルとしてよく知られている富士山、桜、芸者に変わる日本のイメージの代替品を見つける[2]」ことを試みようとする人びともいた。

富士山が見えることに無関心な日本人もいるだろうが、富士山はその人気から、東京から年間で何日富士山が見えたのかの記録がずっとつけられている。高いビルがその姿を隠したり、天候によってはその形が見えないこともあるかもしれないが、「日本人は、フジという名前のリンゴを食べ、富士フイルムのフィルムをカメラに入れ、フジテレビにチャンネルを合わせ、富士銀行〔現在社名変更〕にお金を預けるなど、心の目でいつでも富士山を見ている」（Cutts 1994, 35）。富士山にちなんだ会社や商品はさまざまで、富士山の湧水を詰めた「富士の天然水」[3]といった文字どおり「自然の」商品や、富士山近郊の豊富な水を使って自動車やトラック、航空機を製造する「富士重工」（現在社名変更）といった企業などもある。

「富士山や桜がもたらす自然的なイメージ」を日本の広告が使うことに対して、「東洋主義・国家主義的なステレオタイプ」だとする辛辣な批判がある。「この東洋主義・国家主義的なステレオタイプは、メディアによって続けられ、侵食されている」とし、これは西洋における自然との隔たりと、日本における自然との接近という二分法の否定ともいえる。例えば、エルメスのスカーフとキャデラックのセビルという、二つの世界的な広告キャンペーンでは、富士山を背景に描くことで、「上質な国」として日本を権威付けるとともに、その製品の質を担保している。[4]実際に、日本のイコンである富士山は、「世界に通用する様式の継続性」を表す国際的なロゴとなったのである。この例から導かれる興味深い結論として、「『富士山』は『日本』を意味しており」、そして「特定の文化的な環境が『世界に通用する様式の継続性』について重要なポイントとなるため、日本の自然に関するイメージは、西欧で作られたか、日本で作られたかどうかにかかわらず、常に同じものになりがちである」（Moeran and Skov 1997, 181, 182, 183, 193）。

アメリカのカウボーイによる「マルボロの国へ（Come to Marlboro Country）」のタバコ広告と対照的な、エルメスの広告（華奢な女性が双眼鏡で富士山を見つめている）とでは、「受身的な東洋を征服しようとするヒーローのような男性としての帝国主義者＝西洋のイメージに対する、オリエンタリズムのなかの女性的な対比が構築されている」（Moeran and Skov 1997, 191）。富士山が性的におとなしいものを表しているとは広く普及しており自明であるために、アメリカの地方紙でさえも「Fuji Spa Massage」の広告は、「We Do It Best」という説明が記されているだけである。[5]転じて、「富士」という言葉は、性的に従順な東洋（日本人とは限らない）の女性を暗示するようになり、これは、富士山と芸者を並べた「フジヤマゲイシャ」のステレオタイプのレンズを通した、西洋のオリエンタリズムによる富士山の認識に追加されたものである。

エキゾチックとエロチックの間を行き交う富士山の印象的な事例として、昭和三二年（一九五七）にアール・バロウズ（Earl Burrows）が作詞した「フジヤマ・ママ（Fujiyama Mama）」というロックンロール（ロカビリー）の曲がある。この曲は、ワンダ・ジャクソン（Wanda Jackson）による挑発的、セクシーな歌い方で有名となり、歌詞の一節が論争の種になった。長崎と広島に行ったことがある「フジヤマ・ママ」は、〝ブチ切れ寸前〟であり、〝噴火したら誰にも止められない〟と歌う(6)。エネルギーや刺激を持つ存在を露骨に示した五つの節――酒、ダイナマイト、タバコ、ニトログリセリン、原子爆弾――を通して、「フジヤマ・ママ」の歌詞は性的な皮肉をより一層強めている。

もし、富士山に対するこのようなステレオタイプが西洋のオリエンタリズムによるものであれば、ワンダ・ジャクソンは日本で公演しパフォーマンスがとても評判だったことを考えると、逆のオリエンタリズムの影響もあっただろう(7)。ワンダ・ジャクソンは、カントリーミュージックにおける最初のセックスシンボルとして広く認識されており、この歌における彼女のパフォーマンスは、「フジヤマ・ママ」という東洋の女性の性的な魅力を、白人の歌手が転用したものであった。一九五〇年代のアメリカの一般市民に、ワンダ・ジャクソンの歌は二つの驚きをもたらした。それは、明らかに性的な内容であることと、日本を題材にしていることであった。しかしながら、歌劇の『蝶々夫人』に示されるような、性的に従順なアジアの女性といった長年の東洋主義的な女性観や、戦後のアメリカのGIがもたらした日本の性産業の繁栄を考えれば、このフジヤマ・ママがもたらしたものは当然であった。音楽的には、富士山はクラシック音楽（ドビュッシーの『海』）からロックへと変貌した。富士山の噴火のエネルギーと力を利用したことで、このカントリー／ロック楽曲は、オリエンタリズム／エロチシズムを伴い、原子力のエネルギーも組み込みながら、戦後の富士山のイメージを明確にした。

このような富士山の性的特質は、西洋人にだけ独占されていたわけではない。少なくとも中世の時代から、日本文化において火山の熱と噴火は、性的な欲求や興奮と結びついてきた。一九世紀の富士講の先達は、富士山の洞穴を女性器になぞらえて性的な説明をおこなっている（Nenzi 2008, 173-74）。また、最近の日本のコミック誌では、富士山との性的な結びつきについて、その名もずばり『富士』と題した作品で極めて露骨に描いている。そこでは、若い男性と富士子という名前の彼女が、富士山の近くの宿で週末を過ごす。ともに一夜を過ごした翌朝、男性は雪をかぶった富士の緩やかな三角形の姿を見て、彼女のあらわな白い胸を思い出す。そして、彼女の名が富士子である理由がわかったとつぶやく（斎藤 1989）。

ほとんどの日本学者、親日家、そして日本へたまに来る旅行者でさえ、富士山や日本はエキゾチックに書かなければならないと感じてきた。日本にロマンチシズムを抱いた外国人のなかで、ラフカディオ・ハーンほど、富士山を高く評価し、日の出る国を愛して、賞賛した人はいないだろう。彼の『異国風物と回想』という本の「富士の山」という章は、「雲一つない晴れた日の（…）富士の麗容、これこそは日本の最もうるわしい絶景、否、まさしく世界の絶景のひとつだ」という文章で始まる（Hearn 1898, 3）。彼は、その章で次のように続けている。「富士については、自分の登った経験以外に、あまり語ることはない」(6)。そして、そのときの体験では、「富士は（…）まっ黒な、石炭の黒さで露出した火山灰、鉄滓、溶岩などの、火の消えた、見るからにもの恐ろしい堆積である」（14）と記している。また、足の下で溶岩が砕ける感覚や音を、彼は悪夢のように感じている。「この世の絶景、とはいえないまでも、そうした絶景の一つであるものさえ、このように恐怖と死の光景に帰されてしまうのだ。（…）そういえば、人間の美に関する理想は、遠くから眺めた富士の美しさと同じで、じつは死と苦しみの力によって創造されたものではあるまいか」(14)。ハーンは、本の冒頭に、富士山にまつわる言い伝えを引用している。「来てみればさほどまでなし富士の山」(3)というもので、富士山を絶賛するような誇張は、太宰治や永井荷風といった有名な作家などによる批判と無縁ではなかった[8]。

もし富士山がそれほど高くなく、また何世紀にもわたって美的・宗教的・政治的な理想に包まれていなかったなら、陳腐な商業主義によって簡単に打ち砕かれるような期待の対象にはならなかったであろう。富士山のイメージは、荘厳さ、神秘さ、そして霊妙さを含んでいる。そして、富士山のステレオタイプは、荘厳なものから、馬鹿げたものや猥褻なものにまで及んでいる。雄大な富士山は、ありきたりなお土産によってつまらなくなっていった。霊峰である富士山は、広告や商業ロゴへと落ちぶれていった。その自然の造形は、エキゾチックでエロチックなものへと擬人化されていった。

## 俗なるイメージと愛国主義のマントラ（大衆化する富士）

詩人・草野心平の詩と画家・横山大観の絵は、近代における富士山の国家的で愛国的な貢献を示す二つの例である。悪く言えば、彼らは富士山に「俗な」イメージのレッテルを貼った。近代においても、富士山の宗教的な基調は決して消えることはなかったが、白衣をつけた少数の富士講の登拝者と、富士山の頂上にいる大勢の「登山客」の間では、衣装だけではなく、富士山や登山の考え方において隔たりがある。

「二〇世紀の日本を代表する詩人の一人である（…）草野心平（一九〇三―八八）は、その一生を通して富士山というテーマを熱心に追求した点でユニークかもしれない」。彼は、驚くべき冒険的な人生を過ごした。まず一九二〇年代、一〇代で日本を「逃げ出し」、中国で五年間を過ごした。これが彼の「長く続いた中国への感情的な愛着の始まり」であった。この滞在中の友人の一人が、「中華民国国民政府の宣伝部長を務めた汪兆銘（一八八三―一九四四）であり、そのつながりで心平は、昭和一五年（一九四〇）に宣伝部顧問として招かれ、中国へ戻っている」[9]。

心平の詩の翻訳者は、心平が日本の傀儡政府へ参加したことを好意的に捉えており、「心平は汎アジア主義の本当の形、外国による抑圧という足かせにとらわれない、寛大な日中の本当の和解を信じており」、「この『汎アジア主義』が、彼の富士山に関する詩と、一九四〇―四五年における中国での公職の両方で」機能しているとしている[10]。心平の詩における富士山の象徴表現をみると、戦前から戦後まで一貫して国家主義的であったといえる。戦中（一九四三年）のある詩は、富士山と崑崙山脈との結びつきを讃えている（このつながりは平安時代まで遡る）。

海の涯。
遠く崑崙に呼びかけるもの。
海の涯。
遠くわが富士へ応へるもの[11]。

この詩において心平は、「天とつながると信じられている」伝説的な中国の山と富士山を結びつけており、翻訳者はこれを「中国と日本の結びつきを進めるとても明確な方法」と解釈している(Morton 1985, 48)。

もう一つ、「汎アジア」の理想に向けて外国の山と富士山を結びつけた同時代の例として、フィリピンのマヨン山と富士山を結びつけたフィリピン「占領」時の郵便切手がある。この切手が発行されたのは昭和一八年（一九四三）で、同じ年に前述の心平の詩が発表されている。しかしながらこの詩は、「イデオロギー」を含んでいると解釈されており、翻訳者は「心平のレトリックにある国家主義的な緊張」と、「聖なる存在という、日本のシンボルとしての富士山に関する伝統的な見方」とのバランスをとろうとしている。

心平の詩は、『万葉集』のイメージを投影していて、富士山と関連する龍のような神秘的な主題を描いている。また昭和四三年（一九六八）の以下の詩のような、因習を打ち破るものもある。

富士は霊山ではない。
富士は山。
ただの山だ。
ただの山だがニッポンの象徴的存在である。
（『誌と批評』昭和四二年一〇月号）

ここでは、日本のシンボルである富士山の世俗的なイメージを強く打ち出している。富士山はこの上なく神聖というわけではないが、それでもまだ十分に日本のシンボルであるという、近代日本の富士山に対する意識を集約したものである。

富士山についての心平の詩歴は、数編の抜粋や総括にまとめることはできないし、彼の経歴や作品を特徴付けることは難しい。日本政府の傀儡であった中華民国国民政府における彼の仕事は曖昧で、失敗に終わった日本の植民地主義や軍国主義を支持するという都合の悪い歴史的な位置へと彼を追いやってしまった。にもかかわらず、一九八〇年代、政治家たちが富士山にある亀裂を気にして、この自然のモニュメントであり国家的なシンボルである富士山の亀裂を改修しようと計画したとき、心平はその改修という出過ぎた行為の不遜さを非難した。

國會議事堂といふちつちやな石室で。
代表者たちが論ずべきテーマではない。
鐵筋やコンクリート。
そんなものでは不盡は不治だ。
（『歴程』一九八四年九月号）

富士山が霊山であることを否定し、因習を打破した心平は、富士山は政治的な策略に使うにはあまりに尊いと宣言して、反体制の態度をとった。心平の思想がどれだけ国家主義や「環アジア主義」に見えたとしても、彼の詩は富士山のように、将来の世代にとって考えさせるものであり続けるだろう。

横山大観（一八六八―一九五八）は、その人生、国家主義、そして作風――特に富士山への傾倒――が、心平の経歴や作品と時代的に、また主題的に交差する画家である。大観の作品は「『日本画』の文脈に位置付けられるが、それは伝統的な主題を結合し、海外からの要素を取り入れて技術を磨いたものである」。日本画は「歴史家であり思想家」である岡倉覚三（天心、一八六二―一九一三）によって創られた。「彼の主たる目標は、日本の伝統に対する自信を取り戻し、明治期の才能ある画家によって西洋式の絵画が幅広く浸透している現状に対抗することであった」。日本画を教える学校は当時の皇室や政府から支援されていたが、より厳格に伝統的な芸術を好む人や、モダニズムを支持する人びとからは批判を受けていた。日本画は西洋人にはほとんど無視されていたが、日本国内においてはかなりの勢力があった。「［日本画に対して］政治的に反対する人は、その活動が右翼的な国家主義に深く関わり過ぎていると主張した」（Rosenfield 2001, 163-64）。

岡倉の国家主義は明白で率直であった。[12] 岡倉は明治三四年（一九〇一）にインドへ旅に出て、有名な詩人で思想家のラビンドナート・タゴール（一八六一―一九四一）に歓迎され、交流した。岡倉の著作である『東洋の理想』は、「アジアは一つ」という言葉から始まっている。そして彼は、主に芸術家の援助に従事したが、絵筆ではなく、軍事的な力によるアジアの統一を夢見ていた（Rosenfield 2001, 169, 183）。

大観の初期の絵画は、「日本画学校における一定の基本原則に基づいていた。それは文化的なルーツに焦点を当てること、国家的なアイデンティティを求めることへの（ナルシスティックなまでの）執着であった」。心平と大観の類似点で皮肉な点は、心平は中国、大観はインドという、かつてアジアで統一を成し遂げた外国の土地で、ナショナリズムに目覚めた点である。大観は明治三六年（一九〇三）に初めてインドへ行ったが、彼と同僚は日露戦争の勃発により帰国した。戦争後、岡倉はインドを再び訪問し、タゴールを日本へ招いた。日本に招かれたタゴールは、大観をはじめ日本政府高官に丁重に迎えられた。「しかし、タゴールの日本びいきの熱はすぐに冷め、日本の軍国主義と中国侵略を公然と批判するようになった。（…）日本画のコスモポリタン的な側面は、日本によるアジア本土に対する野心と同時に起こった」。そして、大観はこれらの計画を積極的に支持していった。彼は皇室と強いつながりを持つようになり、昭和元年（一九二六）にいくつかの絵画の制作を宮内庁から依頼されている。そのうちの一つが、「霊峰の夜明け」であり、「第一二五代天皇［である昭和天皇裕仁］の統治となった日本を象徴したものであった」（Rosenfield 2001, 166, 169, 173）。

彼は戦争の熱烈な支持者となり、日本とその同盟国の政策を強く支持した。例えば、昭和一三年（一九三八）に東京を訪れたヒトラーユーゲントのメンバーと、日本芸術の精神的な内容について話し合っている。また、昭和一五年（一九四〇）には、京都で一〇枚の富士山の絵画と、一〇枚の海の絵画からなる募金展覧会を開催し、五〇万円（当時では莫大な金額）を戦闘機のために寄贈した。昭和一八年（一九四三）には、戦争運動を支持する芸術家のために日本美術報国会を立ち上げた。

「大観が熱烈な愛国主義思想を持っていたにもかかわらず、出版された大観の作品には、明らかなプロパガンダというより、富士山への無数の視点が含まれているに過ぎない。それは何度も富士山を描くことによって、まるで愛国的なマントラを朗唱しているようである」[13]。大観はナショナリズムや軍国主義のジェットコースターに乗って、長いこと上昇を続けていたが、昭和二〇年（一九四五）、東京の自宅やアトリエが空襲で燃やされたところから急降下し、敗戦によって彼の超愛国主義者の名は落ちぶれるに至った。

東京や日本が敗戦の灰のなかから再び立ち上がったように、大観もまた、熱心な国家主義を抱えたまま再び立ち上がった。昭和二七年（一九五二）の作品「或る日の太平洋」には、この愛国主義の深さが現れている。「日本の国の卓越したエンブレムである富士山を描いた一六枚のスケッチのそれぞれが、激しく渦巻く波の上に静かに浮かび上がっている。そして、ほとんど波に隠れているのが、日本や中国の皇室の権威のシンボルである龍である。彼がこの連作を始めたのは八二歳のときであったが、この連作は戦争や国家についての大きな宣言を意図したに違いない。（…）彼はこれら［の一六枚のスケッチ］を、第二次世界大戦で襲いかかってきた嵐や混乱から脱出した日本の寓話として提示している」（Rosenfield 2001, 174）。もっとも、これらのスケッチは、昭和二六年（一九五一）の日本とアメリカの講和条約の締結や、翌年のアメリカによる日本占領期の終わりといった出来事とほとんど符合していない[14]。

心平と大観の作品は、戦後に「戦争と国家」に対する態度や思想が生きながらえるうえで富士山のイメージがどのように役立ったのかを示す二つの例である。これらの意識や姿勢は、国家的アイデンティティ、国家主義、超国家主義、土着主義、愛国主義、そしておそらく盲目的愛国主義にすら分類できる。心平や大観のような複雑な人物を把握するには単純な特徴付けでは十分でないし、絶えず変化し続け、多様な豊かさを湛える富士山を一つの枠組みで描写することはできないのである。

## 注

（1）Smith（1988, 219）。三九ページの図九二を参照（図九一と図九二の番号が入れ替わっている）。
（2）無記名記事、*Understanding Japan* 1, no. 3（June 1992）: 7。
（3）有名なアサヒ飲料のペットボトルの水には「富士山のバナジウム天然水」というラベルが付けられている。このペットボトルのラベルには、シンプルな“natural mineral water”という英語表記があるが、雪をかぶった山の絵が誇らしげに描かれている。
（4）富士山のイメージは、さまざまな目的で多くのアメリカの雑誌の表紙に用いられてきた。一つ例を挙げれば、一九八三年八月一日発行の雑誌『タイム』では、“Japan: A Nation in Search of Itself”という特集が組まれており、表紙には、伝統的な「芸者」の髪を結った日本人の女性が、海と松、その上に雪をかぶった富士山と赤い太陽をあしらった着物を広げて見せている。この表紙は http://content.time.com/time/covers/0,16641,19830801,00.html（二〇一九年二月二一日閲覧）で見ることができる。
（5）*Kalamazoo Gazette*, Monday, September 4, 1989, C4内の、マッサージパーラー（風俗店）の広告欄による。
（6）初回盤はキャピトル・レコード 3843, 1957 であり、その後さまざまな名曲選で再発されている。最近の盤はキャピトルが一九九六年に再発した“Vintage Collections, Wanda Jackson”であり、「フジヤマ・ママ」については、ワンダ・ジャクソンが一九五七年九月一七日に録音したものが収録されている。歌詞については、インターネットで“Fujiyama Mama”と検索すると、数多くのサイトで確認できる。

（7）ワンダ・ジャクソンの作品や日本ツアーの概要を含む彼女の伝記については、http://www.missioncreep.com/mw/jackson.html（二〇一〇年一二月一七日閲覧）を参照。ワンダ・ジャクソンは、黒人ミュージシャンの性的なパワーを取り入れていたように見えるエルビス・プレスリーと同時代人で面識もあった。この作品とウェブサイトについて情報提供してくれたDavid C. Earhartに御礼申し上げる。

（8）Kondō（1987, 162）、Dazai（1991, 73, 84）、Lyons（1985, 12）、D. C. Earhart（1994, 496）。

（9）Kusano（1991, 89, 90, 42）におけるMortonの発言。

（10）同書（89, 90）。草野新平や岡倉天心などの芸術家による「汎アジア主義」に関する論争は、Miyoshi（1994, 281-82）、Karatani（1994, 39n8）、Kaneko（2002, 3, 4-5）、Iida（2002, 16）を参照。

（11）Kusano（1991, 20）、Morton（1985, 48）。

（12）岡倉に関する別の視点については、Karatani（1994, 36）を参照。

（13）「愛国的なマントラ」という言葉は、Rosenfieldの大観についての著作（二〇一一年）から借用した。そこでは、大観の絵画において明白な対立が欠けているのは、日本画の複合的な影響によるものであり、そこでは「柔らかく心地良い図像」を創ることや、「端正で高潔である古代中国の原則を理想とすること」が強調されている（前掲書176）。丸山眞男の戦後における愛国主義や国家主義の評価では、「過去のナショナリズムの精神構造は消滅したり、質的に変化したというより、量的に分子化《アトマイズ》され、底辺にちりばめられて政治的表面から姿を没したという方がヨリ正確であろう」（Maruyama 1969, 151）としている。

（14）成瀬（2005, 237-39）は、「或る日の太平洋」について、大観が常に崇拝してきた富士山が第二次世界大戦の敗戦から立ち上がり、日本の戦後の復興を世界に知らしめるための存在であることを示す作品であるとしている。

# エピローグ　富士山からの下山

富士山についての自然的、文化的、精神的、象徴的なドラマはここまでである。このように絶えず変化し続けるイメージの富士山について、どのようなしめくくりがふさわしいだろうか。まえがきでは、これらのイメージを、小さなかけらの集まりが無数のビジュアルパターンに変化する万華鏡の仕組みにたとえた。しかしながら、実際にはそれは万華鏡のような恣意的なものではなく、富士山の知覚できる光景は、社会や経済、政治、芸術の変化や宗教的な発展と密接に結びついている。懐疑論者であれば、富士山の唯一の永久的な特徴は、富士山に深く刻まれた日本史の潜在的な流れを明らかにするうえで役立つロールシャッハ・テストのカードのような機能だと結論付けるかもしれない。実際、富士山からインスピレーションを得て書かれた多くの西洋文学のうちの一つでは、「たしかに北斎の版画を自己発見のために一種のロールシャッハ・テストに使っているかもしれない」(Zelanzny 1991, 23)と自らを内省している。瞑想と集中のための修行においては、少なくとも二つの方向性がある。一つは、瞑想する人が、曼荼羅のような集中の対象に引き入れられるか、あるいは、逆に対象が瞑想する人の意識や人生に組み入れられるかである。この視点に立てば、富士山は白紙《タブラ・ラサ》であり、その上に、変わり続ける日本の文化やアイデンティティが刻みこまれていると考えられる。あるいは、富士山とは、一人一人の人間が個人の資源として(選択的に)

利用したり取り込んだりすることができる、イメージの貯水池であるとも考えられる。

北斎の「窓中の不二」（図21）の解釈と同じように、富士山の実際の姿だけではなくその幻影も、見る人の目のなかにあるものかもしれない。「机に向かって座る一人の老人が腕を上にあげて伸ばす姿は、窓越しの富士山の姿と呼応している。日本人はその絵をあくびとして見るかもしれないが、ディキンズ以来、西洋の観察者は皆、この老人が富士を捕まえたことへの歓喜の動きであることに賛同している[1]」。

この研究は、聖なるものと退屈なものの両方を認識し、富士山を見て喜び、はっと息を飲むことと、富士山を見て退屈のあくびをすることの両方を同時に残そうとする試みである。

たとえ、自己欺瞞の恐れや可能性を決して除外できなかったとしても、自己発見のための希望や可能性を心に抱くことはおそらく許されるだろう。日本へのステレオタイプな、エキゾチック化された視点が持つ否定的な側面は、たしかに日本の実情理解を難しくしている（自然を本質主義的に捉えてしまうなどして）。もう一つの別の視点は、「エキゾチックなものを創造的な刺激として[2]」描くということである。言い換えれば、エキゾチックなものは、必然的でもなく、全否定的でもなく、肯定的な面も有しているのである。つまり、文化的な差異を認識し、「他者」を文化的な創造性にとって重要なものとし、「根本的な自己内省」の枠組

図21　葛飾北斎『富嶽百景』「窓中の不二」

みのなかで「エキゾチックなものの回復」を試みる視点である。

歴史を振り返れば、富士山の将来を担う次世代を準備するために役立つものがいくつかあるかもしれない。第一に、上代の歌や中世の芸術品、多様な集団の霊的な考えといった認識のすべては、過去の遺産であるけれども、それらは現在において誰もが入手でき、解釈できるものである。現代では、芸術的で神秘的なイコンとしての富士山の栄誉は、世俗的なロゴ、あるいは愛国的なマントラという、俗なる要素に穢されてきた。このような運命は、日本のように高度に工業化・商業化された国家における伝統的なイコンにとっては避けることができないものかもしれない。聖なるものから世俗的でステレオタイプなロゴに至る富士山のイメージの多くの面が、楽しめると同時に、内省や批判に利用できるのである。

第二に、現在を富士山のストーリーの最終章として考えるのは早過ぎるだろう。富士山の自然誌については解答が出ておらず、噴火の可能性はいつでもある。日本政府は富士山噴火の備えとして、地震活動をモニタリングしており、もし富士山が噴火した際の周辺地域の避難計画を作り、人的・物的被害を小さくしようとしている。天変地異としての噴火の「予想」は、自然の出来事の科学的な予報にとどまらず、同時代の文化的表現の境界を越え、美的・宗教的な現実を期待するところにまで至っている。本書での調査中、ある東京の人が筆者に手紙を送ってきて、「いつの日か富士山が噴火するはずで、それが起こったときには、東京の大部分が破壊されるだろう」と警告していた。たしかに、大きな噴火が起これば、今日親しまれている完全な円錐形の姿はすっかり変わってしまい、その姿は（セントヘレナ山のように）過去のものとなり、永遠に失われてしまうだろう。富士山の未来がどんなものであろうと、地面をゆるがす何かが起こるだろうという事実は、富士山が次の時代に引き継いでいく文化的重荷の一つである。富士山が日本のアイデンティティにとって不可欠なものになったという事実は、注目される地位を維持し続ける保証にはならない。しかしながら、富士山は二千年にわたる日本の歴史のなかで顕著な存在であり続けたため、簡単に忘れられ、すぐに消え去ってしまうようなことはないだろう。

第三に、将来における富士山の文化的認識は、国家を示すマークであることと、国際的に知られたシンボルが組み合わさったものとならざるをえないであろう。おそらく、過去数十年において富士山の文化史における最もめざましい発展は、ユネスコの世界遺産登録に向けた努力がおこなわれたことである。ユネスコへの自然遺産登録の最初の申請は、富士山周辺の環境汚染が原因で失敗に終わった。というのも、毎年数十万人が登山することによるゴミと衛生問題は深刻であった。この失敗を受けて、世界中の環境運動家を巻き込んだ日本の草の根運動によって、富士山はきれいになり、衛生面でも改良された。文化庁の本中眞は「富士山は、日本人の魂のシンボルである。(…)富士山はたしかに日本を最も代表するシンボルであり、(…)日本文化のユニークさの最も深い土台に根付いているものである」(本中 2003)と述べ、富士山が世界遺産となるべくその文化的な面を強調した。また元首相の中曽根康弘は、山をきれいにする活動の議長を務め、ユネスコが申請を受理するためのお膳立てをした。中曽根は「富士山は単なる自然物ではなく、日本の歴史を通して、すべての日本人にとって勇気の源であり、精神的な故郷であった。富士山を世界の宝にするということは、今日生きている日本人にとっての使命であると信じている」と述べている[3]。政府の面々によるこれらの二つの引用は、富士山がジャポニスム風の世界市民的なシンボルとして、国際的に評価されるよう求めているとともに、「日本文化のユニークさ」を示す国家の威信と結びついた自然・文化・精神的なシンボルとして公的な——そして政治的な——特徴を与えている。

世界における富士山の役割が何であれ、日本における富士山の様相はおそらく、日本の社会、芸術、そして宗教の新しい発展を反映し、色付けられていくだろう。富士山のかつての描写は、新しいイメージが現れても、決して完全には消えないだろう。富士山は歴史のゴミ箱に入れられるべきではない。今日の登山者たちが、過去に富士山に登った先人達をいまだに讃えているのと同じように、現代の詩人や芸術家も、『万葉集』の歌や富士山の過去の作品へと立ち戻るのである。

この本は「世俗的なロゴ」と「愛国的なマントラ」についての記述で終わるが、そこには古代の聖なる富士山のニュアンスが存続している。これからの数十年や数百年のうち、いつ富士山が噴火し、新しい富士山の形がどうなるかは誰にも予想できない。しかしながら、文化的・宗教的な歴史の潜在的な力が、将来の「新しい富士山」の認識を色付けしていくことは疑いがない。同時に、現在生きている人間は誰も知ることはできないが、富士山の変化した姿が、それまでの認識を変えてしまうかもしれない。

ある不二道のリーダーは、山における宗教的儀式よりも内面の信心が重要だと主張していたが、富士山の頂上に行ってもそこには何もないと言った。一九世紀、日本人ではないがある意味で最も日本人らしい人物だったラフカディオ・ハーンの書物は、富士山を近くで見ても期待したほどではないと言っていた。これらの二つの異なる視点は、富士山は白紙、あるいはロールシャッハ・テストのカードであるとする考えを強めるものである。たとえそうであっても、完全な三角形の山容は、しなやかで順応性があり、幅広い芸術のジャンルや宗教的な環境、また社会や政治の多様な状況に対応し、長い年月を耐え抜いてきた。そして、そのイコンとしての役割に励んできた。草野心平のように、現代の観察者は富士山を「一つの美と存在の象徴」として見直すかもしれない。そして、心平が抱いた「多くの異なった富士の作品が未来に於て生れる」という楽観論に共感するかもしれない。(4)

## 注

（1）Smith（1988, 210, 84, plate II/60）。

（2）“Recovering the Orient”（Gerstle and Milner 1994, 2, 6).

（3）http://mtfuji.or.jp/en/index.php（二〇一〇年一二月一七日閲覧）に基づく。

（4）この本〔原著〕が印刷に入った二〇一一年三月一一日、仙台沖で巨大な地震が発生し、壊滅的な津波を引き起こした。その荒廃状態は広範囲におよび、福島の原子力発電所も停止した。初期の報告では、海岸近くに原子炉を配置していた技術者や、防潮堤の高さを設計した技術者たちは、一九世紀後半に発生した地震や津波だけを考慮していたともされている。しかしながら、富士山の最も激しい噴火は、八世紀から九世紀にかけて起こっている。彼らはより大きな過去の地震の記録、特に貞観一一年（八六九）の計り知れないほどの大地震とそれに伴う津波の記録を無視することで、自然災害の潜在的な激しさと安全対策の必要性の両面について、過小評価してしまった。火山学者や地質学者でさえも、地震や火山を予知することはできないが、過去の事例は、それが未来にも起こり得ることを我々に教えてくれる。富士山がいつか噴火するであろうことは疑いがないが、それがいつなのかはわからない。富士山の自然誌の次のステージと、それに対する文化的な反応についてはこれから書かれることになるであろう。

# 解題

宮家　準

一九八八年から翌年にかけて富士山研究のために来日したB・エアハート教授は、中野区富士見町のマンションに居を定めた。近くには喫茶店富士、富士見パチンコ、富士見橋があり、富士銀行を利用された。マンション一〇階のベランダからは、冬は雪をかぶり、夏は土色の富士が眺められた。部屋には浮世絵の富士を飾り、これらからインスピレーションを得たとしている。本書はいわば、教授自身の富士山とのアイデンティティの所産ともいえるのである。そこで、同教授が本書で記した、富士山が日本人のアイデンティティとなった歴史的概観とそのあかしを紹介しておきたい。

富士山南麓の富士山本宮浅間大社山宮には、活火山である富士山の畏ろしい神格になぞらえた溶岩が祀られている。今一方で、その神は周辺一帯に水をもたらす豊穣の水分神でもあった。富士山は穀集山とも呼ばれていた。本宮大社の湧玉池はその神の座す聖地である。

九世紀後半成立の『竹取物語』には、子に恵まれない老夫婦が富士山麓の竹の中で光り輝く童女（かぐや姫）を授かる。成長して絶世の美女となった彼女に五人の貴公子が求婚するが難題を課せられ断られる。

その後帝から后にと言われるが、自分は月の娘ゆえ、月に帰ると言って別れの歌と不死の薬を残して昇天する。帝は駿河最高の山の頂で手紙と不死の薬を焼いた。これが不二（富士）の山で、今でも煙を上げているとの話が挙げられている。この話は山の神から生児の霊魂を授かり、死後の死霊は山に行って、祖霊、さらに祖神になる古来の信仰と富士の山を仙人の所処とする話に基づいている。ちなみに元禄一〇年（一六九七）に現富士市の東泉院円成書写の「富士山大縁起」では老翁は愛鷹権現、老婆は犬飼明神とし、かぐや姫は富士山釈迦岳の岩窟に入って神（木花開耶姫）となり、彼女を追ってそこにいった帝も神になったとしている。なお、富士山は古来世界の中心に位置する宇宙山とされる須弥山と不死の仙女の住む中国の崑崙山の性格を併せ持つ三国一の山とされていた。

九世紀初期成立の『日本霊異記』では、後に修験道の始祖に仮託された役優婆塞《えんのうばそく》は伊豆に配流されたが、夜は富士山に飛来して修行したとされている。また、一〇世紀初期の『聖徳太子伝暦』では、聖徳太子は甲斐国から献上された黒駒に乗って富士山に飛来したとしている。先の『竹取物語』同様、富士は王権と結び付けられている。その後一二世紀には伊豆の修験者末代が富士山に大日如来を祀り、死後は大棟梁権現と祀られて、村山修験の祖とされた。一四世紀初期には、富士本宮宮司家の頼尊が山頂の三峰に大日、阿弥陀、薬師を祀り、富士から愛鷹山を回峰する富士行を始めた。

一六世紀中頃には、長崎の修験者長谷川角行（伝承では一五四一―一六四六）は、役行者の指示で富士山西麓の人穴で角柱に立って修行し、富士の神格は宇宙全体の根源である不二浅間大明神、もとのちちははであると悟った。一八世紀初期には伊勢出身の食行身禄（一六七一―一七三三）が弥勒の座す兜率天になぞらえた釈迦の割石で三十一日間の断食をして入定した。その折彼は死後自分は不二仙元と同化し、米と生命をもたらす「みろくの御世」に誠の菩薩となって人びとを救済すると説いていた。この彼の教えを継承して、やはり断食入定した伊藤参行の弟子、武蔵国鳩ヶ谷の小谷三志（一七六五―一八四一）は身禄の教えと心学をもとに解釈して不二道を樹立した。その教えでは「もとのちちはは」である富士から宇宙が生まれ、そこでは人びとは士農工商、男女の区別をすることなく平等で、正直に生きることが望ましいとした。その後川崎登戸の伊藤六郎兵衛（一八二九―九四）は病気を契機に富士信仰に入り、霊能に秀で多くの講員を従えて丸山講を組織した。彼は富士の天の父母から授かった「一分の心」を丹精にして「天明海天」（人の本性に帰る神言）を唱えて、互いに明るく和合して一生を終えれば神のもとへ里帰りすることができるとした。

明治期には、政府の大教院の役人であった宍野半（一八四四―八四）は、富士山本宮浅間大社宮司となり、富士講を結集して扶桑教を樹立した。この折、丸山講を包摂した。ただ、宍野の死後離脱して丸山教となった。なお、宍野は平田国学を学んだことから、その教えは国家新党に準じていた。また鍋島藩士柴田花守（一八〇九―九〇）は、不二道の教えを国学をもとに展開して、富士山を万物生成の根元、国の礎、世界の中心とするとともに、この日本が最も良い国となるためには、万世一系の天皇の統治が望ましいとした。

さて、富士山は上記の思想や登拝の展開の結果、種々の形で日本人に受け入れられた。そこで、以下そのアイデンティティのあかしとその利用、強化の側面を紹介しておきたい。

まず注目されるのは、全国に見られる山容が富士に似た秀麗な山に「津軽富士」などその名を付す郷土富士で、三百を超える事例がある。国内だけでなく米国ワシントン州の日系アメリカ人が呼んだ「タコマ（アメリカン・インディアンの呼称）富士」、戦地の兵士がつけた「ラバウル富士」などもある。なお、身禄の弟子で庭師だった高田藤四郎は、早稲田に富士塚を築造し富士の溶岩を祀った。爾来、関東を中心に多くの富士塚が作られ、東京二十三区内で八十六を数えている。また小学唱歌では「富士は日本一の山」と歌われ、富士を歌詞に入れた校歌もある。疲れを癒し、心身を浄化する銭湯の壁画も富士山である。近世の葛飾北斎（一七六〇—一八四九）の『富嶽百景』は、富士の聖地の木花開耶姫命、孝霊五年不二峯出現、役ノ優婆塞富嶽草創など富士の情景と信仰を細かく描いている。歌川広重（一七九七—一八五八）の『富士三十六景』には各所から見た富士が描かれている。その他近代の横山大観（一八六八—一九五八）まで多くの画家が富士を描いている。さらにセザンヌの富士に模して描いたサント・ヴィクトワール山など、富士は欧米にジャポニスムをもたらしもした。

本書で特に著者が注目したのは、日本における戦前・戦後の富士のイコンとその意味である（第一五章）。今後の日米関係のあり方を示唆するようすがとも思われるので、本章に紹介されたいくつかの事例をあげておきたい。なお少し遡るが一九二三年の関東大震災後に復興を願って発行された切手は真ん中に富士、両脇に桜、富士の上に菊の御紋を配している。太平洋戦争中には富士山の下にその守護を願うかのように戦車を配した陸軍少年兵鉄牛隊のポスターが作られた。戦争末期には富士の下に悪魔の姿をしたルーズベルトとチャーチルを配して、その征服を願ったものが作られている。一方、アメリカのものには、「飛込み板から突き落とせ」と題した漫画がある。これは、高い飛込み台上の板の先端に、猿に似た日本兵、その手前に鳥居を配した富士山を配している。戦争末期に日本兵に投降を呼びかけたリーフレットでは大きく富士山を描き、その麓に戦死者と靖国神社を思わせる桜、嘆き悲しむ両親を描いている。軍閥が起こした戦争を日本人の根源ともいえる富士の神、そこから生を受けた両親が悲しんでいる。命あるうちに投降しろと呼びかけているのである。

そして、著者の父もその場にいた東京湾上のミズーリ号上での降伏調印式後、兵士に配布された小冊子の表紙は、富士山に沈む太陽を背景にアメリカの艦隊、ミズーリ号の甲板上の調印式の航空写真である。ちなみに、一八五六年の日米修好通商条約締結の記念誌の表紙も富士山だった（本文図15）。なお、太平洋戦争の敗戦で一九四八年のロンドンオリンピックに参加できなかった日本の古橋廣之進が、アメリカで世界記録を連発したとき、かの国では彼を「フジヤマのトビウオ」と讃えた。

戦後の一九六四年の東京オリンピックの際には、表に五輪のロゴマーク、裏に富士山を描いた一千円の記念硬貨、平成天皇の即位一〇周年記念には菊の花束の上に富士山を描いた硬貨が造られている。ところで興味深いものに、米軍の横田基地の隊員がデザインした非公式のチャレンジコインがある。そのデザインは、下部に雪をかぶった富士山、中央に太陽、その上に鳥居、太陽の周囲に五輪（陸、海、空、沿岸警備隊、海兵隊の部隊を示す）を配している。なお、この他、米軍の勲章、バッジにも富士山が描かれている。これは彼らが、富士山が日本人のアイデンティティであることを考えてのことと思われるのである。

現在、日本では富士山の前を走る新幹線を描いたポスターがその繁栄を示すかのように用いられている。そして、これをもとに諸外国へ新幹線の車輛の売り込みが計られている。この新幹線のなかではビジネスマンが富士を眺め、車内販売で富士のミネラルウォーターを飲みながらパソコンを操作している。世界文化遺産としての富士山の文化をより多くの人々に知っていただくためには、日本人が古来富士山を見、その恩恵によくしながら培い、それに支えられてきた富士山のアイデンティティを知っていただく必要がある。本書がその一助になれば望外の幸せである。

# 付録　世界文化遺産「富士山」登録前後の動向

大高康正

## はじめに

富士山は平成二五年（二〇一三）六月、ユネスコ世界文化遺産に登録された。本訳書の原著である *Mount Fuji : Icon of Japan* が刊行されたのは、平成二三年（二〇一一）一〇月であるため、世界遺産登録前後の状況については、原著においては触れられていない。そこで、本訳書においては、富士山にとっての大きな画期となる富士山の世界文化遺産への登録前後の状況について、付録としてまとめておきたい。

## 一．富士山の世界文化遺産への登録まで

富士山を世界遺産に登録しようとする動きは、すでに平成四年（一九九二）に日本が世界遺産条約の締約国となった頃から始まっていた。平成六年（一九九四）には大規模な署名運動が起こり国会で採択されたが、まずは保護・保全に力を入れるべきとして見送られた。その後、平成一二年（二〇〇〇）に国の文

化財保護審議会で、世界文化遺産候補としての検討が行われた。「できるだけ早期に、富士山の世界遺産登録に向けた取組が進むことが期待される」というコメントが出されたが、再び見送られている。

平成一五年（二〇〇三）には、国の世界自然遺産候補地に関する検討会において、自然遺産として推薦できる地域についての検討が行われたが、富士山は候補としては見送られている。富士山が世界自然遺産の候補として見送られた理由として、周辺地域の開発が進んでいたこと、独立した成層火山として唯一のものとはいえない点などが挙げられた。

その後、富士山を世界文化遺産に登録しようという動きが本格的に進んでいく。平成一七年（二〇〇五）に中曽根康弘元首相を会長、静岡・山梨両県知事を特別顧問とするNPO法人「富士山を世界遺産にする国民会議」が発足し、登録の実現に向けて動き出す。同年に静岡・山梨両県と関係する各市町村では、「富士山世界文化遺産登録推進両県合同会議」を設置し、富士山の登録推薦に向けた準備に着手する。

平成一八年（二〇〇六）は、これまでの世界文化遺産候補の選定方法である国が主導するものから、各地方自治体からの提案をもとに検討するという方針にかわる。その結果として、二六県から二四の世界文化遺産候補が推薦されることになったが、静岡・山梨両県からは共同で富士山を候補に提案している。この際の提案により、「富士山」・「富岡製糸場と絹産業遺産群」・「飛鳥・藤原」・「長崎の教会群とキリスト教関連遺産」の四件が文化遺産候補として、「小笠原」が自然遺産候補として暫定リストに記載されている。

その後、富士山の世界文化遺産としての価値を証明するための構成資産の選定、文化財指定による保護措置、保存管理計画の策定、保存管理体制の構築といった準備を進めることになる。

暫定リストへの記載から五年を経た平成二四年（二〇一二）一月、登録のための推薦書を日本政府からユネスコ世界遺産センターに提出し、同年八月下旬から九月上旬にかけて、諮問機関であるイコモスのリン・ディステファーノ調査員（カナダ・イコモス、香港大学教授）による構成資産への現地調査が行われた。

翌平成二五年（二〇一三）四月、諮問機関であるイコモスからは、構成資産から三保松原を除いて世界文化遺産へ「記載」するという勧告を受ける。しかし、同年六月にカンボジアのプノンペンで行われた第三七回世界遺産委員会において、構成資産の三保松原を含んだ世界文化遺産への登録が実現することになった。

**【参考文献】**『世界遺産富士山─信仰の対象と芸術の源泉』（富士山世界文化遺産登録推進両県合同会議、二〇一四年）「世界遺産登録へのあゆみ」参照。

## 二、世界文化遺産「富士山」の普遍的価値

世界遺産として登録されるには、遺産の「顕著な普遍的価値」の証明が必要となる。世界文化遺産「富士山」には、「信仰の対象と芸術の源泉」という副題が付けられている。「信仰」とは、何かを信じ、祈ることであり、「芸術」とは、美術・文学・詩などさまざまな人間の活動によって生み出される作品群のことである。当初提出された推薦書の「富士山」という遺産名に、副題が付けられたのであるが、この副題が富士山の世界文化遺産としての特質を大きく証明するものとなる。

富士山は古来より「信仰の対象」、また「芸術の源泉」として、日本人の心のよりどころになっていた存在である。富士山の美しい景色や豊かな自然の恵みが、長い歴史を通してさまざまな信仰を育み、芸術作品を創り出してきたのである。この「信仰の対象」や「芸術の源泉」であることが、富士山の顕著な普

遍的価値を証明するものと評価されたのである。

世界文化遺産「富士山」の構成資産は、富士山域、富士山本宮浅間神社、山宮浅間神社、村山浅間神社、須山浅間神社、冨士浅間神社（須走浅間神社）、河口浅間神社、冨士御室浅間神社、御師住宅（旧外川家住宅）、御師住宅（小佐野家住宅）、山中湖、河口湖、忍野八海（出口池）、忍野八海（お釜池）、忍野八海（底抜池）、忍野八海（銚子池）、忍野八海（湧池）、忍野八海（濁池）、忍野八海（鏡池）、忍野八海（菖蒲池）、船津胎内樹型、吉田胎内樹型、人穴富士講遺跡、白糸ノ滝、三保松原の計二五箇所である。但し、構成資産の富士山域についてはさらに、山頂の信仰遺跡群、大宮・村山口登山道（現在の富士宮口登山道）、須山口登山道（現在の御殿場口登山道）、須走口登山道、吉田口登山道、北口本宮冨士浅間神社、西湖、精進湖、本栖湖の計九つの構成要素に分かれている。

【参考文献】『世界遺産富士山―信仰の対象と芸術の源泉』（富士山世界文化遺産登録推進両県合同会議、二〇一四年）「資産の特質」参照。

## 三．富士山の世界文化遺産への登録以後

世界文化遺産に登録されるということは、世界共通の遺産を将来にわたって守っていくためのスタートとなった訳である。富士山は第三七回世界遺産委員会で、世界文化遺産への登録が認められたが、同時に以下の勧告を受けている。

①資産の全体構想の策定
②巡礼路の描出

③来訪者管理戦略の策定
④上方の登山道等の総合的な保全手法の策定
⑤情報提供戦略の策定
⑥危機管理戦略の策定
⑦経過観察指標の強化

以上の勧告に対して、資産の全体構想と来訪者管理戦略、危機管理戦略などさまざまな戦略を策定した保全状況報告書を平成二八年（二〇一六）二月一日までにユネスコに提出するよう要請があった。この要請に対する保全状況報告書は、同年六月にトルコのイスタンブールで開催された第四〇回世界遺産委員会で採択されている。

このなかで、②巡礼路の描出についてであるが、ユネスコ世界遺産委員会から現在は使われなくなってしまった富士山中や富士山麓の登山道や巡礼路の位置、経路の全体を描出することで、富士山への来訪者がかつての経路を通じた構成資産間の関係性を正しく認識し、理解することができるように情報提供戦略へと反映させるようにとの勧告であった。この情報提供戦略については、ひとまず第四〇回世界遺産委員会前に提出された保全状況報告書のなかで、これまで行われてきた既存の研究成果と、今後の研究計画について記載を行った。

保全状況報告書では、これまで静岡県・山梨県、関係各市町村が個別に実施してきた調査・研究の成果を取りまとめ、今後どのような調査・研究を行う必要があるのかを検討し、調査・研究の対象等を決定することを明記した。

そのためには長期間にわたり、古文書・絵図等の調査分析、道路遺構の実地踏査や発掘調査等の調査研究を計画的に実施し、その成果を系統的に取りまとめることが必要となる。このための調査研究体制を確立するため、平成二七年（二〇一五）六月二二日に山梨県富士河口湖町に山梨県立富士山世界遺産センターが開館し（口絵11）、平成二九年（二〇一七）一二月二三日には静岡県富士宮市にも静岡県富士山世界遺産センターが開館した（口絵12）。


【参考文献】『富士山―信仰の対象と芸術の源泉　ヴィジョン・各種戦略』（富士山世界文化遺産協議会、二〇一四年、二〇一五年改定）「下方斜面における巡礼路の特定」参照。

『富士山―信仰の対象と芸術の源泉　保全状況報告書』（日本国、二〇一六年）。

『世界文化遺産冨士山　包括的保存管理計画（本冊）』（文化庁・環境省・林野庁・山梨県・静岡県、二〇一六年）

## 四．巡礼路の描出

調査研究の成果によって把握した登山道・巡礼路の位置や経路については、情報提供戦略に計画的・段階的に反映させることになっている。そこで、ここでは第四〇回世界遺産委員会前に提出された保全状況報告書で取り上げた経路を中心として、既存の研究成果となる参考文献の一部を抜粋し、本付録の結びとしたい。

表 1-1　巡礼路の経路と参考文献

| 経路名 | 概要 | 参考文献 |
|---|---|---|
| 大宮・村山口登山道（現在の富士宮口登山道） | 表口と呼ばれた富士山本宮浅間大社門前町の大宮町を起点（大宮口）とし、村山浅間神社（富士山興法寺）境内の村山地区（村山口）を経て、富士山頂を終点とする経路。 | 『富士山村山口登山道跡調査報告書』（富士宮市教育委員会、1993 年）<br>『大宮・村山口登山道』（財団法人静岡県埋蔵文化財調査研究所、2009 年）<br>『史跡富士山　大宮・村山口登拝道調査報告書』（富士宮市教育委員会、2016 年） |
| 御神幸道 | 富士山本宮浅間大社を起点とし、山宮浅間神社を終点とする経路。毎年 4 月と 11 月に行われていた山宮御神幸の際の巡行道。 | 『浅間大社遺跡・山宮浅間神社遺跡』（財団法人静岡県埋蔵文化財調査研究所、2009 年） |
| 村山道 | 東海道吉原宿から村山口登山道の村山浅間神社を結ぶ経路 | 『富士山村山口登山道跡調査報告書』（富士宮市教育委員会、1993 年） |
| 富士本道 | 東海道の富士川左岸の松岡地区付近から富士山本宮浅間大社のある大宮町を結ぶ経路。 | |
| 十里木道（須山道） | 東海道吉原宿付近から十里木地区を通り須山地区へ至り、さらに須走地区までを結ぶ経路。 | |
| 須山口登山道（現在の御殿場口登山道） | 須山浅間神社を起点とし、富士山頂を終点とする経路。 | 『富士山須山口登山道調査報告書』（裾野市立富士山資料館、2009 年）<br>『御殿場区史』（御殿場区史作成委員会、2016 年） |
| 三島道 | 東海道三島宿付近と須山口登山道の起点となる須山浅間神社を結ぶ経路。 | |
| 須走口登山道 | 富士浅間神社（須走浅間神社）を起点とし、富士山頂を終点とする経路。 | 『小山町史』第 7 巻近世通史編（小山町、1998 年）<br>『富士山巡礼路調査報告書　須走口登山道』（静岡県富士山世界遺産センター、2018 年） |
| 矢倉沢往還（大山道） | 相模国から足柄峠を越えて、竹之下（小山町）へ至り、東海道沼津宿とを結ぶ経路 | |

表 1-2　巡礼路の経路と参考文献

| 経路名 | 概要 | 参考文献 |
|---|---|---|
| 鎌倉街道（三国峠越え） | 富士山の北麓を経由して、甲府盆地と御厨地域（静岡県東部）とを結ぶ経路。 | 『山梨県歴史の道調査報告書』6 鎌倉街道（御坂路）（山梨県教育委員会、1985 年） |
| 鎌倉街道（籠坂峠越え） | 富士山の北麓を経由して、甲府盆地と御厨地域（静岡県東部）とを結ぶ経路。 | 『山梨県歴史の道調査報告書』6 鎌倉街道（御坂路）（山梨県教育委員会、1985 年）<br>『忍野八海を中心とした富士山信仰と巡礼路』（忍野村教育委員会、2015 年）<br>『富士山―山梨県富士山総合学術調査研究報告書』2（山梨県富士山世界文化遺産保存活用推進協議会、2016 年） |
| 吉田口登山道 | 北口本宮冨士浅間神社を起点とし、富士山頂を終点とする経路。 | 『富士山吉田口登山道関連遺跡』（富士吉田市教育委員会、2001 年）<br>『富士山吉田口登山道関連遺跡 II』（富士吉田市教育委員会、2003 年）<br>『富士山の神仏―吉田口登山道の彫像―』（富士吉田市歴史民俗博物館、2008 年）<br>『富士山―山梨県富士山総合学術調査研究報告書』（山梨県教育委員会、2012 年）<br>『国指定史跡富士山復旧事業（吉田口登山道）報告書―中ノ茶屋・馬返し・一合目（鈴原社）地点―』（山梨県埋蔵文化財センター、2013 年）<br>『富士山―山梨県富士山総合学術調査研究報告書』2（山梨県富士山世界文化遺産保存活用推進協議会、2016 年） |
| 胎内道（越後道） | 吉田口登山道の中ノ茶屋付近から吉田胎内、船津胎内へと向かうための経路。 | 『富士山―山梨県富士山総合学術調査研究報告書』（山梨県教育委員会、2012 年）<br>『富士山―山梨県富士山総合学術調査研究報告書』2（山梨県富士山世界文化遺産保存活用推進協議会、2016 年） |
| 船津口登山道 | 河口浅間神社を起点とし、河口湖の湖畔または湖上を通り、船津胎内を経て富士山頂を終点とする経路。 | 『河口集落の歴史民俗的研究』（山梨県立博物館、2014 年）<br>『富士山―山梨県富士山総合学術調査研究報告書』2（山梨県富士山世界文化遺産保存活用推進協議会、2016 年） |
| 富士山道（富士道、谷村道） | 甲州道中大月宿付近から上吉田地区へ向かうための経路。 | 『山梨県歴史の道調査報告書』11 谷村路（山梨県教育委員会、1987 年）<br>『忍野八海を中心とした富士山信仰と巡礼路』（忍野村教育委員会、2015 年） |

表 1-3　巡礼路の経路と参考文献

| 経路名 | 概要 | 参考文献 |
| --- | --- | --- |
| 若彦道（富士道者道・神野道・人穴道・上井出道） | 船津口登山道、吉田口登山道と河口湖西岸あるいは人穴富士講遺跡とを結ぶ経路。 | 『山梨県歴史の道調査報告書』8 若彦路（山梨県教育委員会、1986 年）<br>『史蹟人穴』（富士宮市教育委員会、1998 年）<br>『富士山―山梨県富士山総合学術調査研究報告書』2（山梨県富士山世界文化遺産保存活用推進協議会、2016 年） |
| 鳴沢道 | 本栖湖・精進湖付近から、鳴沢地区を経由して上吉田地区へ向かうための経路。 | 『富士山―山梨県富士山総合学術調査研究報告書』2（山梨県富士山世界文化遺産保存活用推進協議会、2016 年） |
| 中道往還 | 富士山の西麓を経由して、甲府盆地と東海道吉原宿付近とを結ぶ経路。 | 『山梨県歴史の道調査報告書』3 中道往還（山梨県教育委員会、1984 年）<br>『富士山―山梨県富士山総合学術調査研究報告書』2（山梨県富士山世界文化遺産保存活用推進協議会、2016 年） |
| 根方道 | 東海道吉原宿付近から沼津市岡宮浅間神社付近を結ぶ経路。 | |
| 御中道 | 富士山腹の標高 2100 ～ 2800 m 付近を横へ一周する経路。 | 『御中道と大沢崩れ』（建設省富士砂防工事事務所、1990 年）<br>『富士山大沢崩れの発達と御中道経路の変遷』（建設省中部地方建設局富士砂防工事事務所、1991 年）<br>『資料集大沢崩れ』（国土交通省中部地方整備局富士砂防工事事務所、1993 年）<br>『富士山―山梨県富士山総合学術調査研究報告書』（山梨県教育委員会、2012 年）<br>『富士山―山梨県富士山総合学術調査研究報告書』2（山梨県富士山世界文化遺産保存活用推進協議会、2016 年）<br>『山梨県立富士山世界遺産センター研究紀要』第 1 集、第 2 集（山梨県立富士山世界遺産センター、2017 年・2018 年） |
| 三保松原に至る経路 | 東海道江尻宿（静岡市清水区）を起点として、駒越村まで久能山道を経て、三保半島中程の御穂神社が終点する経路。この他に清水湊や興津地区から海路を利用する経路も利用されていた。 | |

# 監訳者あとがき

富士山が世界文化遺産になった直後の二〇一三年八月、慶應義塾の機関誌『三田評論』では、「富士山と日本人」と題する座談会を実施した。これはすでに二〇〇七年に富士吉田市と慶應義塾大学の社会・地域連携室が、街おこしに関する連携協定を締結していたこともあってのことである。当座談会では、富士吉田市の観光町づくりの中心となって活躍した中島直人本塾環境情報学部准教授（現東京大学大学院工学系研究科准教授）が富士吉田から見た富士信仰、三島市出身の明石欽司本塾法学部教授（現九州大学法学研究院教授）が静岡県側から見た富士信仰と外国人が見た富士信仰を担当して、私も加わって、故・鹿園直建本塾理工学部名誉教授が富士山の地下水をもとに開発した「慶應の水」を飲みながら閑談した。

この折、私が持参したB・エアハート教授の著書 *Mt. Fuji: Icon of Japan* と彼が作ったDVDが話題となり、誰かに翻訳をお願いしてはとの話も出た。実は、本書は刊行直後に、彼が現地の調査でお世話になった、富士市立博物館（現富士山かぐや姫ミュージアム）、富士山本宮浅間大社、富士吉田市歴史民俗博物館（現ふじさんミュージアム）に寄贈させていただいていた。その後、富士市立博物館の井上卓哉氏が本書に関心をもたれ、独力で翻訳を完成された。そこで、さきの座談会のとりまとめをしてくださった慶應義塾大学出版会の奥田詠二氏に出版についてご相談した。一方、井上氏は下記の地元の有力な研究者による刊行協力組織を作ってくださった。

中村徳彦（富士山本宮浅間大社宮司）

鈴木正崇（慶應義塾大学名誉教授、日本山岳修験学会会長）
落合　徹（静岡県富士山世界遺産センター副館長）
木ノ内義昭（富士山かぐや姫ミュージアム館長）
松田香代子（富士宮市文化財保護審議会委員）
山本　哲（富士山興法寺大日堂責任役員）
渡井一信（富士宮市郷土資料館館長）
※各氏の所属は組織発足当時のもの

また公益財団法人みやしん地域振興基金とともに、富士商工会議所には、翻訳出版にご賛同いただいた。もっとも、翻訳作業はさきに記したように、井上氏が独力で行われた。この偉業を賛するとともに、心から御礼申し上げたい。慶應義塾大学出版会の奥田詠二氏には、上記の翻訳出版にいたるまでの諸般の準備、実際の編集などすっかりお世話になった。また、元富士市立博物館学芸員で現静岡県富士山世界遺産センター准教授の大高康正氏からは翻訳の助言とあわせて、本書に付録「世界遺産富士山登録前後の動向」を寄せていただいた。なお、近年『富士に祈る』と題する著書を刊行された城崎陽子獨協大学特任教授からは、本書の内容について助言いただいた。また、B・エアハート教授は、本書の印税に関し格別のご配慮をたまわった。ここに記し、上記の諸氏・諸機関に心から御礼申し上げたい。

二〇一九年三月

宮家　準

慶應義塾大学出版会

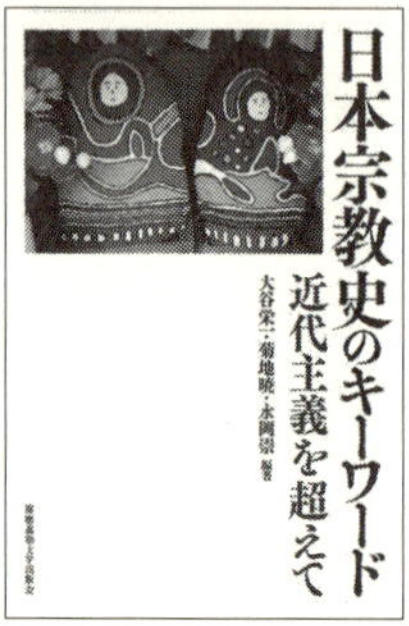


# 日本宗教史のキーワード

―近代主義を超えて

大谷栄一・菊地暁・永岡崇編著　これまでの宗教学では捉えきることができなかった／光を当てられてこなかった日本宗教史の重要トピックについて、キーワード集という形をとって紹介。もう一度「宗教とは何か？」を問い直す１冊。◎2,900 円

東アジア研究所講座

# アジアの文化遺産

―過去・現在・未来

鈴木正崇編　われわれは文化遺産とどのように付き合い、活用し、未来に託していくべきか。文化遺産を単に保護・保存されるべき遺物として過去の中に閉じ込めるのではなく、「生きている遺産」として多元的に把握する試み。　◎2,000 円

表示価格は刊行時の本体価格（税別）です。

富士山
——信仰と表象の文化史

2019年4月30日　初版第1刷発行

著　者————H・バイロン・エアハート
監訳者————宮家　準
訳　者————井上卓哉
発行者————依田俊之
発行所————慶應義塾大学出版会株式会社
〒108-8346　東京都港区三田2-19-30
TEL　〔編集部〕03-3451-0931
〔営業部〕03-3451-3584〈ご注文〉
〔　〃　〕03-3451-6926
FAX　〔営業部〕03-3451-3122
振替　00190-8-155497
http://www.keio-up.co.jp/
装　丁————土屋　光／Perfect Vacuum
印刷・製本——中央精版印刷株式会社
カバー印刷——株式会社太平印刷社

©2019 Hitoshi Miyake, Takuya Inoue
Printed in Japan ISBN 978-4-7664-2542-0

［著　者］

H・バイロン・エアハート（H. Byron Earhart）

ウェスタンミシガン大学名誉教授。1935年生まれ。コロンビア大、東北大に学び、シカゴ大学大学院にて宗教史博士号取得。専門は比較宗教・日本宗教。著書に *Japanese Religion: Unity and Diversity*（Wadsworth, 1982)、『日本宗教の世界――一つの聖なる道』（朱鷺書房、1994年)、『羽黒修験道』（弘文堂、1985年）ほか多数。

［監訳者］

宮家　準（みやけ・ひとし）

慶應義塾大学名誉教授、日本山岳修験学会名誉会長。

［訳　者］

井上卓哉（いのうえ・たくや）

富士市役所文化振興課学芸員。

# 索　引

## あ行



## か行

## さ行

## た行



## な行



## は行

## ま行



## や行



## ら行



## わ行

# 参考文献

邦訳が出版されているものは可能な限り付記した。*Kodansha Encyclopedia of Japan* (Tokyo: Kodansha, 1983) に掲載の項目については、巻数とページ数のみ記した。


Abe, Ryuichi. 1999. *The Weaving of Mantra: Kukai and the Construction of Esoteric Buddhist Discourse*. New York: Columbia University Press.

Abe Hajime. 2002. "Kindai nihon no kyōkasho to fujisan." In *Fujisan to nihonjin*, edited by Seikyūsha Henshūbu, 58-86. Tokyo: Seikyusha.〔阿部一「近代日本の教科書と富士山」青弓社編集部編『富士山と日本人』青弓社、2002 年、58-86 頁〕

Akashi, Mariko, et al; trans. 1976. "Hitachi Fudoki. " *Traditions* 1, no. 2: 23-47; 1, no. 3: 55-78.

Alcock, Rutherford. 1863. *The Capital of the Tycoon: A Narrative of Three Years Residence in Japan*. London: Longman, Green, Longman, Roberts & Green. Reprinted, St. Clair Shores, Mich.: Scholarly Press, 1969.〔ラザフォード・オールコック『大君の都　幕末日本滞在記 上・中・下』山口光朔訳、岩波文庫、1962 年〕

Ambros, Barbara. 2001. "Localized Religious Specialists in Early Modern Japan: The Development of the Ōyama *Oshi* System." *Japanese Journal of Religious Studies* 28, nos. 3-4: 329-72.

———. 2008. *Emplacing a Pilgrimage: The Ōyama Cult and Regional Religion in Early Modern Japan*. Cambridge: Harvard University Asia Center.

Ando, Hiroshige. 1965. *The Fifty-three Stages of the Tokaido*, by Hiroshige. Edited by Ichitaro Kondo. English adaptation by Charles S. Terry. Honolulu: East-West Center Press.

Ando, Hiroshige. 1974. *Hiroshige: The 53 Stations of the Tokaido*. By Muneshige Narazaki, English adaptation by Gordon Sager. Tokyo: Kodansha International.

Aramaki, Shigeo. 1983. "Volcanoes." In *Kodansha Encyclopedia of Japan*, 8: 193-95.

Arntzen, Sonja. 1997a. *The Kagerō Diary: A Woman's Autobiographical Text from Tenth-Century Japan*. Ann Arbor, Mich.: Center for Japanese Studies, University of Michigan.

———. 1997b. "Natural Imagery in Classical Japanese Poetry: The Equivalence of the Literal and the Figural." In *Japanese Images of Nature: Cultural Perspectives*, edited by Pamela J. Asquith and Arne Kalland, 54-67. Surrey: Curzon.

Asquith, Pamela J., and Arne Kalland, eds. 1997. *Japanese Images of Nature: Cultural Perspectives*. Richmond, Surrey: Curzon.

Aston, W. G., trans. 1956. *Nihongi: Chronicles of Japan from the Earliest Times to a.d. 697*.

London: George Allen and Unwin. Originally published in Transactions of the Japan Society, Supplement 1 (1896) 2 vols., London. Reprinted 2 volumes in 1 with original pagination in 1956.

Ayusawa, Shintaro. 1953. “The Types of World Map Made in Japan's Age of National Isolation.” *Imago Mundi* 10: 123-28.

Baldrian, Farzeen. 1987. “Taoism: An Overview.” In *The Encyclopedia of Religion*, edited by Mircea Eliade et al., 14: 288-306. New York: Macmillan.

Bambling, Michele. 1996. “The Kongo-ji Screens: Illuminating the Tradition of Yamato-e ‘Sun’ and ‘Moon’ Screens.” *Orientations* 27, no. 8: 70-82.

Barnes, Gina Lee. 1983 “Haniwa.” In *Kodansha Encyclopedia of Japan*, 3: 97-98.

Barrett, Marie-Therese. 1999. “*Japonaiserie to Japonisme:* A Revolution in Seeing.” In *The Transactions of the Asiatic Society of Japan*, 4th series, 14: 77-85.

Batchelor, John. 1905. *An Ainu-English-Japanese Dictionary*. 2nd ed. Tokyo: Methodist Publishing House.

Beasley, W. G. 1984a. “The Edo Experience and Japanese Nationalism.” *Edo Culture and Its Modern Legacy*. Special issue, *Modern Asian Studies* 18, no. 4: 555-66.

———. 1984b. “Introduction.” *Edo Culture and Its Modern Legacy*. Special issue, *Modern Asian Studies* 18, no. 4: 529-30.

Befu, Harumi. 1997. “Watsuji Tetsurō's Ecological Approach: Its Philosophical Foundation.” In *Japanese Images of Nature: Cultural Perspectives*, edited by Pamela J. Asquith and Arne Kalland, 106-20. Richmond, Surrey: Curzon.

Bell, David. 2001. *Chushingura and the Floating World: The Representation of “Kanadehon Chushingura” in “Ukiyo-e” Prints*. Richmond, Surrey: Curzon.

Bellah, Robert N. 1985. *Tokugawa Religion: The Cultural Roots of Modern Japan*. New York: Free Press.〔R・N・ベラー『徳川時代の宗教』池田昭訳、岩波文庫、1996 年〕

Ben-Ari, Eyal, Brian Moeran, and James Valentine, eds. 1990. *Unwrapping Japan: Society and Culture in Anthropological Perspective*. Manchester: Manchester University Press.

Benfey, Christopher E. G. 2003. *The Great Wave: Gilded Age Misfits, Japanese Eccentrics, and the Opening of Old Japan*. New York: Random House.〔クリストファー・ベンフィー『グレイト・ウェイヴ――日本とアメリカの求めたもの』大橋悦子訳、小学館、2007 年〕

Bennett, Terry, comp. 2006. *Japan and “The Illustrated London News”: Complete Record of Reported Events, 1853-1899*. Folkstone, Kent: Global Oriental.

Berger, Klaus. 1992. *Japonisme in Western Painting from Whistler to Matisse*. Translated by David Britt. Cambridge: Cambridge University Press.

Bernbaum, Edwin. 1990. *Sacred Mountains of the World*. San Francisco: Sierra Club Books. Bernstein, Andrew. 2008. “Whose Fuji? Religion, Region, and State in the Fight for a National Symbol.” *Monumenta Nipponica* 63, no. 1: 51-99.

Berry, Mary Elizabeth. 2006. *Japan in Print: Information and Nation in the Early Modern Period*. Berkeley: University of California Press.

Bicknell, Julian. 1994. *Hiroshige in Tokyo: The Floating World of Edo*. San Francisco: Pomegranate Artbooks.

Bix, Herbert P. 2000. *Hirohito and the Making of Modern Japan*. New York: HarperCollins.〔ハーバート・ビックス『昭和天皇　上・下』吉田裕監修、岡部牧夫・川島高峰訳、講談社学術文庫、2005 年〕
Blacker, Carmen. 1984. "The Religious Traveller in the Edo Period." *Modern Asian Studies* 18, no. 4: 593-608.
Blong, R. J. 1982. *The Time of Darkness: Local Legends and Volcanic Reality in Papua New Guinea*. Canberra: Australian National University Press.
Bock, Felicia Gressitt, trans. 1970. *Engi-Shiki: Procedures of the Engi Era, Books I-V*. Tokyo: Sophia University Press.
———, trans. 1972. *Engi-Shiki: Procedures of the Engi Era, Books VI—X*. Tokyo: Sophia University Press.
Bodart-Bailey, Beatrice M. 1992. "The Most Magnificent Monastery and Other Famous Sights: The Japanese Paintings of Engelbert Kaempfer." *Japan Review* 3: 25-44.
———. 1995a. "Introduction: The Furthest Goal." In *The Furthest Goal: Engelbert Kaempfer's Encounter with Tokugawa Japan*, edited by Beatrice M. Bodart-Bailey and Derek Massarella, 1-16. Sandgate, Folkestone: Japan Library.〔B・M・ボダルト＝ベイリー「第 1 章　序章：遥かなる目的地」ベアトリス・M・ボダルト＝ベイリー、デレク・マサレラ編『遥かなる目的地——ケンペルと徳川日本の出会い』中直一・小林早百合訳、大阪大学出版会、1999 年、1-22 頁〕
———. 1995b. "Writing The History of Japan. " In *The Furthest Goal: Engelbert Kaempfer's Encounter with Tokugawa Japan*, edited by Beatrice M. Bodart-Bailey and Derek Massarella, 17-43. Sandgate, Folkestone: Japan Library.〔B・M・ボダルト＝ベイリー「第 2 章：『日本誌』を書いたのは誰か」ベアトリス・M・ボダルト＝ベイリー、デレク・マサレラ編『遥かなる目的地——ケンペルと徳川日本の出会い』中直一・小林早百合訳、大阪大学出版会、1999 年、23-63 頁〕
Bownas, Geoffrey, and Anthony Thwaite, trans. 1964. *The Penguin Book of Japanese Verse*. Baltimore: Penguin Books.
Boxer, C. R. 1967. *The Christian Century in Japan 1549-1650*. Berkeley: University of California Press.
Brandon, James R., and Samuel L. Leiter. 2002. *Kabuki Plays on Stage*. 4 vols. Honolulu: University of Hawaii Press.
Brazell, Karen, trans. 1973. *The Confessions of Lady Nijo*. Garden City, N.Y.: Anchor Books.
Brower, Robert H., and Earl Miner. 1961. *Japanese Court Poetry*. Stanford, Calif.: Stanford University Press.
Brown, Peter. 1981. *The Cult of Saints: Its Rise and Function in Latin Christianity*. Chicago: University of Chicago Press.
Burkman, Thomas W., ed. 1988. *The Occupation of Japan: Arts and Culture*. Norfolk, Va.: General Douglas MacArthur Foundation.
Burns, Susan L. 2003. *Before the Nation: Kokugaku and the Imaging of Community in Early Modem Japan*. Durham, N.C.: Duke University Press.
Buruma, Ian. 2003. *Inventing Japan, 1853-1964*. New York: Modern Library.
Calza, Gian Carlo, ed. 1994. *Hokusai: Selected Essays*. Venice: International Hokusai Re-

search Centre, University of Venice.

———, ed. 2003. *Hokusai*. London: Phaidon.〔葛飾北斎画、ジャン・カルロ・カルツァ著『北斎』須田志保・増島麻衣子訳、ファイドン、2005 年〕

Carter, Steven D., trans. 1991. *Traditional Japanese Poetry: An Anthology*. Stanford, Calif.: Stanford University Press.

Chakrabarty, Dipesh. 1998. "Afterword: Revisiting the Tradition/Modernity Binary." In *Mirror of Modernity: Invented Traditions of Modern Japan*, edited by Stephen Vlastos, 285-96. Berkeley: University of California Press.

Chamberlain, Basil Hall, trans. 1882. "*Ko-ji-ki*, or Records of Ancient Matters." *Transactions of the Asiatic Society of Japan* 10, supplement. Reprinted as separate volume, new edition, with "Additional Notes by William George Aston," Kobe: J. L. Thompson & Company, 1932. Reprinted in 2 volumes, Tokyo: Asiatic Society of Japan, 1973.

———. 1971. *Things Japanese: Being Notes on Various Subjects Connected with Japan*. Rutland, Ver., and Tokyo: Charles E. Tuttle. Reprint of 5th rev. ed., 1905.〔バジル・ホール・チェンバレン『日本事物誌 1・2』高梨健吉訳、平凡社東洋文庫、1969 年〕

Churchill, Winston, and the editors of *Life*. 1959. *The Second World War*. 2 vols. New York: Time.

Clark, Timothy. 2001. *100 Views of Mount Fuji*. Trumbull, Conn.: Weatherhill.

Cogan, Thomas J., trans. 1987. *The Tale of the Soga Brothers*. Tokyo: University of Tokyo Press.

Collcutt, Martin. 1988. "Mt. Fuji as the Realm of Miroku: The Transformation of Maitreya in the Cult of Mt. Fuji in Early Modern Japan." In *Maitrya, the Future Buddha*, edited by Alan Sponberg and Helen Hardacre, 248-69. Cambridge: Cambridge University Press.

Cooper, Michael. 1965. *They Came to Japan: An Anthology of European Reports on Japan, 1543-1640*. Berkeley: University of California Press.〔マイケル・クーパー『南蛮人戦国見聞記』会田雄次編、泰山哲之訳注訳、人物往来社、1967 年〕

———. 1971a. "Japan Described." In *The Southern Barbarians: The First Europeans in Japan*, edited by Michael Cooper, 99-122. Tokyo: Kodansha International, in cooperation with Sophia University.

———, ed. 1971b. *The Southern Barbarians: The First Europeans in Japan*. Tokyo and Palo Alto, Calif.: Kodansha International in cooperation with Sophia University.

———, trans. and ed. 1973. *This Island of Japon: João Rodrigues' Account of 16th-Century Japan*. Tokyo: Kodansha International.

———. 1974. *Rodrigues the Interpreter: An Early Jesuit in China and Japan*. New York: Weather-hill.〔マイケル・クーパー『通辞ロドリゲス——南蛮の冒険者と大航海時代の日本・中国』松本たま訳、原書房、1991 年〕

Cortazzi, Hugh. 1987. *Victorians in Japan: In and around Treaty Ports*. London: Athlone.〔ヒュー・コータッツィ『維新の港の英人たち』中須賀哲朗訳、中央公論社、1988 年〕

———, and Terry Bennett. 1995. *Japan, Caught in Time*. New York: Weatherhill.

Crombie, Isobel. 2004. *Shashin: Nineteenth-Century Japanese Studio Photography*. Melbourne: National Gallery of Victoria.

Cutts, Robert L. 1994. “Magic Mountain.” Intersect (December): 34-39.
Dale, Peter. N. 1986. *The Myth of Japanese Uniqueness.* London and Sydney: Croom Helm; Oxford: Nissan Institute for Japanese Studies, University of Oxford.
Davis, Winston. 1977. *Toward Modernity: A Developmental Typology of Popular Religious Affiliations in Japan.* Cornell East Asia Papers 12. Ithaca, N. Y.: Cornell China-Japan Program.
Dazai, Osamu. 1991. “One Hundred Views of Mount Fuji.” In *Self Portraits: Tales from the Life of Japan's Great Decadent Romantic*, translated and introduced by Ralph F. McCarthy, 69-90. Tokyo: Kodansha International.
de Bary, Theodore, et al. 2001. *Sources of Japanese Tradition.* 2nd ed. New York: Columbia University Press.
Deffontaines, Pierre. 1948. *Géographie et religions.* Paris: Gallimard.
Dobson, Sebastian. 2004. “'I been to keep up my position': Felice Beato in Japan, 1863-1877:” In *Reflecting Truth: Japanese Photography in the Nineteenth Century*, edited by Nicole Coolidge Rousmaniere and Mikiko Hirayama, 30 39. Amsterdam: Hotei.
Dore, R. P. 1958. *City Life in Japan: A Study of a Tokyo Ward.* Berkeley: University of California Press.〔R・P・ドーア『都市の日本人』青井和夫・塚本哲人訳、1962 年〕
Dower, John W. 1971. *The Elements of Japanese Design: A Handbook of Family Crests, Heraldry & Symbolism.* With over 2,700 crests drawn by Kiyoshi Kawamoto. New York: Walker/ Weather hill.〔ジョン・ダワー『紋章の再発見』白石かず子訳、淡交社、1980 年〕
———. 1980. “Ways of Seeing — Ways of Remembering: The Photography of Prewar Japan.” In *Japanese Photographers Association, A Century of Japanese Photography*, 3-20. New York: Pantheon.
———. 1983. ” Crests.” In *Kodansha Encyclopedia of Japan*, 2: 42-43.
———. 1986. *War without Mercy: Race and Power in the Pacific War.* New York: Pantheon Books.〔ジョン・W・ダワー『容赦なき戦争——太平洋戦争における人種差別』斎藤元一訳、平凡社ライブラリー、2001 年〕
———. 1988. “Discussion.” In *The Occupation of Japan: Arts and Culture*, edited by Thomas W. Burkman, 107-23. Norfolk, Va.: General Douglas MacArthur Foundation.
———. 1993a. “Graphic Others / Graphic Selves: Cartoons in War and Peace.” In John W. Dower, *Japan in War & Peace: Selected Essays*, 287-300. New York: New Press.〔ジョン・W・ダワー「9　他者を描く／自己を描く——戦時と平時の風刺漫画」『昭和　戦争と平和の日本』明田川融監訳、みすず書房、2010 年、227-240 頁〕
———. 1993b. “Japanese Cinema Goes to War.” In John W. Dower, *Japan in War & Peace: Selected Essays*, 33-54. New York: New Press.〔ジョン・W・ダワー「2　日本映画、戦争へ行く」『昭和　戦争と平和の日本』明田川融監訳、みすず書房、2010 年、27-45 頁〕
———. 1999. *Embracing Defeat: Japan in the Wake of World War II.* New York: W.W. Norton.〔ジョン・ダワー『敗北を抱きしめて——第二次大戦後の日本人』三浦陽一・高杉忠明訳、岩波書店、2004 年〕

———. 2008. *Certain Victory: Japanese Media Representations of World War II*. Armonk, N.Y.: M. E. Sharpe.
Earhart, David C. 1994. "Nagai Kafū's Wartime Diary: The Enormity of Nothing." *Japan Quarterly* 41 (October-December): 488-504.
Earhart, H. Byron. 1965a. "Four Ritual Periods of Haguro *Shugendo* in Northeastern Japan." *History of Religions* 5, no. 1(Summer): 93-113.
———. 1965b. "Shugendo, the Traditions of En no Gyoja, and Mikkyo Influence." In *Studies of Esoteric Buddhism and Tantrism*, 297-317. Koyasan: Koyasan University Press. Reprinted in Richard K. Payne, ed., *Tantric Buddhism in East Asia*, 191-206. Boston: Wisdom Publications, 2006.
———. 1968. "The Celebration of *Haru-yama* (Spring Mountain): An Example of Polk Religious Practices in Contemporary Japan." *Asian Folklore Studies* 27, no. 1: 1-18.
———. 1970. *A Religious Study of the Mount Haguro Sect of Shugendō: An Example of Japanese Mountain Religion*. Tokyo: Sophia University Press.〔H・バイロン・エアハート『羽黒修験道』宮家準監訳、鈴木正崇訳、弘文堂、1985 年〕
———. 1983. *The New Religions of Japan: A Bibliography of Western-Language Materials*. Michigan Papers in Japanese Studies, no. 9. Ann Arbor: Center for Japanese Studies, University of Michigan.
———. 1989. *Gedatsu-kai and Religion in Contemporary Japan: Returning to the Center*. Bloomington: Indiana University Press.
———. 1990. Fuji: Sacred Mountain of Japan. Video. Available online, in two parts, at http:// bit.ly/fuji-sacred-mountain-ptl and http://bit.ly/fuji-sacred-mountain-pt2 (accessed May 16, 2011).
———. 1994.「Mechanisms and Process in Japanese Amulets」岡田重精編『日本宗教への視角』東方出版、611-20 頁。
———. 2004. *Japanese Religion: Unity and Diversity*. 4th ed. Belmont, Calif.: Wadsworth.
———. 2011. "Mount Fuji: Shield of War, Badge of Peace." *Asia-Pacific Journal*, vol. 9, issue 20, article no. 1, May 16, 2011, http://japanfocus.org/_H__Byron-Earhart/3528 (accessed May 16, 2011).
Eck, Diana L. 1987. "Mountains." In *The Encyclopedia of Religion*, edited by Mircea Eliade et al.,10: 130-34. New York: Macmillan.
Eliade, Mircea. 1959. *The Sacred and the Profane: The Nature of Religion*. Translated by Willard R. Trask. New York: Harper & Row.〔ミルチャ・エリアーデ『聖と俗——宗教的なる物の本質について』風間敏夫訳、法政大学出版局、1969 年〕
———, and Lawrence E. Sullivan. 1987. "Center of the World." In *The Encyclopedia of Religion*, edited by Mircea Eliade et al., 3: 166-71. New York: Macmillan.
Ellmann, Richard. 1988. *Oscar Wilde*. New York: Knopf.
Ellwood, Robert S. 1984. "A Cargo Cult in Seventh-Century Japan." *History of Religions* 23, no. 3: 222-39.
Endo, Shusaku. 1979. Volcano. Translated by Richard A. Schuchert. Tokyo: Charles E. Tuttle.〔遠藤周作『火山』角川文庫、1983 年〕
遠藤秀男「富士信仰の成立と村山修験」鈴木昭英編著『富士・御嶽と中部霊山（山岳

宗教史研究叢書 9）』名著出版、1978 年、26-57 頁。
———「富士山信仰の発生と浅間信仰の成立」平野栄次編『富士浅間信仰〈民衆宗教史叢書第 16 巻〉』雄山閣出版、1987 年、3-32 頁。
遠藤秀男『富士山　神話と伝説』名著出版、1988 年。
Ernst, Earle. 1956. *The Kabuki Theatre*. Oxford: Oxford University Press. Reprinted, Honolulu: University of Hawaii Press, 1974.
Fagioli, Marco. 1998. *Shunga: The Erotic Art of Japan*. New York: Universe.
Faure, Bernard. 1995. "The Kyoto School and Reverse Orientalism." In *Japan in Traditional and Postmodern Perspectives*, edited by Charles Wei-hsun Fu and Steven Heine, 245-81. Albany: State University of New York Press.
Fickeler, Paul. 1962. "Fundamental Questions in the Geography of Religions." In *Readings in Cultural Geography*, edited by Philip L. Wagner and Marvin W. Mikesell, 94-117. Chicago: University of Chicago Press.
Field, Norma. 1993. *In the Realm of a Dying Emperor*. New York: Random House.〔ノーマ・フィールド『天皇の逝く国で』大島かおり訳、みすず書房、1994 年〕
Floyd, Phyllis. 1996. "Japonisme." In *The Dictionary of Art*, edited by Jane Turner, 17: 440-42. New York: Grove's Dictionaries.
Forrer, Matthi. 1991. *Hokusai: Prints and Drawings*. Munich: Prestel.
———. 2003. "Western Influences in Hokusai's Art." In *Hokusai*, edited by Gian Carlo Calza, 23-31. London: Phaidon.
French, Calvin L. 1974. *Shiba Kōkan: Artist, Innovator, and Pioneer in the Westernization of Japan*. New York: Weatherhill.
———. 1977. *Through Closed Doors: Western Influence on Japanese Art 1639-1853*. Rochester, Mich.: Meadow Brook Art Gallery, Oakland University.
———. 1983a. "Satake Shozan." In *Kodansha Encyclopedia of Japan*, 7: 25.
———. 1983b. "Shiba Kōkan." In *Kodansha Encyclopedia of Japan*, 7: 84.
Frodsham, J. D. 1967. "Landscape Poetry in China and Europe." Comparative Literature 19, no. 3: 193-215.
富士商工会議所総務課『We Love Fuji ふるさとの富士山』、1988 年
Fujitani, Takashi. 1996. *Splendid Monarchy: Power and Pageantry in Modern Japan*. Berkeley: University of California Press.〔（抄訳）T・フジタニ『天皇のページェント——近代日本の歴史民族誌から』米山リサ訳、NHK ブックス、1994 年〕
Funayama, Takashi. 1986. "Three Japanese Lyrics and Japonisme." In *Confronting Stravinsky: Man, Musician, and Modernist*, edited by Jann Paster, 273-83. Berkeley: University of California Press.
Funke, Mark C. 1994. "Hitachi no Kuni Fudoki." *Monumenta Nipponica* 49, no. 1: 1-29.
Fyne, Robert. 1994. *The Hollywood Propaganda of World War II*. Metuchen, N.J.: Scarecrow Press.
Garon, Sheldon M. 1997. *Molding Japanese Minds: The State in Everyday Life*. Princeton, N.J.: Princeton University Press.
Gerstle, Andrew, and Anthony Milner. 1994. "Recovering the Exotic: Debating Said." In *Recovering the Orient: Artists, Scholars, Appreciation*, edited by Andrew Gerstle and Anthony Milner, 1-6. Switzerland: Harwood Academic Publishers.

Gilmore, Allison B. 1998. *You Can't Fight Tanks with Bayonets: Psychological Warfare against the Japanese Army in the Southwest Pacific*. Lincoln: University of Nebraska Press.

Gluck, Carol. 1985. *Japan's Modern Myths: Ideology in the Late Meiji Period*. Princeton, N.J.: Princeton University Press.

五来重「山の信仰と日本の文化」佐々木宏幹ほか編『現代宗教　2』春秋社、1980 年、3-33 頁。

———「修験道文化について（一）」五来重編『修験道の美術・芸能・文学（I）』名著出版、1980 年、2-14 頁

Graeburn, Nelson H. H. 1983. *To Pray, Pay and Play: The Cultural Structure of Japanese Domestic Tourism*. Aix-en-Provence: Université de droit, d'economie et des sciences, Centre des hautes études touristiques.

Graham, Patricia J. 1983. "Nakabayashi Chikutō." In *Kodansha Encyclopedia of Japan*, 5: 311.

Grapard, Allan G. 1982. "Flying Mountains and Walkers of Emptiness: Toward a Definition of Sacred Space in Japanese Religions." *History of Religions* 21, no. 3: 195-221.

———. 1984. "Japan's Ignored Revolution: The Separation of Shinto and Buddhist Divinities in Meiji (*shimbutsu bunri*) and a Case Study: Tonomine." *History of Religions* 23, no. 3: 240-65.

———. 1986. "Lotus in the Mountain, Mountain in the Lotus." *Monumenta Nipponica* 41, no. 1: 21-50.

Groner, Paul. 1984. *Saicho: The Establishment of the Japanese Tendai School*. Berkeley: Center for South and Southeast Asian Studies, University of California at Berkeley, Institute of Buddhist Studies.

Guth, Christine M. E. 1988. "The Pensive Prince of Chuguji: Maitreya Cult and Image in Seventh-Century Japan." In *Maitreya, the Future Buddha*, edited by Alan Sponberg and Helen Hardacre, 191-213. Cambridge: Cambridge University Press.

———. 2004. "Modernist Painting in Japan's Cultures of Collecting." In *Japan & Paris: Impressionism, Postimpressionism, and the Modern Era*, edited by Honolulu Academy of Arts, 12-27. Honolulu: Honolulu Academy of Arts.

Haberland, Detlef. 1996. *Engelbert Kaempfer 1651-1716: A Biography*. Translated by Peter Hogg. London: British Library.

Haga, Tōru. 1983. "Hiraga Gennai." In *Kodansha Encyclopedia of Japan*, 3: 142.

Hahn, Thomas. 1988. "The Standard Taoist Mountain." *Cahiers d'Extrême-Asie* 4, no. 4: 145-56.

Hakeda, Yoshito S., trans. 1972. *Kukai: Major Works*. New York: Columbia University Press.

Hall, John W., and Toyoda Takeshi, eds. 1977. *Japan in the Muromachi Age*. Berkeley: University of California Press.〔豊田武・ジョン・ホール編『室町時代——その社会と文化』吉川弘文館、1976 年〕

Hardacre, Helen. 1986. *Kurozumikyo and the New Religions of Japan*. Princeton, N.J.: Princeton University Press.

———. 1988. “Maitreya in Modern Japan.” In *Maitrya, the Future Buddha*, edited by Alan Sponberg and Helen Hardacre, 270-84. Cambridge: Cambridge University Press.

———. 1989. *Shinto and the State 1868-88*. Princeton, N.J.: Princeton University Press.

Harootunian, H. D. 1988. *Things Seen and Unseen: Discourse and Ideology in Tokugawa Nativism*. Chicago: University of Chicago Press.

Hawks, Francis. 1856. *Narrative of the Expedition of an American Squadron to the China Seas and Japan, Performed in the Years 1852, 1853, and 1854, under the Command of Commodore M. C. Perry, United States Navy, by Order of the Government of the United States*. 3 vols. Washington, D.C.: A. 0. P. Nicholson.〔M・C・ペリー著、F・L・ホークス編纂『ペリー提督日本遠征記　上・下』宮崎壽子監訳、角川ソフィア文庫、2014 年〕

Hearn, Lafcadio. 1898. *Exotics and Retrospectives*. Boston: Little, Brown and Company.〔小泉八雲「異国風物と回想」『小泉八雲作品集　第八巻』平井呈一訳、恒文社、261-400 頁〕

Heine, Steven, and Charles Wei-hsun Fu. 1995. *Japan in Traditional and Postmodern Perspectives*. Albany: State University of New York Press.

平和博物館を創る会編『紙の戦争・伝単——謀略宣伝ビラは語る』エミール社、1990 年。

Heldt, Gustav. 1997. “Saigyō’s Traveling Tale: A Translation of *Saigyō Monogatari*.” *Monumenta Nipponica* 52, no. 4: 467-521.

Hendry, Joy. 1993. *Wrapping Culture: Politeness, Presentation, and Power in Japan and Other Societies*. Oxford: Clarendon Press.

Herlin, Denis. 1999. *Nocturnes* (by Claude Debussy). In *Oeuvres Complètes de Claude Debussy*, series 5, vol. 3. Paris: Durand.

Hillier, Jack. 1980. *The Art of Hokusai in Book Illustration*. Berkeley: University of California Press.

Hirano, Kyoko. 1992. *Mr. Smith Goes to Tokyo: Japanese Cinema under the American Occupation, 1945-1952*. Washington, D.C.: Smithsonian Institution.〔平野共余子『天皇と接吻——アメリカ占領下の日本映画検閲』草思社、1998 年〕

Hirano, Takakuni. 1972. “On the Truth: A Study Considering the Religious Behavior Concerning Mt. Fuji.” *Diogenes*, no. 79 (Fall): 109-27.

平野栄次編『富士浅間信仰〈民衆宗教史叢書第 16 巻〉』雄山閣出版、1987 年。

Hobsbawm, Eric, and Terence Ranger, eds. 1983. *The Invention of Tradition*. Cambridge: Cambridge University Press.〔E・ホブズボウム、T・レンジャー編『創られた伝統〈文化人類学叢書〉』前川啓治ほか訳、紀伊国屋書店、1992 年〕

Hockley, Allen. 2004. “Packaged Tours: Photo Albums and Their Implications for the Study of Early Japanese Photography.” In *Reflecting Truth: Japanese Photography in the Nineteenth Century*, edited by Nicole Coolidge Rousmaniere and Mikiko Hirayama, 66-85. Amsterdam: Hotei.

Holtom, Daniel C. 1938. *The National Faith of Japan: A Study in Modern Shinto*. New York: Dutton. Reprint, New York: Paragon Book Reprint, 1965.

Hori, Ichiro. 1958. “On the Concept of Hijiri (Holy Man).” *Numen* 5, no. 2: 128-60; no. 3: 199-232.

———. 1961. “Self-mummified Buddhas in Japan: An Aspect of the Shugen-do (Mountain Asceticism) Sect.” *History of Religions* 1, no. 2: 222-42.

———. 1966. "Mountains and Their Importance for the Idea of the Other World in Japanese Folk Religion." *History of Religions* 6, no. 1: 1-23.
———. 1968. *Folk Religion in Japan: Continuity and Change*. Edited by Joseph M. Kitagawa and Alan L. Miller. Chicago: University of Chicago Press.
Horodisch, A. 1979. "Graphic Art on Japanese Postage Stamps." In *A Sheaf of Japanese Papers*, edited by Matthi Forrer, Willem R. van Gulik, and Jack Hillier, 85-88. The Hague: Society for Japanese Arts and Crafts.
Howat, Roy. 1994. "Debussy and the Orient." In *Recovering the Orient: Artists, Scholars, Appropriations*, edited by Andrew Gerstle and Anthony Milner, 45-81. Chur, Switzerland: Harwood Academic Publishers.
———, ed. 1998. *Oeuvres Complètes de Claude Debussy*. Series 1, vol. 3. Paris: Durand-Costallat.
Ienaga, Saburo. 1973. *Painting in the Yamato Style*. Translated by John M. Shields. New York: Weatherhill/Heibonsha.〔家永三郎『やまと絵〈日本の美術　第 10 巻〉』平凡社、1964 年〕
———. *The Pacific War, 1931-1945: A Critical Perspective on Japan's Role in World War II*. Translated by Frank Baldwin. New York: Pantheon Books.〔家永三郎『太平洋戦争』岩波書店、1968 年〕
Ihara, Saikaku. 1963. *The Life of an Amorous Woman*. Edited and translated by Ivan Morris. Norfolk, Conn.: New Directions.
———. 1964 . *The Life of an Amorous Man*. Translated by Kengi Hamada. Rutland, Vt.: Tuttle.
Iida, Yumiko. 2002. *Rethinking Identity in Modern Japan: Nationalism as Aesthetics*. London: Routledge.
稲垣久雄『日英佛教語辞典（第 3 版）』永田文昌堂、1988 年。
井野辺茂雄（1928a）『富士の歴史〈富士の研究　1〉』古今書院、1928 年（復刻版：名著出版、1973 年）
———（1928b）『富士の信仰〈富士の研究　3〉』古今書院、1928 年（復刻版：名著出版、1973 年）
石黒敬章編『下岡蓮杖写真集』新潮社、1999 年。
Ito, Kimio. 1998. "The Invention of *Wa* and the Transformation of the Image of Prince Shotoku in Modern Japan." In *Mirror of Modernity: Invented Traditions of Modern Japan*, edited by Stephen Vlastos, 37-47. Berkeley: University of California Press.
Ives, Colta. 1974. *The Great Wave: the Influence of Japanese Woodcuts on French Prints*. New York: Metropolitan Museum of Art.〔コルタ・アイヴス『版画のジャポニスム』及川茂訳、木魂社、1988 年〕
岩科小一郎『富士講の歴史——江戸庶民の山岳信仰』名著出版、1983 年。
Jenkins, Donald. 1983. "Ukiyo-e." In *Kodansha Encyclopedia of Japan*, 8: 138-44.
Jippensha, Ikku. 1960. *Shanks' Mare: Being a Translation of the Tokaido Volumes of Hizakurige, Japan's Great Comic Novel of Travel & Ribaldry*. Translated by Thomas Satchell. Tokyo: C. E. Tuttle.
Kaempfer, Engelbert. 1929. *The History of Japan ... Together with a Description of the Kingdom of Siam 1690-1692*. 2 vols. Translated by J. G. Scheuchzer. Kyoto: Koseikaku,

1929. Facsimile of the edition first published in London, 1727, in 2 vols.; reprinted as 2 vols. in 1 in 1929.
———. 1999. *Kaempfer's Japan: Tokugawa Culture Observed*. Edited, translated, and annotated by Beatrice M. Bodart-Bailey. Honolulu: University of Hawai'i Press.
Kageyama, Haruki. 1973. *The Arts of Shinto*. Translated by Christine Guth. New York: Weatherhill/ Shibundo.〔景山春樹編『日本の美術 18　神道美術』至文堂、1967 年〕
Kaneko, Ryūichi. 2003. "Realism and Propaganda: The Photographer's Eye Trained on Society" In *The History of Japanese Photography*, by Anne Wilkes Tucker et al., edited and translated by John Junkerman, 184-207. New Haven, Conn.: Yale University Press.
狩野博幸『凱風快晴——赤富士のフォークロア〈絵は語る　14〉』平凡社、1994 年
Kaputa, Catherine. 1983. "Kanō Tan'yū" In *Kodansha Encyclopedia of Japan*, 4: 150-51.
Karatani, Kōjin. 1989. "One Spirit, Two Nineteenth Centuries." In *Postmodernism and Japan*, edited by Masao Miyoshi and H. D. Harootunian, 259-72. Durham, N.C.: Duke University Press.〔柄谷行人「一つの精神、二つの十九世紀」『現代思想』第 15 巻第 15 号、1987 年、175-183 頁〕
———. 1994. "Japan as Museum: Okakura Tenshin and Ernest Fenollosa." Translated by Sabu Kohso. In *Japanese Art after 1945: Scream against the Sky*, edited by Alexandra Munroe, 33-39. New York: Abrams.〔柄谷行人「美術館としての日本——岡倉天心とフェノロサ」『批評空間』第 II 期第 1 号、1994 年、68-75 頁〕
Katsushika, Hokusai. 1966. *The Thirty-six Views of Mount Fuji*. Tokyo: Heibonsha; Honolulu: East-West Center Press.
Kawabata, Yasunari. 1999. " First Snow on Fuji." In *First Snow on Fuji*, translated by Michael Emmerich, 124-52. Washington, D.C.: Counterpoint.
Keene, Donald. 1955. *Japanese Literature. An Introduction for Western Readers*. New York: Grove Press.
———, trans. 1956. "The Tale of the Bamboo Cutter." *Monumenta Nipponica*, 21: 330-55.
Kelsey, W. Michael. 1981. "The Raging Deity in Japanese Mythology." *Asian Folklore Studies* 40, no. 2: 213-36.
Kenney, Elizabeth, and Edmund T. Gilday, eds. 2000. *Mortuary Rites in Japan*. Special issue, *Japanese Journal of Religious Studies* 27.
Kenney, James T. 1983. "Naturalism." In *Kodansha Encyclopedia of Japan*, 5: 351.
Ketelaar, James Edward. 1989. *Of Heretics and Martyrs in Meiji Japan: Buddhism and Its Persecution*. Princeton, N.J.: Princeton University Press.〔ジェームス・E・ケテラー『邪教／殉教の明治——廃仏毀釈と近代仏教』岡田正彦訳、ぺりかん社、2006 年〕
Kidder, J. Edward. 1966. *Japan before Buddhism*. New ed. rev. London: Thames and Hudson.
Kinoshita, Naoyuki. 2003. "The Early Years of Japanese Photography." In Anne Wilkes Tucker et al., *The History of Japanese Photography*, 14-99. New Haven, Conn.: Yale University Press.
Kishimoto, Hideo. 1960. "The Role of Mountains in the Religious Life of the Japanese People." In *Proceedings of the Ninth International Congress for the History of Reli-*

*gions*, 1958, 545-49. Tokyo: Maruzen.
Kitagawa, Joseph M. 1967. “Three Types of Pilgrimage in Japan.” In *Studies in Mysticism and Religion*, edited by E. E. Urbach, R. J. Zwi Werblowsky, and Ch. Wirszubski, 155-64. Jerusalem: Magnes Press, Hebrew University.
———. 1987a. “‘A Past of Things Present’: Notes on Major Motifs of Early Japanese Religions.” In *On Understanding Japanese Religion*, edited by Joseph M. Kitagawa, 43-58. Princeton, N.J.: Princeton University Press.
———. 1987b. “Prehistoric Background of Japanese Religion.” In *On Understanding Japanese Religion*, edited by Joseph M. Kitagawa, 3-40. Princeton, N.J.: Princeton University Press.
Kiyota, Minoru. 1978. *Sltingon Buddhism: Theory and Practice*. Los Angeles: Buddhist Books International.
Klein, Bettina. 1984. “Mount Fuji in Japanese Painting and Applied Arts.” *Swissair Gazette* (October): 19-26.
Kodansha. 1993. *Japan: An Illustrated Encyclopedia*. 2 vols. Tokyo: Kodansha.
Kodera, T. James. 1983. “Ippen (139-1289).” In *Kodansha Encyclopedia of Japan*, 3: 328-29.
国土地理院『日本国勢地図』日本地図センター、1990 年
Kominz, Laurence R. 1995. *Avatars of Vengeance: Japanese Drama and the Soga Literary Tradition*. Ann Arbor: Center for Japanese Studies, University of Michigan.
Kondo, Nobuyuki. 1987. “Mount Fuji, Light and Shadow.” *Japan Quarterly* 34, no. 2: 162-70.
Kornicki, P. F. 1994. “Public Display and Changing Values: Early Meiji Exhibitions and Their Precursors.” *Monumenta Nipponica* 49, no. 2: 167-96.
Koschmann, J. Victor. 1996. *Revolution and Subjectivity in Postwar Japan*. Chicago: University of Chicago Press.
Koyama, Kosuke. 1984. *Mount Fuji and Mount Sinai: A Critique of Idols*. Maryknoll, N.Y.: Orbis Press.〔小山晃佑『富士山とシナイ山——偶像批判の試み』森泉弘次訳、教文館、2014 年〕
Koyasu, Nobukuni. 1983. “Kokugaku.” In *Kodansha Encyclopedia of Japan*, 4: 257-59.
Krause, Chester L., and Clifford Mishler. 2004. *Standard Catalog of World Coins*. Iola, Wis.: Krause Publications.
Kuroda, Toshio. 1981. “Shinto in the History of Japanese Religion.” Translated by James C. Dobbins and Suzanne Gay. *Journal of Japanese Studies* 7, no. 1: 1-21.
Kusano, Shimpei. 1991. *Mt Fuji: Selected Poems 1943-1986*. Translated by Leith Morton. Rochester, Mich.: Katydid Books.
La Farge, John. 1897. *An Artist's Letters from Japan*. New York: Century Co. Reprinted, New York: Hippocrene Books, 1986.〔ジョン・ラファージ『画家東遊録』久富貢・桑原住雄訳、中央公論美術出版、1981 年〕
———. 1904. *The Great Masters*. New York: McClure, Phillips and Company. First published in McClure's (magazine), 1903; later reprinted, Freeport, N.Y.: Books for Libraries Press, 1968.
Lafleur, William. 1973 “Saigyo and the Buddhist Value of Nature, Part I.” *History of*

*Religions* 13, no. 2: 93-128; "Part II." *History of Religions* 13, no. 3: 227-48.
———, trans. 1978. *Mirror for the Moon: A Selection of Poems by Saigyo (1118-1190)*. Includes an introduction by Lafleur. New York: New Directions.
Lane, Richard. 1978. *Images from the Floating World: The Japanese Print, Including an Illustrated Dictionary of Ukiyo-e*. New York: Putnam.
———. 1989. *Hokusai: Life and Work*. London: Barrie & Jenkins.〔リチャード・レイン『北斎——伝記画集』竹内泰之訳、河出書房新社、1995 年〕
Lazar, Margarete. 1982. "The Manuscript Maps of Engelbert Kaempfer." *Imago Mundi* 34: 66-71.
Lee, Sherman E., et al. 1983. *Reflections of Reality in Japanese Art*. Cleveland, Ohio: Cleveland Museum of Arts; Bloomington: Distributed by Indiana University Press.
Lehmann, Jean-Pierre. 1984. "Old and New Japonisme: The Tokugawa Legacy and Modern European Images of Japan." *Modern Asian Studies* 18, no. 4: 757-68.
Leighton, Alexander, and Morris Opler. 1977. "Psychological Warfare and the Japanese Emperor." In *Personalities and Cultures: Readings in Psychological Anthropology*, edited by Robert Hunt, 251-60. Austin: University of Texas Press.
Lesure, Fran<;ois. 1975. *Claude Debussy[: reproductions de photos concernant sa vie]*. Geneva: Editions Minkoff.
Levy, Ian Hideo. 1981. *The Ten Thousand Leaves: A Translation of the Man'yōshū, Japan's Premier Anthology of Classical Poetry*. Vol. 1. Princeton, N.J.: Princeton University Press.
Lidin, Olof G. 1983. *Ogyū Sorai's Journey to Kai in 1706, with a Translation of the Kyōchūkikō*. London: Curzon.
Linebarger, Paul Myron Anthony. 1948. *Psychological Warfare*. Washington, D.C.: Infantry Journal Press.〔ラインバーガー『心理戦争』須磨弥吉郎訳、みすず書房、1953 年〕
Littlewood, Ian. 1996. *The Idea of Japan: Western Images, Western Myths*. Chicago: Ivan R. Dee.〔イアン・リトルウッド『日本人が書かなかった日本 : 誤解と礼賛の 450 年』紅葉誠一訳、イースト・プレス、1998 年〕
Lyons, Phyllis I. 1985. *The Saga of Dazai Osamu: A Critical Study with Translations*. Stanford, Calif.: Stanford University Press.
Major, John S. 1987. "Yin-yang wu-hsing." In *The Encyclopedia of Religion*, edited by Mircea Eliade et al., 15: 515-16. New York: Macmillan.
Mandel, Gabriele. 1983. *Shunga: Erotic Figures in Japanese Art*. Translated by Alison L'Eplattenier. New York: Crescent Books.
*Manyoshu, The: One Thousand Poems*. 1940. Prepared by the Japanese classics translation committee of the Nippon gakujutsu shinko-kai. Tokyo: Iwanami Shoten. Reprinted, New York: Columbia University Press, 1965
Maruyama, Masao. 1969. *Thought and Behavior in Modern Japanese Politics*. Expanded and edited by Ivan Morris. Tokyo: Oxford University Press.〔丸山眞男『現代政治の思想と行動　増補版』未來社、1964 年〕
Mason, Penelope E. 1981. "The Wilderness Journey: The Soteric Value of Nature in Japanese Narrative Painting." In *Art, the Ape of Nature: Studies in Honor of H. W*

*Janson*, edited by Moshe Barasch and Lucy Freeman Sandler, 67-90. New York: Abrams, 1981.

Massarella, Derek. 1995. "The History of The History: The Purchase and Publication of Kaempfer's History of Japan. " In *The Furthest Goal: Engelbert Kaempfer's Encounter with Tokugawa Japan*, edited by Beatrice M. Bodart-Bailey and Derek Massarella, 96-131. Sandgate, Folkestone: Japan Library.〔D・マサレラ「第6章:『日本誌』史——ケンペル『日本誌』原稿の購入と出版」ベアトリス・M・ボダルト＝ベイリー、デレク・マサレラ編『遥かなる目的地——ケンペルと徳川日本の出会い』中直一・小林早百合訳、大阪大学出版会、1999年、139-190頁〕

Matisoff, Susan. 2002. "Barred from Paradise? Mount Kōya and the Karukaya Legend." In *Engendering Faith: Women and Buddhism in Premodern Japan*, edited by Barbara Ruch, 463-500. Ann Arbor: Center for Japanese Studies, University of Michigan.

Matsuda, Matt. 2002. "East of No West: The Posthistoire of Postwar France and Japan." In *Confluences: Postwar Japan and France*, edited by Doug slaymaker, 15-33・Ann Arbor: Center for Japanese Studies, University of Michigan.

Mayo, Marlene J., and J. Thomas Rimer, eds. 2001. *War, Occupation, and Creativity: Japan and East Asia, 1920-1960*. With H. Eleanor Kerkham. Honolulu: University of Hawai'i Press.

McCullough, Helen Craig, trans. 1968. *Tales of Ise: Lyrical Episodes from Tenth-Century Japan*. Stanford, Calif.: Stanford University Press.

———. 1973. "Social and Psychological Aspects of Heian Ritual and Ceremony." In Japan P.E.N.Club, *Studies on Japanese Culture*, 2 vols., 2: 275-79.

———, trans. 1985. *Kokin Wakashū: The First Imperial Anthology of Japanese Poetry*. Stanford, Calif.: Stanford University Press.

McKinney, Meredith, trans. 1998. *The Tale of Saigyō*. Ann Arbor: Center for Japanese Studies, University of Michigan.

McNally, Mark. 2005. *Proving the Way: Conflict and Practice in the History of Japanese Nativism*. Cambridge, Mass.: Harvard University Press.

Meech, Julia. 1988. *The Matsukata Collection of Ukiyo-e Prints: Masterpieces from the Tokyo National Museum*. With catalogue entries by Christine Guth. New Brunswick, N.J.: Jane Voorhees Zimmerli Art Museum, Rutgers University.

———, and Gabriel P. Weisberg. 1990. *Japonisme Comes to America: The Japanese Impact on the Graphic Arts 1876-1925*. New York: H. N. Abrams.

Meech-Pekarik, Julia. 1986. *The World of the Meiji Print: Impressions of a New Civilization*. New York: Weatherhill.

Mikesh, Robert C. 1993. *Japanese Aircraft: Code Names and Designations*. Atglen, Pa.: Schiffer Military History.

Mills, D. E. 1975. "*Soga Monogatari*, *Shintoshu* and the Taketori Legend." *Monumenta Nipponica* 30, no. 1: 37-68.

———. 1983. Taketori monogatari." In *Kodansha Encyclopedia of Japan*, 7: 325-26.

Miner, Earl. 1979. *Japanese Linked Poetry: An Account with Translations of Renga and Haikai Sequences*. Princeton, N.J.: Princeton University Press.

Miner, Earl, Hiroko Odagiri, and Robert E. Morrell. 1985. *The Princeton Companion to Classical Japanese Literature*. Princeton, N.J.: Princeton University Press.

Mitsui, Takaharu. 1940. "Japan Portrayed in Her Postage Stamps." *Tourist* (August): 9-11.

Miyake, Hitoshi. 1987. "The Influence of Shugendo on the 'New Religions.'" In *Japanese Buddhism: Its Tradition, New Religions, and Interaction with Christianity*, edited by Minoru Kiyota et al., 71-82. Tokyo: Buddhist Books International.

———. 2001. *Shugendō: Essays on the Structure of Japanese Folk Religion*. Edited by H. Byron Earhart. Ann Arbor: Center for Japanese Studies, University of Michigan.

Miyata, Noboru. 1987. "Redefining Folklore for the City." *Japan Quarterly* 34, no. 1: 30-33.

———. 1989. "Types of Maitreya Belief in Japan." In *Maitreya, the Future Buddha*, edited by Alan Sponberg and Helen Hardacre, 175-90. Cambridge: Cambridge University Press.

宮崎ふみ子「『ふりかわり』と『みろくの御世』——『参行六王価御伝』に於ける世直り」『現代宗教』第 1 巻第 5 号、1976 年、64-82 頁。

———「近世末の民衆宗教——不二道の思想と行動」『日本歴史』344 号、1977 年、105-22 頁。

———「不二道の歴史観——食行身録と参行六王の教典を中心に」平野栄次編『富士浅間信仰』雄山閣、1987 年、255-79 頁

Miyazaki Fumiko. 1990. "The Formation of Emperor Worship in the New Religions—the Case of Fujidō." *Japanese Journal of Religious Studies* 17: 281-314.

———. 2005. "Female Pilgrims and Mt. Fuji: Changing Perspectives on the Exclusion of Women." *Monumenta Nipponica* 60, no. 3: 339-91.

Moeran, Brian, and Lise Skov. 1997. "Mount Fuji and the Cherry Blossoms: A View from Afar." In *Japanese Images of Nature: Cultural Perspectives*, edited by Pamela J. Asquith and Arne Kalland, 181-205. Surrey: Curzon.

Moerman, D. Max. 2005. *Localizing Paradise: Kumano Pilgrimage and the Religious Landscape of Premodern Japan*. Cambridge: Harvard.

Montanus, Arnoldus. 1670. *Atlas Japannensis: Being remarkable addresses by way of embassy from the East-India Company of the United Provinces to the Emperor of Japan*. "English'd and adorn'd ... by John Ogilby." London: "Printed by Tho. Johnston for the author ...." Microfilm reproduction of original in Beinecke Library, Yale University.

Morella, Joe, Edward Z. Epstein, and John Griggs. 1973. *The Films of World War II*. Secaucus, N.J.: Citadel Press.

森田敏隆『富士　Mt. Fuji and Fuji-like mountains in Japan〈Suiko books 102　日本の名景〉』光村推古書院、2001 年。

Morris, Ivan. 1964. *The World of the Shining Prince: Court Life in Ancient Japan*. New York: Knopf.〔I・モリス『光源氏の世界〈筑摩叢書　154〉』斎藤和明訳、筑摩書房、1969 年〕

———, trans. 1971. *As I Crossed a Bridge of Dreams: Recollections of a Woman in Eleventh Century Japan*. New York: Dial.

Morse, Anne Nishimura. 2004. "Souvenirs of 'Old Japan': Meiji-Era Photography and the Meisho Tradition." In *Art & Artifice: Japanese Photographs of the Meiji Era*, edited by Anne Nishimura Morse et al., 41-50. Boston: MFA Publications.

Morton, Leith. 1985. "A Dragon Rising: Kusano Shinpei's Poetic Vision of Mt Fuji." *Oriental Society of Australia* 17, no. 1: 39-63.

Mostow, Joshua S. 1996. *Pictures of the Heart: The Hyakunin Isshu in Word and Image*. Honolulu: University of Hawaii Press.

Motonaka, Makoto. 2003. "Conservation of the Cultural Landscape in Asia and the Pacific Region: Terraced Rice Fields and Sacred Mountains." In *World Heritage Paper*, 127-33. Paris: UNESCO World Heritage Centre.

Munakata, Kiyohiko. 1991. *Sacred Mountains in Chinese Art*. Urbana: University of Illinois Press.

Murakami, Hyoe, and Donald Richie, eds. 1980. *A Hundred More Things Japanese*. Tokyo: Japan Culture Institute.

Murakami, Shigeyoshi. 1980. *Japanese Religion in the Modern Century*. Translated by H. Byron Earhart. Tokyo: Tokyo University Press.

村上重良・安丸良夫編『民衆宗教の思想〈日本思想大系　67〉』岩波書店、1971 年。

村上重良「御身抜」村上重良・安丸良夫編『民衆宗教の思想〈日本思想大系　67〉』岩波書店、1971 年、482-83 頁。

村上俊雄『修験道の発達』畝傍書房、1943 年。

Murasaki, Shikibu. 2001. *Genji Monogatari*. Translated by Royall Tyler. New York: Viking.

Nagata, Mizu. 2002. "Transitions in Attitudes toward Women in the Buddhist Canon: The Three Obligations, the Five Obstructions, and the Eight Rules of Reverence." In *Engendering Faith: Women and Buddhism in Premodern Japan*, edited by Barbara Ruch, 279-95. Ann Arbor: Center for Japanese Studies, University of Michigan.

Nagata, Seiji. 1995. *Hokusai: Genius of the Japanese Ukiyo-e*. Translated by John Bester. Tokyo: Kodansha.

内藤陽介『外国切手に描かれた日本』光文社新書、2003 年。

Najita, Tetsuo, and J. Victor Koschmann, eds. 1982. *Conflict in Modern Japanese History: The Neglected Tradition*. Princeton, N.J.: Princeton University Press.

Nakamura, Kyoko Motomochi, trans. 1973. *Miraculous Stories from the Japanese Buddhist Tradition: The Nihon Ryoiki of Monk Kyokai*. Cambridge, Mass.: Harvard University Press.

Namihira, Emiko. 1977. "*Hare, Ke and Kegare*: The Structure of Japanese Folk Belief." Ph.D. diss., University of Texas, Austin.

成瀬不二雄「日本絵画における富士図の定型的表現について」『美術史』第 31 巻第 2 号、1982 年、115-30 頁。

――― 『富士山の絵画史』中央公論美術出版、2005 年。

Nash, Roderick. 1982. *Wilderness and the American Mind*. 3rd ed. New Haven, Conn.: Yale University Press.〔R・F・ナッシュ『原生自然とアメリカ人の精神』松野弘監訳、ミネルヴァ書房、2015 年。＊第 5 版の翻訳〕

Natsume, Soseki. 1977. *Sanshiro*. Translated by Jay Rubin. Seattle: University of Washington Press.
Naumann, Nelly. 1963-64." Yama no Kami—die japanische Berggottheit. Teil I: Grundvorstellungen." *Folklore Studies* 22 (1963); 133-336; "Yama no Kami-die japanische Berggottheit. Teil II: Zusatzliche Vorstellungen." *Folklore Studies* 23 (1964); 48-199.
Nenzi, Laura. 2008. *Excursions in Identity: Travel and the Intersection of Place, Gender and Status in Edo Japan*. Honolulu: University of Hawai'i Press.
Neuss, Margret. 1983. "Shiga Shigetaka." In *Kodansha Encyclopedia of Japan*, 7: 91.
Nicolson, marjorie. 1963. *Mountain Gloom and Mountain Glory: The Development of the Aesthetics of the Infinite*. New York: W. W. Norton. First published. Ithaca. N.Y.: Cornell University Press, 1959.〔M・H・ニコルソン『暗い山と栄光の山——無限性の美学の展開〈クラテール叢書　13〉』小黒和子訳、国書刊行会、1989 年〕
Nihon Shasinka Kyōkai (Japanese Photographers Association). 1980. *A century of Japanese Photography*. New York: Pantheon.
日本写真家協会編『日本現代写真史　1945 → 95』平凡社、2000 年。
Nishiyama, Matsunosuke. 1997. *Edo Culture: Daily Life and Diversions in Urban Japan, 1600-1868*. Translated by Gerald Groemer. Honolulu: University of Hawai'i Press.
Nitschke, Gunther. 1995. "Building the Sacred Mountain: Tsukuriyama in Shinto Tradition." In *The Sacred Mountains of Asia*, edited by John Einarsen, 110-18. Boston: Shambhala.
Noguchi, Yoné. 1936. *Hiroshige and Japanese Landscapes*. 2nd ed. Tokyo: Maruzen.
Nornes, Abé Mark, and Fukushima Yukio, eds. 1994. *The Japan/America Film Wars: World War II Propaganda and Its Cultural Contexts*. Chur, Switzerland: Harwood Academic Publishers.
Nosco, Peter. 1990. *Remembering Paradise: Nativism and Nostalgia in Eighteenth-Century Japan*. Cambridge, Mass.: Harvard University Press.〔ピーター・ノスコ『江戸社会と国学——原郷への回帰』星山京子ほか訳、ぺりかん社、1999 年〕
大場磐雄述、山岳信仰研究會編『日本に於ける山岳信仰の考古學的考察〈山岳信仰叢書　1〉』神社新報社、1949 年
O'Brien, Rodney. 1986. "Sewing Up the Earth: Yumiko Otsuka." *PHP Intersect* 2 (September): 22-23.
Ohnuki-Tierney, Emiko. 1993. *Rice as Self: Japanese Identities through Time*. Princeton, N.J.: Princeton University Press.〔大貫恵美子『コメの人類学—— 日本人の自己認識』岩波書店、1995 年〕
———. 2002. *Kamikaze, Cherry Blossoms, and Nationalisms*. Chicago: University of Chicago Press.
Ohyama, Yukio. 1987. *Mt. Fuji*. New York: E. P. Dutton.
大山行男『富士——神々のシルエット』玄光社、1988 年
岡田紅陽『富士』朋文堂、1964 年。
岡田紅陽編『富嶽』[「Photo Collection of Mt. Fuji」の英語タイトルあり] 山一證券、196? 年。
Okakura, Tenshin. 1903. *The Ideals of the East*, with Special Reference to the Art of Ja-

pan. London: J. Murray.
Ota, Yuzo. 1998. *Basil Hall Chamberlain: Portrait of a Japanologist*. Richmond, Surrey: Japan Library.
Ouwehand, Cornelius. 1964. Namazu-e and Their Themes: An Interpretative Approach to Some Aspects of Japanese Folk Religion. Leiden: E. J. Brill.〔コルネリウス・アウエハント『鯰絵——民俗的想像力の世界』小松和彦訳、せりか書房、1986年〕
———. 1984. "Fujisan—the Centre of a Nation-wide Mount Cult." *Swissair Gazette* (October): 11-16
Palmer, Edwina. 2001. "Calming the Killing Kami: The Supernatural, Nature and Culture in Fudoki." *Nichibunken: Japan Review* 13: 3-31.
Paul, Diana. 1985. *Women in Buddhism: Images of the Feminine in Mahayana Tradition*. 2nd ed. Berkeley: University of California Press.
Philippi, Donald L., trans. 1968. *Kojiki*. Tokyo: University of Tokyo Press.
Pick, Albert. 1994-95. *Standard Catalog of World Paper Money*. 2 vols. Edited by Neil Shafer and Collin R. Bruce JI. Iola, Wis.: Krause Publications.
Plutschow, Herbert E. 1990. *Chaos and Cosmos: Ritual in Early and Medieval Japanese Literature*. Leiden: Brill.
Ponsonby-Fane, R. A. B. 1953. *Studies in Shinto and Shrines*. Rev. ed. Kamikamo, Kyoto: Ponsonby Memorial Society.
Price, Larry W. 1981. *Mountains & Man: A Study of Process and Environment*. Berkeley and Los Angeles: University of California Press.
Ray, Deborah Kogan. 2001. *Hokusai: The Man Who Painted a Mountain*. New York: Frances Foster Books.
Reader, Jan. 2005. *Making Pilgrimages: Meaning and Practice in Shikoku*. Honolulu: University of Hawai'i Press.
Reader, Ian, and Paul L. Swanson, eds. 1994. "Conflict and Religion in Japan." Special issue, *Japanese Journal of Religious Studies* 21.
Reader, Ian, and Paul L. Swanson. 1997. "Pilgrimage in Japan." Special issue, *Japanese Journal of Religious Studies* 24.
Rhodes, Anthony Richard Ewart. 1976. *Propaganda: The Art of Persuasion in World War II*. Edited by Victor Margolin. New York: Chelsea House.
Richie, Donald. 1994. *The Honorable Visitors. Rutland*, Vt.: Charles E. Tuttle.〔ドナルド・リチー『十二人の賓客——日本に何を発見したか』安西徹雄訳、TBSブリタニカ、1997年〕
———. 1997. "The Occupied Arts." In *The Confusion Era: Art and Culture of Japan during the Allied Occupation, 1945-1952*, edited by Mark Sandler, 11-21. Washington, D.C.: Arthur M. Sackler Gallery, Smithsonian Institution.
———. 2001. *A Hundred Years of Japanese Film: A Concise History, with a Selective Guide to Videos and DVDs*. Tokyo: Kodansha.
Rilke, Rainer Maria. 1964. *New Poems*. Translated by J. B. Leishman. Norfolk, Conn.: New Directions.
———. 1987. *New Poems: The Other Part*. Translated by Edward Snow. San Francisco: North Point.
———. 1992. *Neue Gedichte: New Poems*. Translated by John Bayley. Manchester, U.K.:

Carcanet.
Roberts, Laurance P. 1976. *A Dictionary of Japanese Artists: Painting, Sculpture, Ceramics, Prints, Lacquer*. Tokyo: Weatherhill.
Robinson, Basil William. 1982. *Kuniyoshi: The Warrior-Prints*. Ithaca, N.Y.: Cornell University Press.
Rodd, Laurel Rasplica. 1984. *Kokin Wakashū*. Princeton, N.J.: Princeton University Press.
Rogers, Michael. 1993. "Mount Fuji Prominent on Japanese Stamps." *Linn's Stamp News*, April 26, 36.
Rolf, Marie. 1997. *La mer*. Oeuvres Completes de Claude Debussy, senes 5, vol. 5- Paris: Durand.
Rosenfield, John M. 2001. "Nihonga and Its Resistance to "the Scorching Drought of Modern Vulgarity." In *Births and Rebirths in Japanese Art: Essays Celebrating the Inauguration of the Sainsbury Institute for the Study of Japanese Arts and Cultures*, edited by Nicole Coolidge Rous maniere, 163-97. Leiden: Hotei.
———. 2003. "Hokusai the Individualist in Two of His Painting Manuals." In *Hokusai*, edited by Gian Carlo Calza, 32-49. London: Phaidon.〔ジョン・M・ローゼンフィールド「『造化を師として』——絵手本二編に見る北斎の独立精神」葛飾北斎画、ジャン・カルロ・カルツァ著『北斎』須田志保・増島麻衣子訳、ファイドン、2005年、32-49頁〕
Rotermund, Hartmut O. 1965. "Die Legende des Enno-Gyōja." *Oriens Extremus* 12, no. 2: 221-41.
———, et al. 1988. *Religions, croyances et traditions populaires du Japon*. Paris: Maisonneuve & Larose.
Rousmaniere, Nicole Coolidge, ed. 2002. *Kazari: Decoration and Display in Japan, 15-19th Centuries*. New York: Abrams.
Ruch, Barbara. 1977. "Medieval Jongleurs and Making of a National Culture." In *Japan in the Muromachi Age*, edited by John W. Hall and Takeshi Toyoda, 279-309. Berkeley: University of California Press.
Ruch, Barbara. ed. 2002. *Engendering Faith: Women and Buddhism in Premodern Japan*. Ann Arbor: Center for Japanese Studies, University of Michigan.
Said, Edward W. 1978. *Orientalism*. New York: Pantheon.〔エドワード・W・サイード『オリエンタリズム　上・下』今沢紀子訳、平凡社ライブラリー、1993年〕
斎藤なずな「富士」『ビッグコミック』1989年1月25日号(第22巻第2号、通巻578号)、139-142頁
Sakamotō, Taro 1991. *The Six National Histories of Japan*. Translated by John S. Brownlee. Vancouver: UBC Press.〔坂本太郎『六国史〈日本歴史叢書　27〉』吉川弘文館、1970年〕
『さくら日本切手カタログ　1997年版（第33版）』[「Sakura—Catalog of Japanese Stamps 1998」の英文タイトルあり]、1997年、財団法人日本郵趣協会。
Sato, Hirosaki, and Burton Watson, eds. and trans. 1981. *From the Country of Eight Islands: An Anthology of Japanese Poetry*. Garden City, N.Y.: Anchor Press / Doubleday.
Satow, Sir Ernest M. 1879・"Ancient Japanese Rituals." *Transactions of the Asiatic Society*

*of Japan*, 1st series, 7, part 2, 95-126; 7, part 4 (1881): 393-434; 9, part 2 (1882): 183-211. Reprinted in "Reprints Vol. 2, December, 1927."

Saunders, E. Dale. 1960. *Mudrâ: A Study of Symbolic Gestures in Japanese Buddhist Sculpture*. New York: Pantheon.

Sawa, Takaaki (or Ryūken). 1972. *Art in Esoteric Buddhism*. Translated by Richard L. Gage. New York: Weatherhill/Heibonsha.〔佐和隆研『密教の美術〈日本の美術　第8巻〉』平凡社、1964年〕

Sawada, Janine Anderson. 1993. *Confucian Values and Popular Zen: Sekimon Shingaku in Eighteenth-Century Japan*. Honolulu: University of Hawai'i Press.

———. 1998. "Mind and Morality in Nineteenth-Century Japanese Religions: Misogi-kyō and Maruyama-kyō." *Philosophy East and West* 48, no. 1: 108-41.

Sawada, Janine Tasca. 2004. *Practical Pursuits: Religion, Politics, and Personal Cultivation in Nineteenth-Century Japan*. Honolulu: University of Hawai'i Press.

———. 2006. "Sexual Relations as Religious Practice in the Late Tokugawa Period: Fujidō." *Journal of Japanese Studies* 32, no. 2: 341-66.

澤田章『富士の美術〈富士の研究　4〉』古今書院、1929年（復刻版：名著出版、1973年）。

Schmeisser, Jörg. 1995. "Changing the Image: The Drawings and Prints of Kaempfer's *The History of Japan*." In *The Furthest Goal: Engelbert Kaempfer's Encounter with Tokugawa Japan*, edited by Beatrice M. Bodart-Bailey and Derek Massarella, 132-51. Sandgate: Japan Library.〔J・シュマイサー「第7章：イメージの変換——ケンペル『日本誌』に見られる挿し絵と版画」ベアトリス・M・ボダルト＝ベイリー、デレク・マサレラ編『遥かなる目的地——ケンペルと徳川日本の出会い』中直一・小林早百合訳、大阪大学出版会、1999年、191-219頁〕

Schurhammer, Georg. 1922. "Die Yamabushis; nach gedruckten und ungedruckten Berichten des 16 und 17. Jarrhunderts." *Zeitschrift fur Missionswissenschaft und Religionswissenchaft* 12: 206-28. Reprinted, *Mitteilungen der Deutschen Gesellschaft für Natur- und Völkerkunde Ostasiens* 46 (1965): 47-83.

———. 1923. *Shin-to: The Way of the Gods in Japan, according to the Printed and Unprinted Reports of the Japanese Jesuit Missionaries in the Sixteenth and Seventeenth Centuries*. Bonn: Kurt Schroeder. (German and English texts in double columns.)

*Scott Standard Postage Stamp Catalogue*, 2005. 2004. 16th ed. 6 vols. Sidney, Ohio: Scott.

Screech, Timon. 1999. *Sex and the Floating World: Erotic Images in Japan 1700-1820*. London: Reaktion Books.

Seager, Richard Hughes. 1995. *The Worlds Parliament of Religions: The East/West Encounter, Chicago, 1893*. Bloomington: Indiana University Press.

Sharf, Frederic A. 2004. "A Traveler's Paradise." In *Art & Art1fice: Japanese Photographs of the Meiji Era*, edited by Anne Nishimura Morse et al., 7-14. Boston: MFA Publications.

Shepard, Paul. 1967. *Man in the Landscape: A Historic View of the Esthetics of Nature*. New York: Knopf.

Shiki, Masahide. 1983. "Fujisan." In *Kodansha Encyclopedia of Japan*, 2: 344-45.

Shirane, Haruo. 2000. "Introduction: Issues in Canon Formation." In *Inventing the Classics: Modernity, National Identity, and Japanese Literature*, edited by Haruo Shirane

and Tomi Suzuki, 1-27. Stanford, Calif.: Stanford University Press.〔ハルオ・シラネ「総説　創造された古典――カノン形成のパラダイムと批評的展望」衣笠正晃訳、ハルオ・シラネ・鈴木登美編『創造された古典――カノン形成・国民国家・日本文学』新曜社、13-45 頁〕

Shull, Michael S., and David Edward Wilt. 1996. *Hollywood War Films, 1937-1945: An Exhaustive Filmography of American Feature-length Motion Pictures Relating to World War II*. Jefferson, N.C.: McFarland & Co.

Singer, Robert T., with John T. Carpenter et al. 1998. *Edo Art in Japan 1615-1868*. Washington, D.C.: National Gallery of Art; New Haven, Conn.: Yale University Press.

Skov, Lisa. 1996. "Fashion "'Trends, Japonisme and Postmodernism, or "What Is So Japanese about Comme Des Garcons?" In *Contemporary Japan and Popular Culture*, edited by John Whittier Treat, 137-68. Honolulu: University of Hawai'i Press.

Slaymaker, Doug, ed. 2002. *Confluences: Postwar Japan and France*. Ann Arbor: Center for Japanese Studies, University of Michigan.

Smith, Henry D., II. 1978. "Tokyo as an Idea: An Exploration of Urban Thought until 1945." *Journal of Japanese Studies* 4, no. 1: 45-80.

———. 1986. "Fujizuka: The Mini-Mount Fujis of Tokyo." *Asiatic Society of Japan Bulletin*, no. 3: 2-6.

———, ed. 1988. *Hokusai: One Hundred Views of Mt. Fuji*. New York: Braziller.

——— 1997. "Hiroshige in History." In *Hiroshige: Prints and Drawings*, edited by Matthi Forrer, 33-45. London: Rqyal Academy of Arts.

———, et al. 1986. *One Hundred Famous Views of Edo/Hiroshige*. New York: G. Braziller.

Snellen, J. S., trans. 1934. "*Shoku-Nihongi*: Chronicles of Japan, Continued, from 697-791 a.d." *Transactions of the Asiatic Society of Japan*, 2nd series, 11: 151-239; 14 (1937): 209-78.

Sodei,Rinjiro. 1988. "Satire under the Occupation: The Case of political Cartoons." In *The Occupation of Japan: Arts and Culture*, 93-106. Norfolk, Va.: General Douglas MacArthur Foundation.

Soper, Alexander. 1962. *The Art and Architecture of China*. Harmondsworth, U.K.: Penguin Books.

Soviak, Eugene. 1983. "Freedomand People's Right Movement, Interpretations of the Movement." In *Kodansha Encyclopedia of Japan*, 6: 336-37.

Starr, Frederick. 1924. *Fujiyama, the Sacred Mountain of Japan*. Chicago: Covici-McGee.

Steichen, Edward, ed. 1980. *U.S. Navy War Photographs: Pearl Harbor to Tokyo Bay*. Rev. and aug. ed. New York: Crown. First edition published, 1946.

Stein, Rolf A. 1990. *The World in Miniature: Container Gardens and Dwellings in Far Eastern Religious Thought*. Translated by Phyllis Brooks. Stanford, Calif.: Stanford University Press.

Steinhoff, Patricia G. 1983. "Tenkō." In *Kodansha Encyclopedia of Japan*, 8: 6-7.

———. 1991. *Tenkō: Ideology and Societal Integration in Prewar Japan*. New York: Garland.

Stewart, Basil. 1979. *A Guide to Japanese Prints and Their Subject Matter*. New York: Do-

ver.
Sullivan, Michael. 1962. *The Birth of Landscape Painting in China*. Berkeley: University of California Press.〔マイケル・サリヴァン『中国山水画の誕生』中野美代子・杉野目康子訳、青土社、1995 年〕
Suzuki, Daisetz Teitaro. 1936. "Zen Buddhism and the Japanese Love of Nature." *Eastern Buddhist* 7: 65-113.
———. 1973. *Zen and Japanese Culture*. Princeton, N.J.: Princeton University Press.
鈴木明・山本明編著『秘録・謀略宣伝ビラ——太平洋戦争の〝紙の爆弾〟』講談社、1977 年。
鈴木昭英「富士・御嶽と中部霊山」鈴木昭英編著『富士・御嶽と中部霊山〈山岳宗教史研究叢書　9〉』名著出版、1978 年、2-24 頁。
Swanson, Paul L., ed. 1987. *Tendai Buddhism in Japan*. Special issue, *Japanese Journal of Religious Studies* 14.
———. 1989. *Foundations of T'ien-T'ai Philosophy: The Flowering of the Two Truths Theory in Chinese Buddhism*. Berkeley, Calif.: Asian Humanities.
Tahara, Mildred M., trans. 1980. *Tales of Yamato: A Tenth-Century Poem-Tale*. Honolulu: University of Hawai'i Press.
Takai, Fuyuji, et al. 1963. *Geology of Japan*. Tokyo: University of Tokyo Press.
高柳光壽『富士の文学〈富士の研究　4〉』古今書院、1929 年(復刻版:名著出版、1973 年)。
Takemi, Momoko. 1983. "'Menstruation Sutra'Belief in Japan." *Japanese Journal of Religious Studies* 10, no. 2/3: 229-46.
Takeuchi, Melinda. 1983. "Ike Taiga: A Biographical Study." *Harvard Journal of Asian Studies* 43, no. 1: 141-86.
——— 1984. "Tradition, Innovation, and 'Realism' in a Pair of Eighteenth-Century Japanese Landscape Screens." *Register of the Spencer Museum of Art* 6, no. 1: 34-66.
———. 1986. "City, Country, Travel, and Vision in Edo Cultural Landscapes." In *Edo Art in Japan 1615-1868*, edited by Robert T. Singer, 261-81. New Haven, Conn.: Yale University Press.
———. 1992. *Taiga's True Views: The Language of Landscape Painting in Eighteenth-Century Japan*. Stanford, Calif.: Stanford University Press.
——— 2002. "Making Mountains: Mini-Fujis, Edo Popular Religion and Hiroshige's *One Hundred Famous Views of Edo*." *Impressions* 24: 25-47.
竹谷靱負「『富士山』のイコノロジーと日本人の心性」青弓社編集部編『富士山と日本人』青弓社、2002 年、15-34 頁。
Tamai, Kensuke. 1983. "Censorship." In *Kodansha Encyclopedia of Japan*, 1: 251-55.
玉井哲雄編『よみがえる明治の東京——東京十五区写真集』角川書店、1992 年
Tanabe, George J., Jr., and Ian Reader. 1998. *Practically Religious: Worldly Benefits and the Common Religion of Japan*. Honolulu: University of Hawai'i Press.
Tanaka, Stefan. 1993. *Japan's Orient: Rendering Pasts into History*. Berkeley: University of California Press.
帝国書院編『新詳高等地図　第 10 版』帝国書院、1989 年。
ten Grotenhuis, Elizabeth. 1999. *Japanese Mandalas: Representations of Sacred Geography*.

Honolulu: University of Hawai'i Press.
Thal, Sarah. 2005. *Rearranging the Landscape of the Gods: The Politics of a Pilgrimage Site in Japan, 1573-1912*. Chicago: University of Chicago Press.
Toby, Ronald P. 1986. "Carnival of the Aliens: Korean Embassies in Edo-Period Art and Popular Culture." *Monumenta Nipponica* 41, no. 4: 415-56.
———. 2001. "Three Realms / Myriad Countries: An'Ethnography ' of Other and the Rebounding of Japan, 1550-1750." In *Constructing Nationhood in Modern East Asia*, edited by Kai-wing Chow, Kevin M. Doak, and Poshek Fu, 15-45. Ann Arbor: University of Michigan Press.
Torrance, Robert M., ed. 1999. *Encompassing Nature: A Sourcebook*. Washington, D.C.: Counterpoint.
Traganou, Jilly. 2004. *The Tōkaidō Road: Traveling and Representation in Edo and Meiji Japan*. New York: RoutledgeCurzon.
Trezise, Simon. 1994. *Debussy: "La mer."* Cambridge: Cambridge University Press.
———, ed. 2003. The Cambridge *Companion to Debussy*. Cambridge: Cambridge University Press.
Tsuji, Nobuo. 1994. "Hokusai Studio Works and Problems of Attribution." In *Hokusai: Selected Essays*, edited by Gian Carlo Calza, 31-41. Venice: International Hokusai Research Centre, University of Venice.
Tsuya, Hiromichi. 1968. *Geology of Volcano Mt. Fuji*. Special Geological Maps, and Explanatory Texts, 12. [Japan:] Geological Survey of Japan.
Tucker, Anne Wilkes, et al. 2003. *The History of Japanese Photography*. New Haven, Conn.: Yale University Press.
Tucker, John A., trans. 2006. *Ogyū Sorai's Philosophical Masterworks: The Bendō and Benmei*. Honolulu: University of Hawai'i Press.
Turner, Victor W., and Edith Turner. 1995. *Image and Pilgrimage in Christian Culture: Anthropological Perspectives*. New York: Columbia University Press.
Tyler, Royall. 1981. "A Glimpse of Mt. Fuji in Legend and Cult." *Journal of the Association of Teachers of Japanese* 16, no. 2: 140-65.
———. 1984. "The Tokugawa Peace and Popular Religion: Suzuki Shosan, Kakugyo Tobutsu, Jikigyo Miroku." In *Confucianism and Tokugawa Culture*, edited by Peter Nosco, 92-119. Princeton, N.J.: Princeton University Press.
———. 1993. "'The Book of the Great Practice': The Life of the Mt Fuji Ascetic Kakugyō Tōbutsu Kū." *Asian Folklore Studies* 52, no. 2: 251-331.
Uhlenbeck, Chris, and Merel Molenaar. 2000. *Mount Fuji: Sacred Mountain of Japan*. Liedn: Hotei.
梅田義彦「みょうじん」安津素彦・梅田義彦監修『神道辞典』堀書店、1968 年、572-73 頁。
van der Velde, Paul. 1995. "The Interpreter Interpreted: Kaempfer's Japanese ncounter with Collaborator Imamura Genemon Eisei." In *The Furthest Goal: Engelbert Kaempfer's Encounter with Tokugawa Japan*, edited by Beatrice M. Bodart-Bailey and Derek Massarella, 44-58. Sandgate, Folkstone: Japan Library.〔P・v・d・フェルデ「第 3 章：日蘭仲介者への注解——ケンペルの日本人協力者」ベアトリス・M・ボダルト＝ベイリー、デレク・マサレラ編『遥かなる目的地——ケンペルと徳川日本の出会い』

中直一・小林早百合訳、大阪大学出版会、1999 年、65-83 頁〕
Vaporis, Constantine Nomikos. 1994. *Breaking Barriers: Travel and the State in Early Modern Japan*. Cambridge, Mass.: Harvard University Press.
Virgin, Louise E., cataloger. 2001. *Japan at the Dawn of the Modern Age: Woodblock Prints from the Meiji Era, 1868-1912*. Boston: MFA Publications.
Vlastos, Stephen. 1986. *Peasant Protests and Uprisings in Tokugawa Japan*. Berkeley: University of California Press.
———, ed. 1998a. *Mirror of Modernity: Invented Traditions of Modern Japan*. Berkeley: University of California Press.
———. 1998b. "Tradition: Past/Present Culture and Modern Japanese History." In *Mirror of Modernity: Invented Traditions of Modern Japan*l, edited by Stephen Vlastos, 1-16. Berkeley: University of California Press.
Walthal, Anne. 1986. *Social Protest and Popular Culture in Eighteenth-Century Japan*. Tucson: University of Arizona Press.
Walther, Ingo F., and Rainer Metzger. 1993. *Vincent van Gogh: The Complete Paintings*. 2 vols. Translated by Michael Hulse. Cologne: Benedikt Taschen.〔インゴ・F・ヴァルター、ライナー・メッツガー『ゴッホ全油彩画　第一巻・第二巻』Kazuhiro Akase 訳、ベネディクト・タッシェン出版、1994 年〕
Warner, Dennis, and Peggy Warner, "with Commander Sadao no Seno, Reinhold. JMSDF, Ret." 1982. *The Sacred Warriors: Japan's Suicide Legions*. New York: Van Nostrand Reinhold.〔デニス・ウォーナー、ペギー・ウォーナー『ドキュメント神風――特攻作戦の全貌　上・下』妹尾作太男著訳、時事通信社、1982 年〕
Watanabe, Manabe. 1987. "Religious Symbolism in Saigyō's Verses: A Cution to Discussions of His Views on Nature and Religion." *History of Religions* 26, no. 4: 382-400.
Watanabe, Toshio. 1984. "TheWestern Image of Japanese Art in the Late Edo Period." *Edo Culture and Its Modern Legacy*. Special issue, *Modern Asian Studies* 18, no. 4: to 667-84.
Waterhouse, David. 1996. "Notes on the kuji." In *Religion in Japan: Arrows to Heaven and Earth*, edited terhouse, by P. F. Kornicki and I. J. McMullen, 514-27. New York: Cambridge Columbia University Press.
Watson, Burton, trans. 1991. *Saigyō: Poems of a Mountain Home*. New York: Columbia University Press.
Watson, William, ed. 1981. *The Great Japan Exhibition: Art of the Edo Period 1600-1868*. London: Weidenfeld and Nicolson.
Watsuji, Tetsurō. 1988. *A Climate and Culture: A Philosophical Study*. Translated by Geoffrey Bownas. New York: Greenwood Press.〔和辻哲郎『風土――人間学的考察』岩波文庫、1979 年〕
Weisberg, Gabriel P. 1986. *Art Nouveau Bing: Paris Style 1900*. New York: Abrams.
———. 1993. *The Independent Critic: Philippe Burty and the Visual Arts of Mid-Nineteenth Century France*. Bern: Peter Lang.
———. 1996. "Burty, Philippe." In *The Dictionary of Art*, edited by Jane Turner, 5: 284. New York: Grove's Dictionaries.

Weisberg, Gabriel P., et al. 1975. *Japonisme: Japanese Influence on French Art, 1854-1910*. Exhibition catalog. Cleveland, Ohio: Cleveland Museum of Art.
Weisberg, Gabriel P., and Yvonne M. L. Weisberg. 1990. *Japonisme: An Annotated Bibliography*. New Brunswick, N.J.: International Center for Japonisme, Rutgers University; New York: Garland.
Weisenfeld, Gennifer. 2000. "Touring Japan-as-Museum: *NIPPON* and Other Japanese Imperialist Travelogues." *Positions* 8, no. 3: 747-93.
Wentworth, Michael. 1984. *James Tissot*. New York: Oxford.
White, James W. 1995. *Ikki: Social Conflict and Political Protest in Early Modern Japan*. Ithaca, N.Y.: Cornell University Press.
White, Julia M. 1998. "Hokusai and Hiroshige through the Collector's Eyes." In *Hokusai and Hiroshige: Great Japanese Prints from the James A. Michener Collection, Honolulu Academy of Arts*, 11-17. Asian Art Museum of San Francisco. Seattle: University of Washington Press.
Wichmann, Siegfried. 1999. *Japonisme: The Japanese Influence on Western Art since 1858*. London: Thames & Hudson.
Winkler, Allan M. 1978. *The Politics of Propaganda: The Office of War Information, 1942-1945*. New Haven, Conn.: Yale University Press.
Wood, Christopher. 1986. *The Life and Work of Jacques Joseph Tissot 1836-1902*. London: Weidenfeld and Nicolson.
Woodson, Yoko. 1998. "Hokusai and Hiroshige: Landscape Prints of the Ukiyo-e School." In *Hokusai and Hiroshige: Great Japanese Prints from the James A. Michener Collection, Honolulu Academy of Arts*, 31-43. Asian Art Museum of San Francisco. Seattle: University of Washington Press.
Worswick, Clark, ed. 1979. *Japan, Photographs, 1854-1905*. New York: Knopf.
——— 1983. "Photography." In *Kodansha Encyclopedia of Japan*, 6: 185.
Yamamoto, Yokichi. 1962. *Japanese Postage Stamps*. 3rd ed. Tokyo: Japan Travel Bureau.
Yamanouchi, Yasushi, J. Victor Koschmann, and Ryūichi Narita, eds. 1999. *Total War and "Modernization."* Ithaca, N.Y.: East Asia Program, Cornell University.
柳田國男『山宮考』小山書店、1947 年。
安丸良夫「富士講」村上重良・安丸良夫編『民衆宗教の思想〈日本思想大系　67〉』岩波書店、1971 年、634-45 頁。
横浜開港資料館・横浜開港資料普及協会編『F. ベアト幕末日本写真集』横浜開港資料普及協会、1987 年。
Yonemura, Ann. 1990. *Yokohama: Prints from Nineteenth-Century Japan*. Washington, D.C.: Smithsonian Institution.
Zelazny, Roger. 1991. "24 Views of Mount Fuji, by Hokusai." In *The New Hugo Winners, Volume II*, 7-64. "Presented by Isaac Asimov." Riverdale, N.Y.: Baen Books.〔ロジャー・ゼラズニイ「北斎の富岳二十四景」小川隆・山岸真編『80 年代 SF 傑作選　上』早川書房、1992 年、195-300 頁〕